普通高等教育应用技术型"十三五"规划系列教材

高频电子线路

羊梅君　苏　艳　谢永红　编

华中科技大学出版社

中国·武汉

内 容 简 介

本书系统阐述了高频电子线路的基本原理与分析方法。其内容包括绪论,选频电路,高频小信号放大器,高频功率放大器,正弦波振荡器,振幅调制、解调及混频,角度调制与解调和反馈控制电路。各章后均配有习题。

本书可以作为电子信息工程、通信工程等专业应用型本科生的教材,也可以作为大专、高职相关专业的教材和有关工程技术人员的参考书。

图书在版编目(CIP)数据

高频电子线路/羊梅君,苏艳,谢永红编. —武汉:华中科技大学出版社,2016.3(2024.1重印)
普通高等教育应用技术型"十三五"规划系列教材
ISBN 978-7-5680-1422-9

Ⅰ.①高…　Ⅱ.①羊…　②苏…　③谢…　Ⅲ.①高频-电子电路-高等学校-教材　Ⅳ.①TN710.2

中国版本图书馆 CIP 数据核字(2015)第 284319 号

高频电子线路
Gaopin Dianzi Xianlu

羊梅君　苏　艳　谢永红　编

策划编辑:范　莹
责任编辑:陈元玉
封面设计:原色设计
责任校对:张　琳
责任监印:徐　露
出版发行:华中科技大学出版社(中国·武汉)　　电话:(027)81321913
　　　　　武汉市东湖新技术开发区华工科技园　邮编:430223
录　　排:武汉楚海文化传播有限公司
印　　刷:广东虎彩云印刷有限公司
开　　本:787mm×1092mm　1/16
印　　张:17.75
字　　数:440千字
版　　次:2024 年 1 月第 1 版第 4 次印刷
定　　价:38.00 元

前　言

随着无线通信技术的迅速发展,人们已经越来越清晰地认识到高频知识在无线电技术应用领域的重要性,高频电子线路也已成为电子信息工程、通信工程等电子信息类专业的一门主要专业基础课程。

本书是广东省精品课程"高频电子线路"的配套教材,是依据教育部高等学校电子电气基础课程教学指导分委员会的"电子电气基础课程教学基本要求",为应用型本科学生编写的教材。本书充分考虑了应用型本科教学的特点,在内容选取上突出基础性和实用性,遵循"系统功能为纲,优选基础内容"的原则,以无线通信系统各主要单元电路的功能为基点构筑各章节,精选基础内容,以分立元件的分析为基础,以集成电路的分析为重点,力求能够全面反映高频电子线路理论与技术的发展。在内容阐述上,除必要的数学分析之外,尽量避免烦琐的数学推导,强调实际电路分析,突出重点,力求做到条理清晰、通俗易懂、深入浅出、循序渐进。

全书共 8 章,第 1 章主要介绍了无线通信系统的组成、无线通信中信号的特性与调制方式、本书的特点及学习方法等;第 2 章主要介绍了高频电路中的元器件及两类选频电路:LC 谐振回路和集中滤波电路;第 3 章主要介绍了高频小信号放大器的工作原理、性能指标、稳定性分析,此外还介绍了电子噪声的来源与特性、噪声系数和噪声温度的概念等;第 4 章主要介绍了丙类谐振功率放大器的工作原理、动态特性分析、外部特性和实际电路等;第 5 章主要介绍了 LC 正弦波振荡器、石英晶体振荡器和负阻振荡器的原理与分析方法;第 6 章主要介绍了振幅调制、调制信号的解调和混频的原理与实现方法;第 7 章介绍了频率调制与相位调制的概念,其中重点介绍了频率调制和解调的原理与实现方法;第 8 章主要介绍了自动增益控制、自动频率控制、自动相位控制(锁相环)和频率合成等技术的原理与实现方法。

本书由华南理工大学广州学院羊梅君、苏艳、谢永红编写,羊梅君负责全书的结构设计、修改和定稿工作。在本书的编写过程中,编者参考了一些同行的相关著作、文献,在此一并表示感谢。作者还要感谢华中科技大学出版社对本书出版给予的支持和帮助,感谢范莹编辑辛勤有效的工作及对本书出版所付出的努力。

由于编者水平有限,书中疏漏与错误之处在所难免,敬请各位读者批评指正。

编　者
2016 年 3 月

目　　录

第1章 绪 论

现代无线电技术已经广泛地应用于军事和日常生活的各个领域,如广播、电视、手机、无线网络、导航、雷达、卫星通信等,虽然应用领域不同,但都是利用高频载波信号来传递信息进而实现无线电通信的。虽然目前使用的各类无线通信系统在工作方式和设备结构上有一定的差异,但系统的基本组成和用于产生、处理、接收和检测高频信号的基本电路大都是相同的。本书主要结合无线通信系统来讨论高频电路的基本组成、工作原理和分析方法。

1.1 无线通信系统的组成

通信的目的是传输消息,我们把实现消息传输所需的一切技术设备和传输媒质的总和称为通信系统。在实际中使用的各类通信系统,虽然其表现形式各异,但都具有一定的共性,这些共性可以抽象概括为通信系统模型,如图1-1所示。

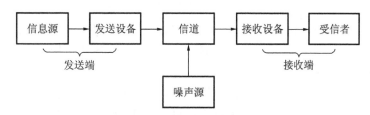

图1-1 通信系统的一般模型

信息源的作用是将消息转换成随时间变化而变化的原始电信号,这样的原始电信号通常又称为消息信号或基带信号。常用的信息源有电话机的传声器、摄像机、传真机和计算机等。

发送设备的基本功能是将信息源和信道匹配起来,即将信息源产生的原始电信号变换为适合于在信道中传输的信号形式。发送设备一般由载波振荡器、调制器、(上变频)变频器、滤波器和放大器等单元组成。在数字通信系统中,发送设备还包含加密器和编码器等。

信道是信号传输的通道,可以是有线的,也可以是无线的。例如双绞线、同轴电缆、光缆等是有线信道,中长波、短波、微波中继及卫星中继等是无线信道。

噪声源是信道中的所有噪声以及分散在通信系统中其他各处噪声的集合。噪声主要来源于热噪声、外部的干扰(如雷电干扰、宇宙辐射、邻近通信系统的干扰等),以及由于信道特性不理想使得信号失真而产生的干扰。为了分析方便,通常将各种噪声抽象为一个噪声源并集中在信道上加入。

接收设备的基本功能是完成发送设备的反变换,一般由解调器、(下变频)变频器、解码器、译码器、滤波器和放大器等单元组成。接收设备的主要任务是从接收到的带有干扰的信号中正确恢复出相应的原始电信号。

受信者又称信宿,其作用是将接收设备恢复出来的原始电信号转换成相应的消息。

按照信道中传输媒质的不同,通信系统可分为有线通信系统和无线通信系统等两大类。按照工作频段的不同,又可以将无线通信系统分为中波通信系统、短波通信系统、超短波通信系统、微波通信系统和卫星通信系统等。无线通信系统的类型很多,但它们的基本组成不变,典型的无线通信系统基本组成方框图如图 1-2 所示。

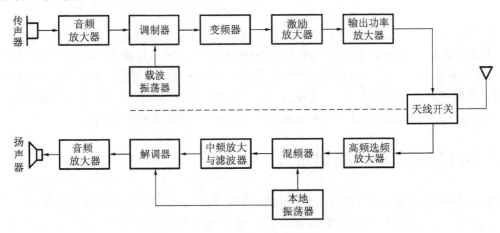

图 1-2　无线通信系统的基本组成方框图

图 1-2 中,传声器和扬声器属于通信的终端设备,分别为信息源和受信者,上下两个音频放大器分别是为放大传声器输出信号和推动扬声器工作而设置的,属低频放大电路。信道为自由空间,是无线信道。虚线以上部分为发送设备,虚线以下部分为接收设备,天线及天线开关为收发共用设备。

发送设备由调制器、变频器、激励放大器和输出功率放大器等部分组成,主要实现调制、上变频、功率放大和滤波等功能。在满足某些条件的情况下,调制和上变频可以合二为一,由调制器来实现这两项功能。在图 1-2 中,发送设备中的音频放大器将低频基带信号放大后送至调制器,该信号控制高频载波振荡器输出信号的某个(或几个)参数,从而实现调制,调制器输出的已调信号为高频带通信号。根据需要可以对已调信号进行倍频或上变(混)频,使信号频率进一步提高,然后经过多级高频放大器进行激励放大和输出功率放大,最后经天线辐射出去。在发送设备中存在着两种变换:第一种变换是,信息源将消息变换成原始电信号,该信号的频谱通常靠近零频附近,属于低频信号,称为基带信号;第二种变换是,调制器将基带信号变换成适合在信道中传输的信号,即将低频基带信号变换为高频已调带通信号。

接收设备由高频选频放大器、混频器、中频放大与滤波器和解调器等部分组成,主要实现滤波、放大、下变(混)频和解调等功能。接收设备的任务是有选择地放大接收到的微弱电磁信号(同时要尽可能保证信息的质量),并从中恢复出有用信息。接收设备的结构通常采用超外差形式,接收到的信号通过高频选频放大(初步选择放大并抑制其他无用信号)后进行下混(变)频,混频器输出的中频信号经中频放大与滤波后进行解调,再经音频放大器放大推动扬声器。在接收设备中存在着相应的两种反变换,将接收到的已调信号变换(恢复)为基带信号的过程称为解调,把实现解调的部件称为解调器。

由上面的例子可以看出,无线通信系统的发送设备和接收设备中都需要有处理高频信号的电路,也就是说,无线通信系统中必定包含高频电路。对于不同的无线通信系统而言,其发送设备和接收设备的结构会有一定的差异,但设备中所包含的高频电路基本上可以归纳为以下几种:①高频振荡器(提供载波信号或本地振荡信号);②放大器(高频小信号选频放大及高频功率放大);③混频器或变频器(高频信号变换或处理);④调制器与解调器(高频信号变换或处理)。此外,在无线通信系统中通常还需要某些反馈控制电路,主要包括自动增益控制(automatic gain control,AGC)电路、自动频率控制(automatic frequency control,AFC)电路和锁相环(phase locked loop,PLL)电路等。

1.2　无线通信的信号与调制

1. 无线通信的信号

无线通信是靠电磁波实现信息传输的。自然界中存在的电磁波波谱如图 1-3 所示。在自由空间中,无线电波的波长与频率存在以下关系:

$$c = f\lambda \tag{1-1}$$

式中,c 为光速;f 和 λ 分别为频率和波长。

从图 1-3 可以看出,无线电波可以认为是一种波长相对较长,即频率相对较低的电磁波。在实际应用中,通常根据无线电波的频率或波长对其进行分段,分别称为频段或波段。表 1-1 列出了无线电波的频(波)段划分、主要传播方式和用途等。表 1-1 中关于传播方式和用途的划分是相对而言的,相邻频段间无绝对的分界线。

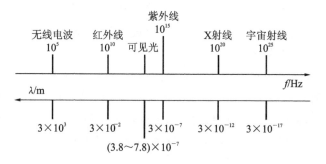

图 1-3　电磁波波谱

表 1-1　无线电波的频(波)段划分、主要传播方式和用途

波段名称		波长范围	频率范围	频段名称	主要传播方式和用途
长波		$10^3 \sim 10^4$ m	30~300 kHz	低频	地波:远距离通信
中波		$10^2 \sim 10^3$ m	300 kHz~3 MHz	中频	地波、天波:广播、通信、导航
短波		10~100 m	3~30 MHz	高频	天波、地波:广播、通信
超短波		1~10 m	30~300 MHz	甚高频	直线传播、对流层散射:通信、电视广播、调频广播、雷达
微波	分米波	10~100 cm	300 MHz~3 GHz	特高频	直线传播、散射传播:通信、中继与卫星通信、雷达、电视广播
	厘米波	1~10 cm	3~30 GHz	超高频	直线传播:中继与卫星通信、雷达
	毫米波	1~10 mm	30~300 GHz	极高频	直线传播:微波通信、雷达

不同频段信号的传播方式和传播能力不同,因而它们的分析方法和应用范围也不同。对于米波以上(含米波,$\lambda \geqslant 1$ m)的信号,通常应用集总(中)参数的方法来分析与实现;而对于米波以下($\lambda < 1$ m)的信号,一般应用分布参数的方法来分析与实现。

"高频"也是一个相对的概念,表 1-1 所示的"高频"指的是短波频段,其频率范围为 3~30 MHz,这是"高频"的狭义解释。而广义的"高频"指的是射频,其频率范围很宽,本书内容涉及的波段可从中波波段到微波波段。

对于电磁波的发送与接收而言,天线是必不可少的装置。理论上,任何频率的电磁波都能使用天线来传输,但是对于频率较低的电磁波,实现起来是有困难的。这是由于天线的尺寸与所传送的电磁波的波长是有关系的,通常只有当天线的尺寸与电磁波的波长相比拟时,天线的辐射效率才会较高,从而以较小的信号功率传播较远的距离,接收天线才能有效地接收信号。

在通信系统中,由各类信息(声音、图像、文字等)转换成的基带信号通常频率较低,不适合直接使用天线发射。以语音信号为例,其频率范围为 300~3400 Hz,若要有效地发射这样的信号,天线的长度应该至少达到数公里,这是很难实现的。因此,在无线通信系统中,通常需要先将频率较低的基带信号转换成高频信号,然后再使用天线发送出去。

2. 无线通信中的调制

调制是将需要传输的基带信号加到高频振荡信号上,用基带信号去控制高频振荡信号的某一个或几个参数,使其按照基带信号的变化规律而变化的过程。这里,我们将基带信号称为调制信号;高频振荡信号可以视为运载基带信号的工具,称为载波信号;而调制后的信号是携带有基带信号的高频振荡信号,称为已调信号。通过调制,把低频信号转换成高频信号,这样收发天线的长度就可大大缩短。

载波信号一般为单一频率的高频正弦波振荡信号,对应的调制称为正弦调制。若载波为一脉冲信号,则称这种调制为脉冲调制。根据载波受调制参数的不同,正弦调制分为三种基本方式,分别为振幅调制(调幅)、频率调制(调频)和相位调制(调相)。本书主要讨论模拟消息(调制)信号和正弦载波的模拟调制,但这些原理以及对应的电路都可以推广到数字调制中去。

调制的逆过程称为解调或检波,其作用是从接收到的已调信号中将原调制信号恢复出来。

1.3 无线电信号的传播特性

无线电信号的传播特性是指其传播方式、传播距离、传播特点等。无线电信号所处的频段或波段不同,其传播特性也不同。

电磁波在传播过程中,其能量会被地面、建筑物或高空的电离层吸收或反射,或者在大气层中产生折射或散射等现象,从而使到达接收机时的信号大大减弱。根据无线电波在传播过程中所发生的现象不同,可以将其传播方式分为绕射(地波)传播、反射(天波)传播、直射(视距)传播和散射传播等四种。决定传播方式和传播特点的关键因素是无线电信号的频率。

低于 2 MHz 的电磁波通常以地波的方式进行传播,如图 1-4 所示。由于地球是一个巨大的导体,电磁波沿地面传播(绕射)时能量会被吸收(趋肤效应引起),通常是,波长越长(或频率越低),被吸收的能量越少,损耗就越小。因此,中、低频(或中、长波)信号以地波的方式绕射传播很远,传播距离可以达到几百甚至几千公里,并且信号比较稳定,因此多用作远距离通信与导航。

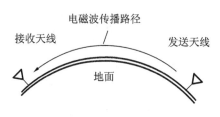

图 1-4　地波传播

频率在 2～30 MHz 范围内的电磁波沿地面传播的距离很短,远距离传播主要靠电离层,通常以天波的方式传播,如图 1-5 所示。大气层中离地面 60～600 km 的区域称为电离层,它是由太阳和星际空间的辐射引起大气电离而产生的。电离层从里往外可以分为 D、E、F1、F2四层,D 层和 F1 层在夜晚几乎完全消失,因此经常存在的是 E 层和 F2 层。电离层对射向它的无线电波会产生反射与折射作用。入射角越大,反射越易;入射角越小,折射越易。通常情况下,对于短波信号,F2 层是反射层,D、E 层是吸收层(因为它们的电子密度小,不满足反射条件)。F2 层的高度为 250～300 km,所以,一次反射的最大跳距约为 4000 km。由于电离层的状态随着时间(年、季、月、天、小时甚至更小单位)的变化而变化,因此,利用电离层进行的短波通信并不稳定。但由于电离层离地面较高,因此,短波通信还是一种价格低廉的远距离通信方式。需要指出,电磁波的反射传播不只存在于电离层中。由于电波在不同性质的介质的交界处都会发生反射,因此,反射也发生于地球表面、建筑物表面等许多地方。

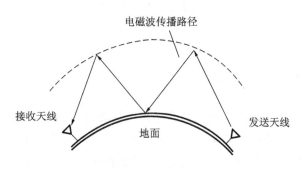

图 1-5　天波传播

频率高于 30 MHz 的电磁波的主要传播方式是直射(视距)传播,如图 1-6 所示。电离层除了会对电磁波产生反射与折射作用以外,对通过它的电磁波也有吸收作用,频率越高的信号,电离层的吸收能力越弱,或者电磁波的穿透能力越强。因此,频率高于 30 MHz 的电磁波会穿过电离层而达到外层空间,它不能再依靠电离层的反射向前传播,而只能沿着空间直线传播。直射传播的距离有限,通常只有视距的距离,所以又称为视距传播。直射传播方式可以通过架高天线、中继或卫星等方式来延长传输距离。

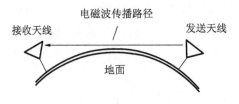

图 1-6 直射传播

电磁波还有一种传播方式称为散射传播,如图 1-7 所示。当电磁波通过的介质中存在小于波长的物体并且单位体积内阻挡体的个数非常多时,会发生散射。因此,散射发生于粗糙表面、小物体或不规则物体等条件下。在离地面大约 $10\sim12$ km 范围内的大气层称为对流层,该层的空气密度较高,所有的大气现象(如风、雨、雷、电等)都发生在这一层。散射现象也主要发生在对流层。散射具有很强的方向性和随机性。接收到的能量与入射线和散射线的夹角有关。散射信号随时间的变化分为慢衰落和快衰落两种,前者由气象条件决定,后者由多径传播引起。散射传播距离约为 $100\sim500$ km,适合的频率在 $400\sim6000$ MHz 之间。

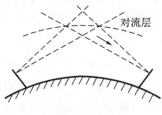

图 1-7 散射传播

由以上分析可以看出,不同波长(或频率)的电磁波对应的传播方式也不同。长波信号以地波绕射为主;中波信号和短波信号可以地波和天波两种方式传播,前者以地波传播为主,后者以天波(反射与折射)传播为主;超短波以上频段的信号大多以直射方式传播,也可以采用对流层散射的方式传播。

1.4　本书的特点及学习方法

高频电子线路几乎都是由线性的元件和非线性的器件组成的,都属于非线性电路。除了高频小信号放大器可以用线性电路来近似等效分析以外,本书的绝大部分电路都采用非线性电路的方法来进行分析。在分析非线性电路时,需要求解非线性方程(包括代数方程和微分方程),而在实际中要想精确求解是十分困难的。在工程中,往往根据实际情况对器件的数学模型和电路的工作条件进行合理的近似,以便简化分析方法,而不会过分追求其严格性。因此,学习本书时,不要一味追求数学上的求解过程,而应该注重探究电路的物理本质。

近年来,集成电路和数字信号处理(DSP)技术迅速发展,各种通信电路甚至系统都可以做在一个芯片内,称为片上系统(SOC)。但要注意,所有这些电路都是以分立器件为基础的,因此,在学习时要遵循"分立为基础,集成为重点,分立为集成服务"的原则。在学习具体电路时,要掌握"管为路用,以路为主"方法,做到以点带面,举一反三,触类旁通。

　　高频电子线路是一门实践性很强的课程,由于高频电路的复杂性和分析手段的局限性,实践成为学生加深对理论知识理解的必不可少的重要环节。因此,在学习本书时必须注重理论与实践的紧密结合。

习　　题

1-1　画出无线通信收发信机的原理框图,并说出各部分的功用。

1-2　无线电信号的频段或波段是如何划分的? 各个频段的传播特性和应用情况如何?

1-3　什么是调制? 正弦调制有哪几类? 在无线通信中为什么要进行调制?

1-4　电磁波有哪几种传播方式?

第2章 选频电路

信号在传输过程中不可避免地会受到外界环境的干扰和电路内部噪声的影响,各种干扰和噪声都可能给信号增加无用的频率分量,从而导致信号失真。因此,为了选出所需的有用频率分量并滤除无用的频率分量,通信系统必须使用选频电路。在高频电路中,选频电路分为两类:第一类是由电感和电容元件组成的 LC 选频电路;第二类是各种滤波器,如 LC 集中滤波器、石英晶体滤波器、陶瓷滤波器和声表面波滤波器等。选频电路在高频电路中得到了广泛的应用,它是高频小信号放大器、高频功率放大器、高频振荡器、调制器、混频器和解调器等电路的重要组成部分。

2.1 高频电路的元器件

高频电路的元器件主要包括电阻器、电容器、电感器、二极管和三极管等。在低频电路中,诸如电阻器、电容器、电感器等元件都可视为集总(参数)元件,其特性可以用理想元件来描述。但在高频电路中,随着工作频率的升高,必须考虑元件分布参数的影响,如电阻器的分布电容与引线电感、电感器呈现的分布寄生电容等,此时,这些元件就不能用理想元件来描述了。下面分别介绍各种常用元器件在高频电路中工作时的特性。

2.1.1 导线

导线包括裸铜线、镀银(金)线、漆包线、塑包线和纱包线等。在低频电路中,电流可以认为是均匀分布在其截面上的。

在高频电路中,随着频率的升高,流过导线的电流只集中在导线的表面,导致有效导电截面积减小,从而导线损耗增加,电路性能恶化,这种现象称为趋肤效应。由于导线的中心部分几乎没有电流通过,所以在高频电路中可以采用空心导线代替实心导线。

2.1.2 电阻器

在高频电路中,电阻器不仅具有电阻特性,而且具有电抗特性。电阻器的电抗特性反映的就是其高频特性。

电阻器的高频等效电路如图 2-1 所示。其中,R 为电阻,C_R 为分布电容,L_R 为引线电感。分布电容和引线电感越小,表明其电抗特性的影响越小,其电阻的高频特性越好。

电阻器的高频特性与电阻的封装形式、尺寸大小和制作电阻的材料有密切关系。一般来说,表面贴装电阻比引线电阻的高频特性好;小尺寸的电阻比大尺寸的电阻的高频特性好;线绕电阻的 L_R 一般可达几十微亨,C_R 可达几十皮法,而非线绕电阻的 L_R 为 $0.01\sim0.05\ \mu H$,C_R 为 $0.1\sim5\ pF$,因此线绕电阻的高频特性相对较差。比较而言,金属膜电阻比碳膜电阻的高频特性好,而碳膜电阻比线绕电阻的高频特性好。

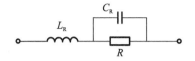

图 2-1　电阻器的高频等效电路

2.1.3　电容器

电容器的高频等效电路如图 2-2(a)所示,其中,C 为电容,电阻 R_c 为极间绝缘电阻,它是由于两导体间的介质的非理想(非完全绝缘)所致;电感 L_c 为分布电感或(和)极间电感,小容量电容器的引线电感也是其重要组成部分。

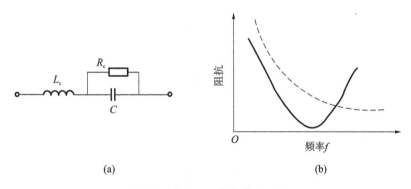

(a)　　　　　　　　　　　　　　　　　(b)

图 2-2　电容器的高频等效电路
(a)电容器的等效电路;(b)电容器的阻抗特性

由于引线电感的影响,电容器的阻抗呈现串联谐振的特性,其阻抗特性如图 2-2(b)所示,其中虚线表示理想电容器的阻抗特性,而电容器在高频电路中运用时的实际阻抗频率特性如图 2-2(b)中实线所示,呈 V 形特性。阻抗最小值对应的频率为电容器的自身谐振频率(self resonant frequency,SRF)。当工作频率小于自身谐振频率时,电容器呈正常的电容特性;当工作频率大于自身谐振频率时,电容器将等效为一个电感器。

2.1.4　电感器

电感量 L 是高频电感器的主要参数,由 L 产生的感抗为 $j\omega L$。高频电感器一般由导线绕制(空心或有磁芯、单层或多层)而成(也称电感线圈),由于导线都有一定的直流电阻,所以高频电感器有直流电阻 R。

随着工作频率的升高,高频电路中的趋肤效应加剧,加上涡流损失、磁芯电感在磁介质内的磁滞损失,以及由电磁辐射引起的能量损失等,会使高频电感的等效电阻(交流电阻)大大增加,通常情况下其值远大于直流电阻,因此,高频电感器的电阻主要指交流电阻。在中、短波段和米波波段,高频电感器可等效为电感器和电阻的串联或并联。实际中,衡量高频电感器损耗性能的指标是品质因数 Q。它定义为高频电感器的感抗与其串联损耗电阻之比。Q 值越高,表明该电感器的储能作用越强、损耗越小。

在工作频率更高的频段上,电感器的等效电路不能简单地用电感器与电阻的并联或串联来等效,还应考虑电感器两端总的分布电容,该电容应与电感器并联。

电感器的阻抗特性如图 2-3 所示。由图 2-3 可见,高频电感器也具有自身谐振频率。在自身谐振频率上,高频电感的阻抗的幅值最大,而相角为零。

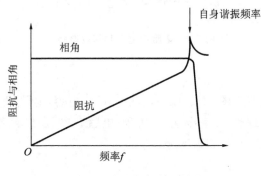

图 2-3　电感器的阻抗特性

2.1.5　二极管

在高频电路中,半导体二极管工作在低电平,主要用于检波、调制、解调及混频等非线性变换电路中。

1. 检波二极管

检波二极管广泛应用于半导体收音机、电视机和各类通信设备的接收机中,通常选用锗半导体材料制成的点接触型二极管。其特点是极间电容小、工作频率高、反向电流小等。常用的检波二极管有 2AP 系列,工作频率可达 200 MHz,具有检波效率高和频率特性好等特点。

2. 混频二极管

混频二极管应用于上(下)变频电路中,通常选用表面势全二极管(又称肖特基二极管),具有工作频率高、噪声低、反向电流小、结电容小等特点,工作频率可高至微波范围。

3. PIN 二极管

PIN 二极管是一种由 P 型、N 型和本征(I)型三种半导体构成的二极管,当工作频率超过 100 MHz 时,该二极管失去整流功能而变为阻抗器件,且其阻抗值随偏置电压的变化而改变。可以在限幅、调制或电调移相电路中,作为开关或衰减器使用。

4. 变容二极管

变容二极管由硅或砷化镓单晶材料制成,通常工作在反偏状态,其 PN 结的势全电容随外加反偏电压变化而变化。若将它作为振荡器中的电容元件,则改变变容二极管两端的反偏电压,就可以达到改变振荡器输出信号频率的目的。变容二极管具有消耗能量低、噪声小、效率高等特点。

2.1.6　三极管

高频电路中采用的三极管仍然是双极晶体管和各种场效应管,它们的性能比用于低频电路的管子更好,在外形结构方面也有所不同。

1. 高频小功率管

高频小功率管主要用于小信号放大,通常要求其有高增益和低噪声。目前双极型小信号放大管的工作频率可达几千兆赫兹,噪声系数为几分贝。小信号的场效应管也能工作在同样高的频率中,且噪声更小。

2. 高频功率放大管

高频功率放大管主要用于功率放大,通常既要求其有较大增益,也要求其有较大的输出功率。在几百兆赫兹以下的频率,双极型晶体管的输出功率可达十几瓦甚至上百瓦。而金属氧化物半导体场效应管(MOSFET)甚至在几千兆赫兹的频率上还能输出几瓦功率。

2.1.7　集成电路

用于高频的集成电路主要分为通用型和专用型等两种。

高频电路中运用最广泛的通用型集成电路是晶体管模拟乘法器,其工作频率可达 100 MHz以上,主要用于调制器、解调器和混频器中。宽带集成放大器也是较为常见的通用型集成电路,其工作频率可达 100~200 MHz,增益可达 50~60 dB,甚至更高。

随着集成技术的发展,目前也出现了一些高频专用集成电路(ASIC),如集成锁相环、集成调频信号解调器、单片集成接收机,以及电视机中的专用集成电路等。

各种有源器件的具体应用将在后续章节中详细讨论。

2.2　*LC* 谐振回路

LC 谐振回路是由电感和电容元件串联或并联形成的回路,在电路中完成选频和阻抗变换的任务,是构成高频放大器、振荡器,以及各种滤波器的主要部件,这在高频电路中应用很广。*LC* 谐振回路可以分为单谐振回路和耦合谐振回路等两类。单谐振回路是指只有一个回路的振荡电路,有串联谐振回路和并联谐振回路等两种,其中并联谐振回路应用最广。单谐振回路具有谐振特性,其回路阻抗在某一特定频率上有最大值或最小值,这个特定频率称为回路的谐振频率。

2.2.1　串联谐振回路

由电感器和电容器组成的串联谐振回路如图 2-4(a)所示。在高频电路中,一个实际的电感器通常用一个理想无损耗的电感 L 和一个串联的损耗电阻 r 来等效,r 很小,在某些情况下可以忽略不计。对电容器来说,由于在高频电路所讨论的频率范围内损耗很小,所以可以用一个理想电容 C 来等效。

当信号角频率为 ω 时,串联谐振回路的阻抗为

$$Z_{\mathrm{S}}=r+\mathrm{j}\omega L+\frac{1}{\mathrm{j}\omega C}=r+\mathrm{j}\left(\omega L-\frac{1}{\omega C}\right) \tag{2-1}$$

回路电抗 X、回路阻抗的模 $|Z_{\mathrm{S}}|$ 和辐角 φ 随 ω 变化而变化的曲线分别如图 2-4(b)、(c)和(d)所示。由图 2-4 可知,当 $\omega<\omega_0$ 时,$|Z_{\mathrm{S}}|$ 随着频率的增大而减小,回路呈容性,$|Z_{\mathrm{S}}|>r$;当 $\omega>\omega_0$ 时,$|Z_{\mathrm{S}}|$ 随着频率的增大而增大,回路呈感性,$|Z_{\mathrm{S}}|>r$;当 $\omega=\omega_0$ 时,感抗与容抗相等,此时回路发生串联谐振,$|Z_{\mathrm{S}}|=r$,有最小值,回路呈现纯电阻特性。串联谐振角频率 ω_0 为

$$\omega_0=\frac{1}{\sqrt{LC}} \tag{2-2}$$

若在串联谐振回路两端加一恒压信号 $\dot{U}$，则此时流过电路的电流最大，称为谐振电流，其值为

$$\dot{I}_0 = \frac{\dot{U}}{r} \tag{2-3}$$

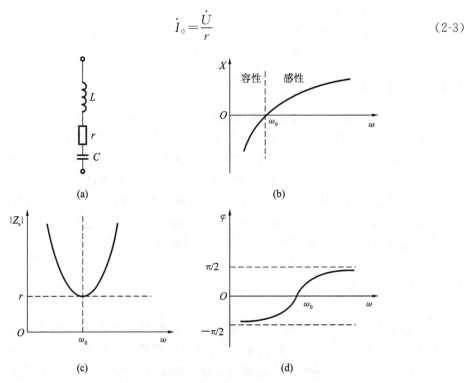

图 2-4　串联谐振回路及其阻抗特性

（a）串联谐振回路；（b）回路电抗 X 随 ω 变化而变化的曲线；
（c）回路阻抗的模 $|Z_{\mathrm{s}}|$ 随 ω 变化而变化的曲线；（d）辐角 φ 随 ω 变化而变化的曲线

设 $\dot{I}$ 为任意频率下的回路电流，则可得

$$\frac{\dot{I}}{\dot{I}_0} = \frac{\dfrac{\dot{U}}{Z_{\mathrm{s}}}}{\dfrac{\dot{U}}{r}} = \frac{r}{Z_{\mathrm{s}}} = \frac{1}{1 + \mathrm{j}\,\dfrac{\omega L - \dfrac{1}{\omega C}}{r}} \tag{2-4}$$

$$= \frac{1}{1 + \mathrm{j}\,\dfrac{\omega_0 L}{r}\left(\dfrac{\omega}{\omega_0} - \dfrac{\omega_0}{\omega}\right)} = \frac{1}{1 + \mathrm{j}Q\left(\dfrac{\omega}{\omega_0} - \dfrac{\omega_0}{\omega}\right)}$$

其模为

$$\left|\frac{\dot{I}}{\dot{I}_0}\right| = \frac{1}{\sqrt{1 + Q^2\left(\dfrac{\omega}{\omega_0} - \dfrac{\omega_0}{\omega}\right)^2}} \tag{2-5}$$

式中，Q 为回路的品质因数，

$$Q = \frac{\omega_0 L}{r} = \frac{1}{\omega_0 C r} \tag{2-6}$$

图 2-5 所示的是根据式(2-5)所示关系画出的谐振曲线。由图 2-5 可知，Q 值越高，谐振曲线越尖锐，回路的选择性越好。在高频电路中，一般电感线圈的 Q 值为几十到几百。

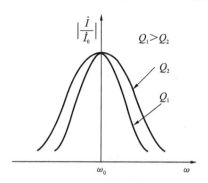

图 2-5　串联谐振回路的谐振曲线

串联谐振时电感及电容上的电压值相等，为电阻上电压值的 Q 倍，也就是恒压源电压值的 Q 倍，此时回路中的电流、电压关系如图 2-6 所示。图中 $\dot{U}$ 与 $\dot{I}_0$ 同相，$\dot{U}_L$ 和 $\dot{U}_c$ 分别为电感和电容上的电压，$\dot{U}_L$ 和 $\dot{U}_c$ 反相。

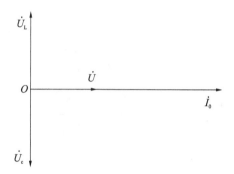

图 2-6　串联回路在谐振时的电流、电压关系

当外加信号的频率 ω 偏离回路谐振频率 ω_0 时，采用 $\Delta\omega = \omega - \omega_0$ 来表示偏离谐振频率的程度，称为失谐。当 ω 与 ω_0 很接近时，

$$\frac{\omega}{\omega_0} - \frac{\omega_0}{\omega} = \frac{\omega^2 - \omega_0^2}{\omega\omega_0} = \left(\frac{\omega + \omega_0}{\omega}\right)\left(\frac{\omega - \omega_0}{\omega_0}\right)$$

$$\approx \frac{2\omega}{\omega}\left(\frac{\Delta\omega}{\omega_0}\right) = \frac{2\Delta\omega}{\omega_0} \tag{2-7}$$

定义广义失谐系数 ξ 为

$$\xi = 2Q\frac{\Delta\omega}{\omega_0} = 2Q\frac{\Delta f}{f_0} \tag{2-8}$$

则式(2-5)可写成

$$\frac{I}{I_0} = \frac{1}{\sqrt{1 + \xi^2}} \tag{2-9}$$

由式(2-9)和图 2-5 可以得到谐振回路的重要参数——通频带。当保持外加信号的幅值不变而改变其频率时，通常将回路电流值下降为谐振值的 $1/\sqrt{2}$ 时对应的频率范围称为回路的

通频带,也称为回路带宽,用 B 表示。令式(2-9)等于 $1/\sqrt{2}\approx0.707$,则可推得 $\xi=\pm1$,从而可得带宽 $B_{0.707}$ 或 $B_{0.7}$ 为

$$B_{0.7}=2\Delta f=\frac{f_0}{Q} \tag{2-10}$$

前面所用到的品质因数都是指回路没有外加负载时的值,称为空载品质因数,一般用 Q_0 表示。当回路有外加负载时,其损耗应该使用有载品质因数 Q_L 来表示,当计算 Q_L 时,要将外加负载的阻抗值考虑进去。

2.2.2 并联谐振回路

串联谐振回路适用于信号源内阻很小的情况(如恒压源)。如果信号源内阻很大,则采用串联谐振回路会降低回路的品质因数,导致回路的通频带太宽,选择性变坏。这种情况下,应采用并联谐振回路。

由电感器和电容器组成的并联谐振回路如图 2-7(a)所示。由图 2-7(a)可以看出,并联谐振回路是与串联谐振回路对偶的电路。并联谐振回路的等效电路、阻抗特性和辐角特性分别如图 2-7(b)、(c)和(d)所示。

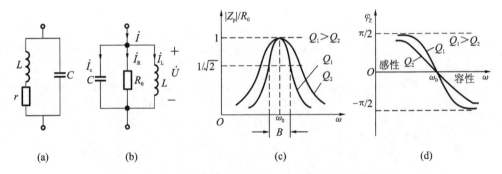

图 2-7 并联谐振回路及其等效电路、阻抗特性和辐角特性
(a)并联谐振回路;(b)等效电路;(c)阻抗特性;(d)辐角特性

在图 2-7(b)的等效电路中,并联电阻 R_0 是等效到回路两端的并联谐振电阻,电感 L 和电容 C 是理想器件。并联谐振回路的并联阻抗为

$$Z_p=\frac{(r+j\omega L)\dfrac{1}{j\omega C}}{r+j\omega L+\dfrac{1}{j\omega C}} \tag{2-11}$$

感抗与容抗相等时,回路发生并联谐振。令并联阻抗 Z_p 的虚部为零,就可以求得并联谐振频率 ω_0 为

$$\omega_0=\frac{1}{\sqrt{LC}}\sqrt{1-\frac{1}{Q^2}}$$

式中,

$$Q=\frac{\omega_0 L}{r}=\frac{1}{\omega_0 Cr}$$

当 $Q\gg1$ 时,并联谐振频率近似为

$$\omega_0 = \frac{1}{\sqrt{LC}}$$

回路在谐振时的阻抗 Z_p 有最大值,为一纯电阻 R_0

$$R_0 = \frac{L}{Cr} = Q\omega_0 L = \frac{Q}{\omega_0 C} \tag{2-12}$$

在品质因数 Q 值很大的条件下,可将式(2-11)表示为

$$Z_p = \frac{\dfrac{L}{Cr}}{1 + jQ\left(\dfrac{\omega}{\omega_0} - \dfrac{\omega_0}{\omega}\right)} \tag{2-13}$$

当 ω 与 ω_0 相差不大,即 $\Delta\omega = \omega - \omega_0$ 较小时,式(2-13)可进一步简化为

$$Z_p = \frac{R_0}{1 + jQ\dfrac{2\Delta\omega}{\omega_0}} = \frac{R_0}{1 + j\xi} \tag{2-14}$$

此时回路阻抗 Z_p 的模值与辐角分别为

$$|Z_p| = \frac{R_0}{\sqrt{1 + \left(Q\dfrac{2\Delta\omega}{\omega_0}\right)^2}} = \frac{R_0}{\sqrt{1 + \xi^2}} \tag{2-15}$$

$$\varphi_Z = -\arctan\left(2Q\frac{\Delta\omega}{\omega_0}\right) = -\arctan\xi \tag{2-16}$$

由图 2-7(c)和(d)可以看出,当 $\omega < \omega_0$ 时,$|Z_p|$ 随着频率的增大而增大,回路呈感性,$|Z_p|/R_0 < 1$,即 $|Z_p| < R_0$;当 $\omega > \omega_0$ 时,$|Z_p|$ 随着频率的增大而减小,回路呈容性,此时也有 $|Z_p|/R_0 < 1$,即 $|Z_p| < R_0$;当 $\omega = \omega_0$ 时,$|Z_p|/R_0 = 1$,即 $|Z_p| = R_0$,为最大值,回路呈纯电阻特性。Q 值越大,阻抗和辐角在谐振频率附近变化越快,曲线越尖锐,回路的选择性越好。我们将回路阻抗值下降为 $R_0/\sqrt{2}$ 的频率范围称为并联谐振回路的通频带,其计算公式与式(2-10)相同,即

$$B_{0.7} = 2\Delta f = \frac{f_0}{Q}$$

并联谐振时,流过电感的电流 $\dot{I}_L$ 与流过电容的电流 $\dot{I}_c$ 相位相反,大小相等,此时流过回路的电流 $\dot{I}$ 就是流过 R_0 的电流 $\dot{I}_R$,即 $\dot{I} = \dot{I}_R$。并联谐振时回路中电流与电压的关系如图 2-8 所示。

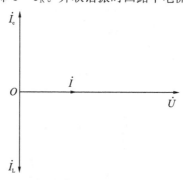

图 2-8 并联谐振时回路中的电流与电压的关系

谐振时,由式(2-12)可得

$$R_0 = Q\omega_0 L = Q/(\omega_0 C)$$

因此,谐振时,$\dot{I}_L$ 和 $\dot{I}_c$ 为回路电流 $\dot{I}$ 的 Q 倍,即

$$\dot{I}_L = \dot{I}_c = Q\dot{I} \tag{2-17}$$

【例 2-1】 设一放大器以并联谐振回路为负载,信号中心频率 $f_0 = 10$ MHz,回路电容 $C = 50$ pF,试求:

(1)计算所需的线圈电感值。

(2)若线圈品质因数 $Q = 100$,计算回路谐振电阻及回路带宽。

(3)若放大器所需的带宽 $B_{0.7} = 0.5$ MHz,则应在回路上并联多大电阻才能满足放大器所需带宽要求?

解 (1)计算线圈电感值。

由式(2-2)可得

$$L = \frac{1}{\omega_0^2 C} = \frac{1}{(2\pi)^2 f_0^2 C}$$

若 f_0 以 MHz 为单位,C 以 pF 为单位,L 以 μH 为单位,则上式可变为一实用计算公式:

$$L = \left(\frac{1}{2\pi}\right)^2 \frac{1}{f_0^2 C} \times 10^6 \approx \frac{25330}{f_0^2 C}$$

将 $f_0 = 10$ MHz,$C = 50$ pF 代入,可得

$$L \approx 5.07 \ \mu\text{H}$$

(2)计算回路谐振电阻及回路带宽。

由式(2-12)可得回路谐振电阻为

$$R_0 = Q\omega_0 L = 100 \times 2\pi \times 10^7 \times 5.07 \times 10^{-6}$$
$$= 3.18 \times 10^4 \ \Omega = 31.8 \ \text{k}\Omega$$

由式(2-10)可得回路带宽为

$$B_{0.7} = \frac{f_0}{Q} = 100 \ \text{kHz}$$

(3)求满足 0.5 MHz 带宽的并联电阻。

设回路上并联电阻为 R_1,并联后的总电阻为 R,总的回路有载品质因数为 Q_L。由带宽公式,有

$$Q_L = \frac{f_0}{B_{0.7}}$$

已知 $B_{0.7} = 0.5$ MHz,$f_0 = 10$ MHz,故

$$Q_L = 20$$

回路总电阻为

$$R = \frac{R_0 R_1}{R_0 + R_1} = Q_L \omega_0 L = 20 \times 2\pi \times 10^7 \times 5.07 \times 10^{-6} = 6.37 \ \text{k}\Omega$$

求解上式可得

$$R_1 = \frac{6.37 \times R_0}{R_0 - 6.37} = 7.97 \ \text{k}\Omega$$

可见,若放大器所需的带宽 $B_{0.7}=0.5$ MHz,则应在回路上并联 7.97 kΩ 的电阻才能满足放大器所需的带宽要求。

2.2.3　抽头并联谐振回路

在实际应用中,为了减小信号源内阻和负载对回路的影响,广泛采用抽头并联谐振回路。抽头并联谐振回路是指激励源或负载与回路电感器或电容器部分连接的并联谐振回路。图 2-9 所示的是几种常用的抽头谐振回路。

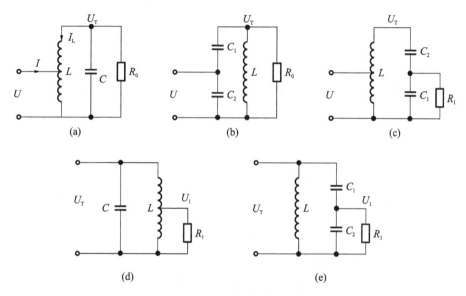

图 2-9　几种常见抽头谐振回路

由图 2-9 可见,改变电感器的抽头位置或电容分压比可以实现阻抗变换。抽头回路的一个很重要的参数是接入系数(抽头系数)p,它表示外接电源或负载对回路的影响程度,接入系数越小,表示影响越小。接入系数定义为,连接外电路的那部分电抗与本回路参与分压的同性质总电抗之比。

接入系数也可以用抽头部分的电压与回路两端电压之比来表示,即

$$p=\frac{U}{U_T} \tag{2-18}$$

由上式可得电压源的折合关系为

$$U=pU_T$$

对于图 2-9(a)所示的电路,当谐振时,输入端呈现的电阻设为 R,由功率相等的关系可以得到

$$\frac{U_T^2}{2R_0}=\frac{U^2}{2R}$$

$$R=\left(\frac{U}{U_T}\right)^2 R_0 = p^2 R_0 \tag{2-19}$$

设抽头部分的电感为 L_1,上下两段线圈间的互感值为 M,在高 Q 情况下,由于谐振时 $I_L \gg I$,则可近似得到接入系数为

$$p = (L_1 + M)/L$$

在非谐振回路中,通常用电压比来定义接入系数。在回路失谐不大、p 又不是很小的情况下,输入端的阻抗也有类似关系,即

$$Z = p^2 Z_T = \frac{p^2 R_0}{1 + j2Q\dfrac{\Delta\omega}{\omega_0}} \qquad (2\text{-}20)$$

对于图 2-9(b)所示的电路,在高 Q 情况下,谐振时 $I_c \gg I$,可近似得到接入系数为

$$p = \frac{U}{U_T} = \frac{\dfrac{1}{\omega C_2}}{\dfrac{1}{\omega \dfrac{C_1 C_2}{C_1 + C_2}}} = \frac{C_1}{C_1 + C_2} \qquad (2\text{-}21)$$

【例 2-2】 如图 2-10 所示,抽头回路由电流源激励,忽略回路本身的固有损耗,试求回路两端电压 $u(t)$ 的表示式及回路带宽。

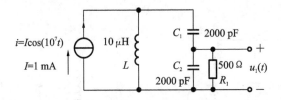

图 2-10 例 2-2 的抽头回路

解 由于忽略了回路本身的固有损耗,因此可以认为 $Q \to +\infty$。由图 2-10 可知,回路电容为

$$C = \frac{C_1 C_2}{C_1 + C_2} = 1000 \text{ pF}$$

谐振角频率由电感和回路电容确定,即

$$\omega_0 = \frac{1}{\sqrt{LC}} = 10^7 \text{ rad/s}$$

电阻 R_1 的接入系数为

$$p = \frac{C_1}{C_1 + C_2} = 0.5$$

因此,等效到回路两端的电阻为

$$R = \frac{1}{p^2} R_1 = 2000 \ \Omega$$

回路两端电压 $u(t)$ 与电流 $i(t)$ 同相,电压振幅 $U = IR = 2$ V,故

$$u(t) = 2\cos(10^7 t)$$

输出电压为

$$u_1(t) = pu(t) = \cos(10^7 t)$$

回路有载品质因数

$$Q_L = \frac{R}{\omega_0 L} = \frac{2000}{100} = 20$$

回路带宽

$$B = \frac{f_0}{Q_L} \approx 50 \text{ kHz}$$

2.2.4 耦合回路

单谐振回路具有一定的选频能力和阻抗变换作用,其优点是,结构简单,易于调整;缺点是,选择特性不理想(矩形系数远大于 1),且阻抗变换也不灵活。因此,为了改善回路的选频特性和阻抗变换特性,实际电路经常采用耦合回路,它是一种由两个或两个以上单谐振回路通过各种不同的耦合方式组合而成的电路。图 2-11 所示的是两种常见的耦合回路及其等效电路。图 2-11(a)所示的是互感耦合回路,图 2-11(b)所示的是电容耦合回路。图中接有激励信号源的回路称为初级回路,与负载相接的回路称为次级回路或负载回路。

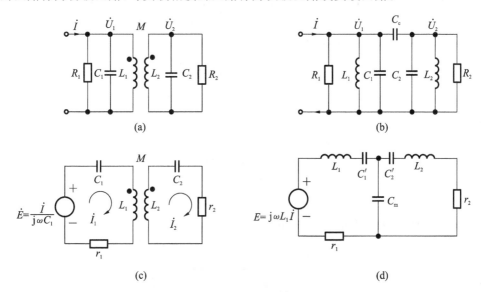

(a) (b)

(c) (d)

图 2-11 两种常见的耦合回路及其等效电路

无论是用来改善选频特性还是改善阻抗变换特性,都要求耦合振荡回路满足以下两个条件:①两个回路都对信号频率调谐;②两个回路都有很高的品质因数 Q。下面主要对图 2-11(a)所示的互感耦合回路的原理和特性进行介绍。

耦合回路的特性和功能与两个回路的耦合程度有密切关系,为了表述回路间的耦合程度,需要引入耦合系数的概念。耦合系数 k 定义为,耦合元件的电抗值(电阻耦合回路为电阻值)与初级、次级回路中同性元件的电抗值(或电阻值)的几何平均值之比,即

$$k = \frac{\omega M}{\sqrt{\omega^2 L_1 L_2}} = \frac{M}{\sqrt{L_1 L_2}} \tag{2-22}$$

式中,M 为两线圈间的互感;L_1、L_2 分别为初级、次级回路中的电感。

对于图 2-12(b)所示的电容耦合回路,耦合系数为

$$k = \frac{C_c}{\sqrt{(C_1 + C_c)(C_2 + C_c)}} \tag{2-23}$$

当初级回路有信号源激励时,初级回路电流 $\dot{I}_1$ 将通过耦合阻抗 Z_m 在次级回路中产生一感

应电势 $j\omega M \dot{I}_1$，从而在次级回路中产生电流 $\dot{I}_2$。次级回路必然要对初级回路产生反作用（即 $\dot{I}_2$ 要在初级回路产生反电势），此反作用可以通过在初级回路中引入一反映（射）阻抗 Z_f 来等效。反映阻抗为

$$Z_f = -\frac{Z_m^2}{Z_2} = \frac{\omega^2 M^2}{Z_2} \tag{2-24}$$

式中，Z_2 是次级回路的串联阻抗。

当次级回路谐振时，Z_f 为一纯电阻 r_f，它会使初级并联谐振电阻减小。若次级回路处于失谐状态，当 $\omega < \omega_0$ 时，Z_f 是感性阻抗；而当 $\omega > \omega_0$ 时，Z_f 是容性阻抗。Z_f 的影响会使初级的并联阻抗 Z_1 和初级、次级的转移阻抗 Z_{21} 的频率特性随之发生变化。

设两个回路的电感、电容和品质因数等参数相同（这是常见的情况），则

$$L_1 = L_2 = L, \quad C_1 = C_2 = C, \quad Q_1 = Q_2 = Q$$

此时，回路的广义失谐系数为

$$\xi = \frac{\omega_0 L}{r}\left(\frac{\omega}{\omega_0} - \frac{\omega_0}{\omega}\right) \approx 2Q\frac{\Delta\omega}{\omega_0} \tag{2-25}$$

耦合因子为

$$A = kQ \tag{2-26}$$

初级、次级串联阻抗可分别表示为

$$Z_1 = r_1(1 + j\xi)$$
$$Z_2 = r_2(1 + j\xi)$$

耦合阻抗为

$$Z_m = j\omega M$$

由图 2-11(c) 所示的等效电路可知，转移阻抗为

$$Z_{21} = \frac{\dot{U}_2}{I} = \frac{\frac{1}{j\omega C_2}\dot{I}_2}{j\omega C_1 \dot{E}} = -\frac{1}{\omega^2 C_1 C_2}\frac{\dot{I}_2}{\dot{E}} \tag{2-27}$$

$\dot{I}_2$ 由次级感应电势 $\dot{I}_1 Z_m$ 产生，有

$$\dot{I}_2 = \frac{\dot{I}_1 Z_m}{Z_2}$$

考虑次级的反映阻抗，则

$$\dot{E} = \dot{I}_1(Z_1 + Z_f) = \dot{I}_1\left(Z_1 - \frac{Z_m^2}{Z_2}\right)$$

将以上两式代入式(2-27)，经简化得

$$Z_{21} = -j\frac{Q}{\omega_0 C}\frac{A}{1 - \xi^2 + A^2 + 2j\xi} \tag{2-28}$$

根据同样的推导方法，可以得到电容耦合回路的转移阻抗为

$$Z_{21} = jQ\omega_0 L\frac{A}{1 - \xi^2 + A^2 + 2j\xi} \tag{2-29}$$

比较式(2-28)与式(2-29)，可以发现二者具有相同的频率特性（忽略常数因子的影响），且其频率特性曲线的形状都会受到耦合因子 A 的影响。

归一化转移阻抗为

$$\frac{|Z_{21}|}{|Z_{21}|_{\max}} = \frac{2A}{\sqrt{(1-\xi^2+A^2)^2+4\xi^2}} \qquad (2\text{-}30)$$

图 2-12 所示的为归一化转移阻抗的频率特性。

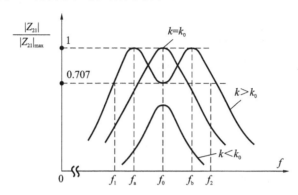

图 2-12 归一化转移阻抗的频率特性

下面分别讨论 A 取不同值时归一化转移阻抗的频率特性。

1. 临界耦合

当临界耦合,即 $A=1$ 时,耦合系数 $k=k_0=1/Q,k_0$ 称为临界耦合系数。此时,曲线呈单峰状态,顶部较平缓。临界耦合时的归一化转移阻抗可将 $A=1$ 代入式(2-30)得到,即

$$\frac{|Z_{21}|}{|Z_{21}|_{\max}} = \frac{1}{\sqrt{1+\frac{1}{4}\xi^4}} \qquad (2\text{-}31)$$

对于式(2-31),令 $|Z_{21}|/|Z_{21}|_{\max}=1/\sqrt{2}$,可得临界耦合时的回路带宽为

$$B_{0.7} = \sqrt{2}\frac{f_0}{Q} \qquad (2\text{-}32)$$

已知单谐振回路的带宽为 $B_{0.7}=f_0/Q$,可见耦合回路的带宽比单谐振回路的带宽更宽。

曲线边沿的陡峭程度通常可以用接近理想矩形的曲线来度量,具体可以用一矩形系数 $K_{r0.1}$ 来衡量。矩形系数定义为

$$K_{r0.1} = \frac{B_{0.1}}{B_{0.7}} \qquad (2\text{-}33)$$

式中,$B_{0.7}$ 是曲线下降为 $1/\sqrt{2}\approx0.7$ 时的带宽;$B_{0.1}$ 是曲线下降为 0.1 时的带宽。

所谓理想矩形,指的是 $B_{0.7}=B_{0.1}$ 的情况,此时矩形系数 $K_{r0.1}=1$。显然,矩形系数越接近于 1 越好。

在式(2-31)中,令 $|Z_{21}|/|Z_{21}|_{\max}=0.1$,可得

$$B_{0.1} = 4.5\frac{f_0}{Q}$$

因此,临界耦合时的矩形系数为

$$K_{r0.1} = \frac{B_{0.1}}{B_{0.7}} = 3.15$$

与单谐振回路的矩形系数 $K_{r0.1}=10$ 相比,耦合回路的频率特性曲线明显更接近矩形,在频带之外,曲线下降也更陡峭,对邻近无用信号频率分量的抑制更好。

2. 欠耦合

当欠耦合,即 $A<1$ 时,耦合系数 $k<k_0$,此时曲线呈单峰状态,顶部较尖,带宽窄,且其最大值也比较小。耦合回路通常不工作在这种状态。

3. 过耦合

当过耦合,即 $A>1$ 时,耦合系数 $k>k_0$,曲线为双峰状态,顶部有凹陷起伏,此时的带宽比临界耦合更宽。根据式(2-30)的频率特性,最大凹陷点为 0.707 时,耦合因子及带宽分别为

$$A=2.41$$

$$B_{0.7}=3.1\frac{f_0}{Q}$$

凹陷点的值小于 0.707 的过耦合情况没有实际应用价值。

2.3 石英晶体谐振器

为了获得工作频率稳定、阻带衰减曲线陡峭的滤波器,要求滤波器元件有很高的品质因数。LC 型滤波器的品质因数的范围一般为 $100\sim200$,不能满足要求。石英晶体谐振器的品质因数可以达到几万甚至几百万,因而可以构成频率稳定度极高、阻带衰减曲线陡峭、通带衰减很小的滤波器。在高频电路中,石英晶体谐振器通常用于窄带滤波器,同时也广泛应用于频率稳定性高的晶体振荡器中。

2.3.1 物理特性

石英晶体是矿物质硅石的一种,它的化学成分是二氧化硅,其形状为结晶的六角锥体。它有三个对称轴:Z 轴(光轴)、X 轴(电轴)、Y 轴(机械轴)。各种石英晶片就是按与各轴不同角度切割而成的。图 2-13 所示的就是石英晶体的形状和各种切型的位置图。

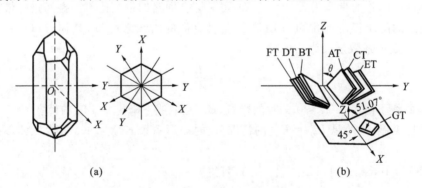

(a)   (b)

图 2-13 石英晶体的形状及各种切型的位置

(a)形状;(b)不同切型位置

石英晶体谐振器由天然或人工生成的石英晶体切片制成。将一块晶体以一定方位角切成薄片,并在晶片的两面涂上一层导电物质(如银),然后分别焊上引出线并与底座的插脚相连,最后以金属壳封装或玻璃壳封装(真空封装),就成为石英晶体谐振器,如图 2-14 所示。

石英晶体具有正压电效应和反压电效应,可以将机械能转换成电能,也可以将电能转换为

机械能。所谓压电效应,就是当晶体受外力作用而变形(如伸缩、切变、扭曲等)时,在它对应的表面上将产生正、负电荷,呈现出电压,其值与外力引起的变形成正比。反压电效应是指当在晶体两面加电压时,晶体又会发生机械形变。如果在晶体两端加交变电压,晶体就会发生周期性的机械振动,振动的大小与所加交变电压的大小成正比。同时,由于电荷的周期性变化,又会有交流电流流过晶体。

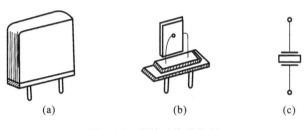

(a)   (b)   (c)

图 2-14 石英晶体谐振器

(a)外形;(b)内部结构;(c)石英晶体谐振器图形符号

石英晶体和其他弹性固体一样,也具有惯性和弹性,因而存在固有谐振频率。一般情况下,无论是机械振动的振幅还是交变电压的振幅都是比较小的,但是当外加交变信号频率等于晶片的固有谐振频率时,晶片会发生谐振,此时机械振动的振幅达到最大,晶体表面产生的电荷量和流过外电路的电流也达到最大。

晶片的谐振频率不仅与晶片的材料、几何形状、尺寸及振动方式(取决于切片方式)有关,而且十分稳定,其温度系数(温度变化 1℃时引起的固有谐振频率相对变化量)均在 10^{-6} 或更高数量级上。温度系数与振动方式有关,某些切型的石英片(如 GT 和 AT 型),其温度系数在很大范围内都趋于零。而其他切型的石英片,只在某一特定温度附近的小范围内温度系数才趋于零,通常将这个特定的温度称为拐点温度。若将晶体置于恒温槽内,槽内温度就应控制在此拐点温度上。

晶片的谐振频率与其厚度成反比。谐振频率越高,厚度越薄,力学强度越差,加工越困难,目前,谐振频率(基频)最高只能达到 25 MHz。此外,有一种泛音晶片,它既可以在某一基频上谐振,也可以在高次谐波(谐频或泛音)上谐振。通常把利用晶片基频(音)共振的谐振器称为基频(音)谐振器,把利用晶片谐频(泛音)共振的谐振器称为泛音谐振器。泛音谐振频率通常能利用的是 3、5、7 等奇次泛音。同一尺寸晶片,泛音工作时的频率比基频工作时的要高 3 倍或 5 倍或 7 倍。

2.3.2 等效电路及阻抗特性

石英晶体谐振器的等效电路如图 2-15 所示。图 2-15(a)所示的是考虑基频及各次泛音在内的等效电路,由于各谐波频率相隔较远,相互影响很小,对具体工作于基频或某一谐频(泛音)的情况,只需考虑该频率附近的电路特性,因此可以用图 2-15(b)所示电路来等效。

在图 2-15(b)所示电路中,C_0 是晶体未振动时的静电容,其数值一般为几皮法至几十皮法。L_q、C_q、r_q 是对应于机械共振经压电转换而呈现的电参数,分别相当于机械振动时的等效质量、等效弹性系数和等效阻尼。谐振频率附近的等效电路存在串联谐振频率 f_q 和并联谐振频率 f_0,它们可分别表示为

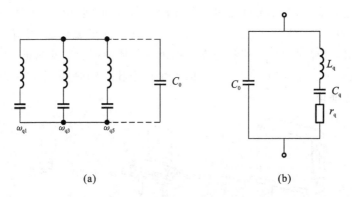

(a)　　　　　　　　　　　　**(b)**

图 2-15　石英晶体谐振器的等效电路

(a)包括基频及各次泛音在内的等效电路；(b)谐振频率附近的等效电路

$$f_q = \frac{1}{2\pi\sqrt{L_q C_q}} \tag{2-34}$$

$$f_0 = \frac{1}{2\pi\sqrt{L_q \dfrac{C_0 C_q}{C_0 + C_q}}} = \frac{1}{2\pi\sqrt{L_q C_q}}\sqrt{1 + \frac{C_q}{C_0}} = f_q\sqrt{1 + \frac{C_q}{C_0}} \tag{2-35}$$

石英晶体的参数 L_q 和 C_q 与一般谐振回路中线圈的电感 L、电容元件 C 有很大不同。例如，国产 B45 型 1 MHz 中等精度晶体的等效参数如下：

$$L_q = 4.00 \text{ H} \qquad C_q = 0.0063 \text{ pF}$$

$$r_q = 100 \sim 200 \ \Omega \qquad C_0 = 2 \sim 3 \text{ pF}$$

由以上参数可以看出，与同样频率的 LC 谐振回路相比，L_q、C_q 与 L、C 元件数值要相差 4～5 个数量级，明显地，L_q 远大于 L，而 C_q 却比 C 小得多。同时，品质因数 Q_q 也远大于普通 LC 回路的，通常为几万甚至几百万。那么，石英晶体的品质因数为

$$Q_q = \frac{\omega_q L_q}{r_q} \geqslant (125000 \sim 250000)$$

由式(2-35)可见，由于 $C_0 \gg C_q$，石英晶体谐振器的并联谐振频率 f_0 与串联谐振频率 f_q 相差很小。由 $C_q/C_0 \ll 1$ 可得近似公式为

$$f_0 = f_q\left(1 + \frac{1}{2}\frac{C_q}{C_0}\right) \tag{2-36}$$

图 2-15(b)所示等效电路中的接入系数 $p \approx C_q/C$，由于 $C_q/C_0 \ll 1$，所以 p 非常小。因此，石英晶体谐振器与外电路的耦合很弱。在实际电路中，通常有负载电容 C_L 并联在晶体两端，一般基频石英晶体规定 C_L 为 30 pF 或 50 pF。此时，接入系数将变为 $p \approx C_q/(C_0 + C_L)$，相应地，并联谐振频率 f_0 将减小。显然，C_L 越大，f_0 越靠近 f_q。一般来说，标在石英晶体外壳的振荡频率或标称频率就是并接 C_L 后测得的 f_0 的值。

图 2-15(b)所示等效电路的阻抗为

$$Z_e = \frac{-j\dfrac{1}{\omega C_0}\left[r_q + j\left(\omega L_q - \dfrac{1}{\omega C_q}\right)\right]}{r_q + j\left(\omega L_q - \dfrac{1}{\omega C_q}\right) - j\dfrac{1}{\omega C_0}}$$

若忽略 r_q,则上式可化简为

$$Z_e = jX_e \approx -j\,\frac{1}{\omega C_0}\,\frac{1-\dfrac{\omega_q^2}{\omega^2}}{1-\dfrac{\omega_0^2}{\omega^2}} \tag{2-37}$$

忽略石英晶体电阻 r_q 后,得出的电抗特性如图 2-16 所示。由于石英晶体的 Q 值非常高,除了并联谐振频率附近外,此曲线与实际电抗曲线(即不忽略 r_q)很接近。

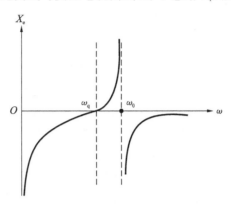

图 2-16　石英晶体谐振器的电抗曲线

从图 2-16 中可见,当 $\omega < \omega_q$ 或 $\omega > \omega_0$ 时,石英晶体谐振器呈容性,等效为一个电容;当 ω 在 ω_q 和 ω_0 之间时,石英晶体谐振器呈感性,等效为一个数值巨大的非线性电感。

与一般 LC 谐振回路相比,石英晶体谐振器有如下特点:①谐振频率 f_q 和 f_0 非常稳定,二者的数值差别很小;②有非常高的品质因数,可以达到几万甚至几百万;③接入系数非常小,一般为 10^{-3} 个数量级,与外电路的耦合很弱;④在工作频率附近阻抗变化率大,有很高的并联谐振阻抗。

以上特点决定了石英晶体谐振器的频率稳定性比一般 LC 谐振回路的要高。

2.3.3　石英晶体谐振器的应用

石英晶体的品质因数很高,选择性好,利用其谐振时的阻抗特性,可以将石英晶体作为具有工作频率稳定、阻带内衰减曲线陡峭等特点的滤波器使用。石英晶体两个谐振频率 f_q 和 f_0 之间的宽度就决定了滤波器的通频带。由于两个谐振频率很接近,所以石英晶体滤波器通常用作窄带滤波器。若要加宽滤波器的通带宽度,通常可以采用外加电感与石英晶体串联或并联的方法实现。

石英晶体谐振器也应用于高频晶体振荡器中。以石英晶体谐振器作为振荡器振荡回路的元件,可以让振荡器得到稳定的工作频率。根据石英晶体谐振器在振荡器中的作用不同,可以将晶体振荡器分为串联型和并联型等两类。第 4 章将详细讨论石英晶体振荡器。

2.4　集中选频滤波器

随着电子技术的发展,早年使用的机械滤波器现在已很少使用了,采用集中滤波器作为选频电路已成为大势所趋。集中滤波器可以根据系统要求进行精确设计,而且在与放大器连接时可以设置良好的阻抗匹配电路,因此其选频特性更好。集中滤波器可以充分发挥集成电路的优势,矩形系数可达 1.1,几乎接近于理想的矩形特性。

高频电路中常用的集中选频滤波器主要有 *LC* 式集中选频滤波器、晶体滤波器、陶瓷滤波器和声表面波滤波器。*LC* 式集中选频滤波器实际上就是由多节 *LC* 谐振回路构成的 *LC* 滤波器,在高性能电路中用得越来越少,晶体滤波器在上面已讨论过。下面主要讨论陶瓷滤波器和声表面波滤波器。

2.4.1 陶瓷滤波器

陶瓷滤波器是利用某些陶瓷材料的压电效应构成的滤波器。将某些陶瓷材料(如常用的锆钛酸铅陶瓷)制成片状,两面覆盖银层作为电极,经直流高压电场极化后,可以得到类似于石英晶体的压电效应,这些陶瓷材料称为压电陶瓷材料。陶瓷谐振器具有和石英晶体谐振器相同的等效电路,虽然其品质因数较石英晶体的小得多(约为数百),但比 *LC* 滤波器的要大,串并联频率间隔也较大。因此,陶瓷滤波器的通带较石英晶体滤波器的要宽,但选择性稍差。

陶瓷滤波器的工作频率可以从几百 kHz 到几百 MHz,主要用于选频网络、中频调谐、鉴频和滤波等电路。其优点是,陶瓷容易焙烧,可以制成各种形状,适合滤波器的小型化,而且其耐热性、耐湿性较好,很少受外界影响。此外,由于陶瓷材料在自然界中比较丰富,因此陶瓷滤波器相对较为便宜。

性能较好的陶瓷滤波器通常是将多个陶瓷谐振器接入梯形网络而构成的。它是一种多极点的带通(或带阻)滤波器。图 2-17(a)、(b)所示的分别为两个陶瓷谐振片与五个陶瓷谐振片各自连接成的四端陶瓷谐振器。一般而言,谐振片数目越多,滤波器性能越好。这类滤波器通常都封装成组件上市供应。图 2-17 中陶瓷滤波器的电路图形符号与石英晶体谐振器的相同。

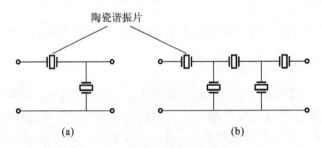

陶瓷谐振片

(a)   (b)

图 2-17　陶瓷滤波器电路

(a)两个陶瓷谐振片;(b)五个陶瓷谐振片

2.4.2 声表面波滤波器

声表面波滤波器(surface acoustic wave filter,SAWF)是一种适用于高频、超高频使用范围的集中固态滤波器,这种滤波器具有温度稳定性好、通带宽、矩形系数接近于 1 的特性,且体积小、重量轻、制造工艺简单,适合于批量生产。自 20 世纪 60 年代中期问世以来发展非常迅速,在通信、电视、卫星和宇航等领域得到了广泛应用。

图 2-18(a)所示的是声表面波滤波器的结构示意图。在某些具有压电效应材料(常用的有

石英晶体、锆钛酸铅陶瓷、铌酸锂等)基片的表面,制作一些叉(对)指电极(像手指交叉而得名)用作换能器,称为叉(对)指换能器。输入、输出端的换能器分别为电声换能器和声电换能器。当对指电极两端加入高频交变信号时,由于压电材料的反压电效应,在压电材料基片表面激起同频率的声表面波,并沿基片表面向输出端传播。由于压电材料的压电效应,输出换能器又将声表面波转换成为交变电信号加到外接负载上。

声表面波滤波器的频率特性取决于对指电极的几何形状,与它的数量、位置和疏密相关。改变对指电极的几何条件,就可以控制声表面波滤波器的中心频率和带宽。图 2-18(a)所示的声表面波滤波器的幅频特性为

$$|H(\mathrm{j}\omega)|^2 = \left|\frac{\sin\dfrac{Np}{2}\dfrac{\Delta\omega}{\omega_0}}{\sin\dfrac{p}{2}\dfrac{\Delta\omega}{\omega_0}}\right|^2 \tag{2-38}$$

式中,N 为换能器叉指的个数(N 为奇数);ω_0 为中心(角)频率。如图 2-18(b)所示,N 越大,带宽越窄。由于受结构和其他方面的限制,在声表面波器件中,N 不能太大,因而滤波器的带宽不能太窄。

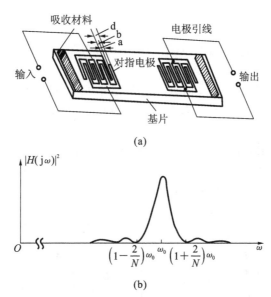

图 2-18 声表面波滤波器的结构和幅频特性
(a)结构示意图;(b)均匀对指的幅频特性

在声表面波滤波器中,如果不采用上述均匀对指换能器,而采用指长、宽度或者间隔变化的非均匀换能器,也就是对图 2-18(a)所示的 a、b 进行加权,就可以得到幅频特性更好(如更接近矩形),或者满足特殊幅频特性要求的滤波器,后者如电视接收机的中频滤波器。

声表面波滤波器的主要特点:①工作频率范围宽,目前已经可以达到 3 GHz;②频率响应平坦;③便于器件微型化和片式化,为了实现片式化,其封装形式已由传统的圆形金属壳封装改为方形或长方形扁平金属或 LCC 表面贴装款式,并且尺寸不断缩小;④矩形系数可达 1.1～2,甚至更小,图 2-19 所示的就是一种用于通信机的声表面波滤波器的传输特性,可见,其特性几乎接近矩形;⑤带内插入衰减较大,这是它最突出的缺点,早期产品的插入损耗一般为 15 dB,

其至以上。但目前已经可以制造插入损耗为 3～4 dB 的产品,最低可将损耗降至 1 dB 左右。

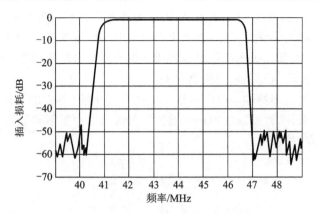

图 2-19　一种用于通信机的声表面波滤波器的传输特性

习　题

2-1　某串联谐振回路的 $f_0=1.5$ MHz,$C=100$ pF,谐振时电阻 $r=5$ Ω,试求品质因数 Q 和回路电感 L。

2-2　某并联谐振回路的 $f_0=5$ MHz,$C=50$ pF,通频带 $B_{0.7}=150$ kHz,试求回路电感 L、品质因数 Q 和谐振时的电阻 R_0。

2-3　对于收音机的中频放大器,其中心频率 $f_0=465$ kHz,$B_{0.7}=8$ kHz,回路电容 $C=200$ pF,试计算回路电感 L 和 Q_L 值。若电感线圈的 $Q_0=100$,问在回路上应并联多大的电阻才能满足要求。

2-4　图 2-20 所示的为波段内调谐用的并联振荡回路,可变电容 C 的变化范围为 12～260 pF,C_t 为微调电容,要求此回路的调谐范围为 535～1605 kHz,求回路电感 L 和 C_t 的值,并要求 C 的最大值和最小值与波段的最低频率和最高频率对应。

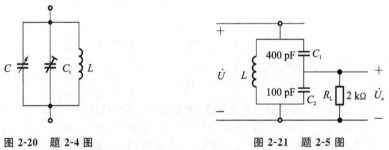

图 2-20　题 2-4 图　　　　　　　图 2-21　题 2-5 图

2-5　图 2-21 所示的为一电容抽头的并联振荡回路,谐振频率 $f_0=1$ MHz,$C_1=400$ pF,$C_2=100$ pF,求回路电感 L。若 $Q_0=100$,$R_L=2$ kΩ,求回路有载 Q_L 值。

2-6　石英晶体有何特点? 为什么用它制作的振荡器的频率稳定性较高?

第 3 章　高频小信号放大器

3.1　概述

高频小信号放大器广泛应用于通信设备和其他电子设备中,可以实现不失真的放大高频小信号。这里的"小信号"是指放大器的输入信号电平较低,可以认为放大器的晶体管(或场效应管)是工作在线性范围内的。这样就可以将晶体管(或场效应管)作为线性元件使用,分析电路时可将其等效为二端口网络。

高频小信号放大器按照有源器件可以分为以分立元件为主的高频放大器和以集成电路为主的集中选频放大器等两类;按照所放大信号的频谱宽窄可分为宽频带放大器和窄频带放大器等两类;按照电路形式可以分为单级放大器和级联放大器等两类;按照所采用负载的性质可分为谐振放大器和非谐振放大器等两类。谐振放大器就是以各种谐振回路(第 2 章讨论的串并联谐振回路、耦合回路等)作为负载,不仅起到放大的作用,而且具有阻抗变换和选频滤波的作用。

衡量高频小信号放大器的主要指标有以下几项。

1. 中心频率

中心频率就是指调谐放大电路的工作频率。它是调谐放大器的主要性能指标,是根据设备的整体指标来确定的。在设计放大电路中,中心频率是选择有源器件、计算谐振回路元件参数的依据。

2. 增益

增益用来描述放大电路对有用信号的放大能力,它具有与谐振回路相似的谐振特性。通常用中心频率上的电压增益和功率增益两种方法表示。

电压增益定义为,放大器在中心频率点上的输出电压与输入电压之比。功率增益定义为放大器在中心频率点上输出给负载的功率与输入功率之比。分别用 A_u 和 A_p 表示(有时以 dB 数计算)。我们希望每级放大器在谐振频率及通频带内的增益尽可能大。

3. 通频带

无线电接收设备接收到的高频小信号具有一定的频带宽度,为了保证频带信号无失真地通过放大电路,要求其增益的频率响应特性必须有与信号带宽相适用的平坦宽度,这个宽度通常用放大电路的通频带来表示。通频带是指信号频率偏离放大器的谐振频率时,放大器的电压增益下降到谐振时,即电压增益的 $1/\sqrt{2}\approx0.707$ 时所对应的频带宽度,也称为带宽,通常用 $B_{0.7}$ 表示。

通频带的大小取决于放大器谐振回路的 Q 值及其形式。多级级联时,随着级数的增加,通频带会越来越窄。而且用途不同,对带宽的要求也各不相同,如中频广播的带宽为 6~8

kHz，电视信号的带宽为 6 MHz。

4. 矩形系数

矩形系数是表征放大器频率选择性好坏的一个重要参数。频率选择性是指放大器从含有不同频率的信号中选取有用信号，抑制无用信号的能力。理想的谐振放大器应该对通频带内的频谱分量有同样的放大能力，而对通频带以外的干扰频谱分量要完全抑制。因此，理想的谐振放大器的频率响应曲线应是矩形的，但放大器的实际频率响应曲线与矩形有较大的差异。

为了衡量实际频率响应曲线与理想矩形的接近度，通常引入矩形系数 K_r，其定义为

$$K_{r0.1} = \frac{2\Delta f_{0.1}}{2\Delta f_{0.7}} \tag{3-1a}$$

$$K_{r0.01} = \frac{2\Delta f_{0.01}}{2\Delta f_{0.7}} \tag{3-1b}$$

式中，$2\Delta f_{0.7}$ 为放大器的通频带；$2\Delta f_{0.1}$ 和 $2\Delta f_{0.01}$ 分别为放大器的电压增益下降至最大值的 $\frac{1}{10}$ 和 $\frac{1}{100}$ 时所对应的频带宽度。

5. 工作稳定性

工作稳定性是指放大器的工作状态、晶体管参数、电路元件参数等发生变化时，放大器主要性能的稳定程度。若放大器工作不稳定，则有可能产生增益变化、中心频率偏移、通频带变化、谐振曲线变形等现象，甚至产生自激，使得放大器完全不能工作。因此，设计放大器时应特别注意其工作稳定性。

引起放大器工作不稳定的主要原因是晶体管的寄生反馈作用。为了消除或者减少工作的不稳定现象，必须尽力找出寄生反馈的途径，以便消除一切可能产生反馈的因素。

6. 噪声系数

噪声系数是用来表征放大器噪声性能好坏的一个参量。放大器本身产生的噪声越小越好，即要求噪声系数接近于1，因为放大器本身的噪声越低，接收微弱信号的能力就越强。

上述指标之间既相互联系又相互矛盾，如增益和工作稳定性、通频带和矩形系数等。设计放大电路时，应根据实际需要决定参数间的主次，并进行合理的设计与调整。

本章重点介绍晶体管单级窄带谐振放大器，对于级联放大器、高频集成放大器，以及放大器的噪声也会加以讨论。

3.2　晶体管高频等效电路与参数

在低频放大电路中，晶体管作为放大器件，其电路可以用简单的交流等效电路来表示，这种等效电路用晶体管的输入电阻 r 和电流放大倍数 β 这两个参数就可。但是，当信号的频率较高时，晶体管的作用比较复杂，只用这两个参数就不能正确地表示它的放大作用。所以，晶体管运用于高频电路中时，它的等效电路不仅包含一些和频率基本上没有关系的电阻，还包含一些电容，这些电容在信号频率较高时是不能忽略的，即晶体管的内部参数将随工作频率的变化而变化。为了说明晶体管放大的物理过程，我们引入它的高频等效电路：y 参数等效电路和混

合 π 等效电路。下面介绍反映晶体管高频性能的高频参数。

3.2.1　y 参数等效电路

晶体管是非线性元件，一般情况下必须考虑其非线性的特点。但是，在小信号运用或者动态范围不超过晶体管的特性曲线线性区的情况下，晶体管可作为线性元件使用，并且可以用线性元件组成的网络模型来模拟晶体管，把晶体管看成一个有源线性二端口网络，列出电流、电压方程式，拟定满足方程的网络模型。

根据二端口网络的理论，在两个端口的四个变量中可以任意选择两个作为自变量，由所选的不同自变量和参变量，可得到六种不同的参数系，但最常用的只有 h、y、z 三种参数系。对于通频带较窄的窄带谐振放大器来说，常采用 y 参数系等效电路。因为晶体管是电流受控元件，输入和输出都有电流，y 参数是在晶体管输入、输出均交流短路的情况下测出的，这在高频电路中比较容易实现。另外，小信号谐振放大器的谐振回路通常与晶体管并联，采用导纳形式的等效电路便于将各并联支路的导纳直接相加，从而便于电路的分析计算。晶体管 y 参数这种网络模型的等效电路称为晶体管 y 参数等效电路。这种等效是一种形式上的等效，故又称为晶体管 y 参数形式等效电路。

图 3-1 所示的为晶体管 y 参数等效电路。输入端有输入电压 $\dot{U}_{b}$、输入电流 $\dot{I}_{b}$，输出端有输出电压 $\dot{U}_{c}$、输出电流 $\dot{I}_{c}$。如果取电压 $\dot{U}_{b}$ 和 $\dot{U}_{c}$ 作为自变量、电流 $\dot{I}_{b}$ 和 $\dot{I}_{c}$ 作为因变量，则晶体管的 y 参数的网络方程为

$$\dot{I}_{b}=Y_{ie}\dot{U}_{b}+Y_{re}\dot{U}_{c} \tag{3-2a}$$

$$\dot{I}_{c}=Y_{fe}\dot{U}_{b}+Y_{oe}\dot{U}_{c} \tag{3-2b}$$

式中，

$Y_{ie}=\left.\dfrac{\dot{I}_{b}}{\dot{U}_{b}}\right|_{\dot{U}_{c}=0}$　为输出交流短路时的输入导纳；

$Y_{re}=\left.\dfrac{\dot{I}_{b}}{\dot{U}_{c}}\right|_{\dot{U}_{b}=0}$　为输入交流短路时的反向传输导纳；

$Y_{fe}=\left.\dfrac{\dot{I}_{c}}{\dot{U}_{b}}\right|_{\dot{U}_{c}=0}$　为输出交流短路时的正向传输导纳；

$Y_{oe}=\left.\dfrac{\dot{I}_{c}}{\dot{U}_{c}}\right|_{\dot{U}_{b}=0}$　为输入交流短路时的输出导纳。

Y_{ie}、Y_{re}、Y_{fe}、Y_{oe} 四个参数具有导纳量纲，称为晶体管 y 参数。这些参数只与晶体管的特性有关，与外电路无关，因此又称为内参数。

在图 3-1 所示的电路中，$Y_{fe}\dot{U}_{b}$ 和 $Y_{re}\dot{U}_{c}$ 是受控电流源。$Y_{fe}\dot{U}_{b}$ 表示输入电压 $\dot{U}_{b}$ 作用在输出端引起的受控电流源，代表晶体管的正向传输能力，Y_{fe} 越大，说明晶体管的放大能力越强；$Y_{re}\dot{U}_{c}$ 表示输出电压 $\dot{U}_{c}$ 在输入端引起的受控电流源，代表晶体管的内部反馈作用，Y_{re} 越大，说明晶体管的内部反馈越强。Y_{re} 是引起放大器工作不稳定的根源，在实际使用中应尽可能减小

它的影响,使放大器工作稳定。

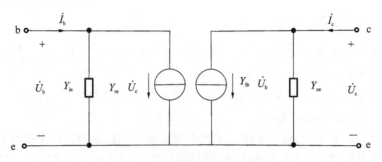

图 3-1　晶体管 y 参数等效电路

晶体管的 y 参数可以用仪器测出,根据 y 参数方程,分别使输出端或输入端交流短路,在另外一端加上直流偏压和交流信号,然后测量其输入端或输出端的交流电压和交流电流,代入式(3-2)就可以求得。有些晶体管的手册或数据单上也会给出这些参数量(一般是在指定的频率及电流条件下的值)。

高频工作时,由于晶体管的结电容不能忽略,y 参数是一个复数。为了分析方便,晶体管 y 参数中的输入导纳和输出导纳常用电导和电容来表示,正向传输导纳和反向传输导纳常写成模值和相位的表现形式,即

$$\begin{cases} Y_{ie} = G_{ie} + j\omega C_{ie} \\ Y_{oe} = G_{oe} + j\omega C_{oe} \\ Y_{fe} = |Y_{fe}| e^{j\varphi_{fe}} \\ Y_{re} = |Y_{re}| e^{j\varphi_{re}} \end{cases} \tag{3-3}$$

3.2.2　混合 π 等效电路

混合 π 等效电路是根据晶体管内部发生的物理过程来拟定的模型。图 3-2 所示的为晶体管在高频运用时的混合 π 等效电路。它反映了晶体管中的物理过程,也是分析晶体管高频时的基本等效电路。图 3-2 中,$C_\pi = C_{b'e}$,$C_\mu = C_{b'c}$。这个等效电路考虑了结电容效应,因此它适用的频率范围可以展宽到高频段。如果频率再高,引线电感和载流子渡越时间不能忽略,则这个等效电路就不适用了。一般来说,它适用的最高频率约为晶体管特征频率的 $1/5$。

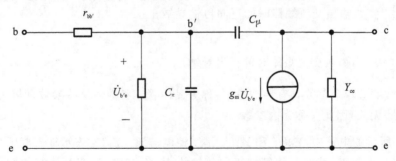

图 3-2　晶体管混合 π 等效电路

下面简单阐述混合 π 等效电路中各元件参数的物理意义。

(1)基极体电阻 $r_{bb'}$:是基区纵向电阻,其值为几十欧姆至一百欧姆,甚至更大。

（2）有效基极到发射极间的电阻 $r_{b'e}$：是发射极电阻折合到基极回路的等效电阻，反映了基极电流受控于发射极电压的物理过程。当晶体管工作于放大状态时，发射极处于正向偏置，所以 $r_{b'e}$ 的数值很小，范围一般为几十欧姆至几百欧姆。

（3）发射极电容 $C_{b'e}$：包括发射极的势垒电容和扩散电容。由于发射极正向偏置，所以主要是指扩散电容，范围一般为 $100 \sim 500$ pF。

（4）集电极电容 $C_{b'c}$：由势垒电容和扩散电容两部分组成，因为集电极反向偏置，所以主要是指势垒电容，范围一般为 $2 \sim 10$ pF。

（5）受控电流源 $g_m \dot{U}_{b'e}$：模拟晶体管放大作用。当在有效基极 b' 到发射极 e 之间加上交流电压 $\dot{U}_{b'e}$ 时，集电极电路就相当于有一电流源 $\dot{I}_c = g_m \dot{U}_{b'e}$ 存在。g_m 称为晶体管的跨导，用于反映晶体管的放大能力，单位为 S。

值得注意的是，$C_{b'c}$ 和 $r_{bb'}$ 的存在对晶体管的高频应用非常不利。$C_{b'c}$ 将输出交流电流反馈到输入端，降低了放大电路的稳定性，甚至可能引起自激。$r_{bb'}$ 在共基电路中会引起高频负反馈，降低了晶体管的电流放大倍数。

混合 π 等效电路的优点是，各元件参数物理意义明确，在较宽的频带内，这些元件值基本与频率无关；其缺点是，元件不同，其参数也不同，分析和测量不方便，而且电路复杂，计算麻烦。因此，混合 π 等效电路比较适合分析宽频带放大器。

一般情况下，在分析小信号谐振放大器时，采用 y 参数等效电路来分析。但 y 参数是随工作频率变化而变化的，不能充分说明晶体管内部的物理过程。而混合 π 等效电路用集中参数元件 RC 表示，物理过程明显，在分析电路原理时用得较多。y 参数与混合 π 等效电路的参数的变换关系可根据 y 参数的定义求出，在忽略 $r_{b'e}$ 及满足 $C_\pi \gg C_\mu$ 的条件下，y 参数与混合 π 参数之间的关系为

$$Y_{ie} \approx \frac{j\omega C_p}{1 + j\omega C_p r_{bb'}} \tag{3-4}$$

$$Y_{oe} \approx j\omega C_\mu + \frac{j\omega C_p r_{bb'} g_m}{1 + j\omega C_p r_{bb'}} \tag{3-5}$$

$$Y_{fe} \approx \frac{g_m}{1 + j\omega C_p r_{bb'}} \tag{3-6}$$

$$Y_{re} \approx \frac{-j\omega C_\mu}{1 + j\omega C_p r_{bb'}} \tag{3-7}$$

由此可见，y 参数不仅与静态工作点的电压、电流值有关，而且与工作频率有关，是频率的复函数。当放大器工作在窄带时，y 参数变化不大，可以将 y 参数看作常数。我们讨论的高频小信号谐振放大器没有特别说明时，都是工作在窄带，晶体管可以用 y 参数等效。

3.2.3　晶体管的高频参数

为了分析和设计各种高频等效电路，必须了解晶体管的高频特性。晶体管的高频特性可由下列几个高频参数来表征。

1. 截止频率 f_β

在高频运用中，由于晶体管的电容效应，晶体管的电流放大系数将是频率的函数。β 是晶

体管共射短路电流放大系数,其数值会随着工作频率的升高而下降。截止频率 f_β 就是当 $|\beta|$ 下降到低频电流放大系数 β_0 的 $\frac{1}{\sqrt{2}}$ 时所对应的频率。

在频率很低时,电路中的 $C_{b'e}$ 和 $C_{b'c}$ 可以忽略,对应的 $\beta=\beta_0=g_m r_{b'e}$,可得

$$\beta=\frac{\beta_0}{1+j\dfrac{f}{f_\beta}} \tag{3-8}$$

由上式可知,$|\beta|$ 的值随着频率的升高而下降。

2. 特征频率 f_T

特征频率 f_T 就是当频率升高使 $|\beta|$ 下降至 1 时所对应的频率,令

$$|\beta|=\frac{\beta_0}{\sqrt{1+\left(\dfrac{f_T}{f_\beta}\right)^2}}=1$$

可得

$$f_T=f_\beta\sqrt{\beta_0^2-1}$$

由于大部分晶体管的 $\beta_0>10$,所以

$$f_T\approx\beta_0 f_\beta$$

晶体管的电流放大系数 $|\beta|$ 的频率特性曲线如图 3-3 所示。

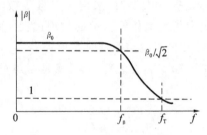

图 3-3　$|\beta|$ 的频率特性曲线

特征频率 f_T 的值既可以测算出来,也可以通过晶体管高频小信号模型估算出来。目前,先进的硅半导体工艺已经可以将双极型晶体管的 f_T 做到 10 GHz 以上。另外,特征频率还与工作点电流有关,它表示晶体管丧失电流放大能力的极限频率。当 $f>f_T$ 时,$|\beta|<1$,但这并不意味着晶体管已经没有放大作用了,实际放大器的电压增益还有可能大于 1。

3.3　高频小信号谐振放大器性能分析

晶体管谐振放大电路由晶体管和调谐回路两部分组成。根据不同的要求,晶体管可以是双极型晶体管,也可以是场效应晶体管,或者是线性模拟集成电路。调谐回路可以是单调谐回路,也可以是双耦合回路。

单调谐回路谐振放大器是小信号放大器最常用的形式。图 3-4(a)所示的是一典型的共发射极高频小信号谐振放大器的实际线路。如果把图中的所有电容开路,电感短路,则可得该放大器的直流偏置电路,其直流偏置电路与低频放大器的电路完全相同,只是电容 C_b、C_e 相对于

高频旁路,其电容值比低频放大器的小得多。如果把高频旁路电容短路,直流电源 E_c 对地短路,则可得该放大器的交流等效电路,如图 3-4(b)所示。采用抽头谐振回路作为放大器的负载,其谐振频率等于输入信号的频率,可起到阻抗变换和选频滤波的作用。由于输入的是高频小信号,所以放大器工作在甲类状态。

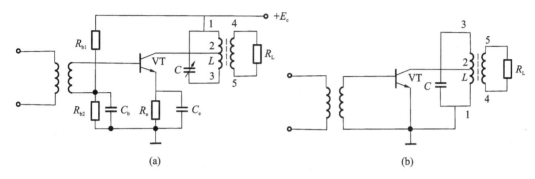

图 3-4　高频小信号谐振放大器

(a)实际线路;(b)交流等效电路

将图 3-4 所示高频小信号放大器中的晶体管用 y 参数等效电路进行等效,可得图 3-5 所示的等效电路。整个放大电路由输入回路、晶体管 VT 和输出回路三部分组成。三个组成部分分别介绍如下。

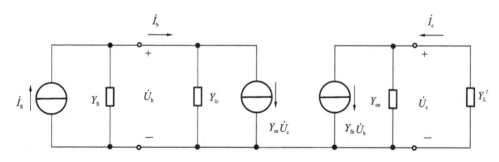

图 3-5　高频小信号放大器的高频等效电路

1. 输入回路

输入回路主要由输入变压器构成,其作用是隔离信号源与放大器之间的直流联系,耦合交流信号,同时实现阻抗变换与匹配。如果换成耦合电容,也可以实现隔直流通交流的作用,但是不能实现阻抗变换与匹配。

2. 晶体管 VT

晶体管 VT 是放大器的核心,起着电流控制和放大的作用。

3. 输出回路

输出回路由 LC 并联谐振回路、输出变压器以及负载阻抗构成。电容 C 与输出变压器的初级绕组电感 L 构成并联谐振回路,起着选频和阻抗变换的作用。多级放大器级联时,负载阻抗通常为下级放大器的输入阻抗。

图 3-5 所示电路中,信号源用电流源 $\dot{I}_S$ 表示;Y_S 是电流源的内导纳;负载导纳为 Y'_L,包括

谐振回路的导纳和负载电阻 R_L 的等效导纳。忽略管子内部的反馈,即令 $Y_{re}=0$,由图 3-5 可得

$$\dot{I}_b = \dot{I}_S - Y_S \dot{U}_b \tag{3-9a}$$

$$\dot{I}_c = -Y'_L \dot{U}_c \tag{3-9b}$$

根据式(3-2a)、式(3-2b)、式(3-9a)、式(3-9b)可以得出高频小信号放大器的主要性能指标。

(1) 电压增益 A_u。

$$A_u = \frac{\dot{U}_c}{\dot{U}_b} = -\frac{Y_{fe}}{Y_{oe} + Y'_L} \tag{3-10}$$

(2) 输入导纳 Y_i。

$$Y_i = \frac{\dot{I}_b}{\dot{U}_b} = Y_{ie} - \frac{Y_{re} Y_{fe}}{Y_{oe} + Y'_L} \tag{3-11}$$

式中,第一项为晶体管的输入导纳;第二项为由反向传输导纳 Y_{re} 引入的输入导纳。

(3) 输出导纳 Y_o。

$$Y_o = \frac{\dot{I}_c}{\dot{U}_c}\bigg|_{\dot{I}_S=0} = Y_{oe} - \frac{Y_{re} Y_{fe}}{Y_S + Y_{ie}} \tag{3-12}$$

式中,第一项为晶体管的输出导纳;第二项也与 Y_{re} 有关。

(4) 通频带 $B_{0.7}$。

通频带 $B_{0.7}$ 为

$$B_{0.7} = \frac{f_0}{Q_L} \tag{3-13}$$

式中,f_0 为谐振回路的谐振频率,即

$$f_0 = 1/(2\pi/\sqrt{LC_\Sigma})$$

其中,L 为回路电感;C_Σ 为回路的总电容,包括回路本身的电容以及 Y_{oe} 等效到回路中呈现的电容;

Q_L 为有载品质因数,有

$$Q_L = 1/(\omega_0 L g_\Sigma)$$

其中,g_Σ 为回路的总电导,包括回路本身的损耗以及 Y_{oe}、R_L 等效到回路中的损耗。

(5) 矩形系数 $K_{r0.1}$。

根据矩形系数的定义,有

$$K_{r0.1} = \frac{2\Delta f_{0.1}}{2\Delta f_{0.7}}$$

式中,$2\Delta f_{0.1}$ 是放大器的电压增益下降至最大值的 $\frac{1}{10}$ 时所对应的频带宽度,即

$$\frac{A_u}{A_{u0}} = \frac{1}{\sqrt{1+\xi^2}} = 0.1$$

式中,$\xi = Q_L \dfrac{2\Delta f_{0.1}}{f_0} = \sqrt{100-1}$ 为广义失谐系数。

可得

$$2\Delta f_{0.1} = \sqrt{99}\frac{f_0}{Q_L}$$

因此，矩形系数为

$$K_{r0.1} = \sqrt{99} \approx 9.95$$

由上可知，单调谐回路放大器的矩形系数远大于1，即它的选择性差。

【例 3-1】　一中频放大器线路如图 3-6 所示。已知：放大器的工作频率 $f_0 = 10.7$ MHz，回路电容 $C = 50$ pF；中频变压器的接入系数 $p_1 = N_1/N = 0.35$，$p_2 = N_2/N = 0.03$，线圈的品质因数 $Q_0 = 100$；晶体管的 y 参数（在工作频率上）为 $G_{ie} = 1.0$ mS，$C_{ie} = 41$ pF，$Y_{re} = -j180\ \mu S$，$Y_{fe} = 40$ mS，$C_{oe} = 4.3$ pF，$G_{oe} = 45\ \mu S$。设后级输入电导仍为 G_{ie}，求：

(1) 回路有载品质因数 Q_L 和通频带 $B_{0.7}$；

(2) 放大器的电压增益。

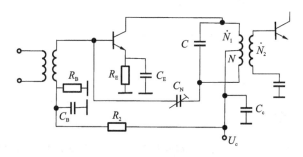

图 3-6　中频放大器的线路图

解　(1) 由于 $Q_L = \omega_0 C_\Sigma R_\Sigma$，其中，$C_\Sigma$ 为回路的总电容；R_Σ 为回路的总电阻。R_Σ 由三个部分组成，即由回路本身的电阻、晶体三极管的输出电阻和后级输入负载等效到回路中的电阻组成。

回路本身的电阻，即回路本身的并联谐振电阻为

$$R_0 = \frac{Q_0}{\omega_0 C} = \frac{100}{2\pi \times 10.7 \times 10^6 \times 50 \times 10^{-12}}\ \Omega = 29.8\ k\Omega$$

晶体管的输出电阻折合到回路两端的电阻为

$$R_1 = \frac{1}{p_1^2 G_{oe}} = \frac{1}{0.35^2 \times 45 \times 10^{-6}}\ \Omega = 181.4\ k\Omega$$

后级输入电阻折合到回路两端的电阻为

$$R_2 = \frac{1}{p_2^2 G_{ie}} = \frac{1}{0.03^2 \times 1 \times 10^{-3}}\ \Omega = 1111.1\ k\Omega$$

于是，回路两端的总电阻为

$$R_\Sigma = R_0 // R_1 // R_2 = 25\ k\Omega$$

同样，可以求得回路总电容为

$$C_\Sigma = C + p_2^2 C_{ie} + p_1^2 C_{oe} = 50.54\ pF$$

因此

$$Q_L = \omega_0 C_\Sigma R_\Sigma = 84.9$$

$$B_{0.7} = \frac{f_0}{Q_L} = 126\ kHz$$

（2）谐振时的电压增益为

$$A_u = -\frac{Y_{fe}}{G_{oe} + Y'_L}$$

式中，

$$Y'_L = \frac{1}{p_1^2}\left(\frac{1}{R_0} + \frac{1}{R_2}\right) = 0.282 \text{ mS}$$

所以，

$$A_u = -\frac{Y_{fe}}{G_{oe} + Y'_L} = -122.3$$

3.4 高频谐振放大器的稳定性

增益、通频带和选择性是调谐放大器的三项基本性能指标。除此之外，小信号放大器的工作稳定性也是重要的性能指标之一。本节将讨论和分析谐振放大器工作不稳定的原因，并提出一些提高放大器稳定性的措施。

3.4.1 放大器工作不稳定的原因

前面分析的放大器的各种性能参数，需要假定放大器工作在稳定状态这个前提，即是在输出电路对输入端没有影响（$Y_{re} = 0$）下得到的。但是在实际应用中，晶体管集、基间电容 $C_{b'c}$ 使得晶体管内部存在反馈，也就是通过 y 参数等效电路中反向传输导纳 Y_{re} 的反馈，Y_{re} 的存在可以使输出信号反作用到输入端，引起输入电流变化，这种反馈作用将可能引起放大器产生自激振荡。下面来观察输入导纳 Y_i 中的第二项，即反向传输导纳 Y_{re} 引入的输入导纳，记为 Y_{ir}。忽略 $r_{bb'}$ 的影响，则由式（3-6）、式（3-7）有

$$Y_{fe} \approx g_m, \quad Y_{re} \approx -j\omega C_\mu$$

将 Y_{oe} 归入负载中，并考虑谐振频率 ω_0 附近的情况，有

$$Y_{oe} + Y'_L \approx Y'_L\left(1 + j2Q\frac{\Delta\omega}{\omega_0}\right)$$

那么

$$Y_{ir} \approx -\frac{-j\omega_0 C_\mu g_m}{G'_L\left(1 + j2Q_L\dfrac{\Delta\omega}{\omega_0}\right)} = j\frac{\omega_0 C_\mu g_m}{G'_L\left(1 + j2Q_L\dfrac{\Delta\omega}{\omega_0}\right)} \tag{3-14}$$

由上可知，当回路谐振 $\Delta\omega = 0$ 时，Y_{ir} 为一电容；当 $\omega > \omega_0$ 时，Y_{ir} 的电导为正，引入的是负反馈；当 $\omega < \omega_0$ 时，Y_{ir} 的电导为负，引入的是正反馈，这时将引起放大器的工作不稳定。图 3-7 是有反馈时与无反馈时的放大器的频率特性比较。由图 3-7 可见，当 $\omega < \omega_0$ 时，由于存在正反馈，所以放大器的放大倍数增加。在某些频率上，Y_{ir} 的电导有可能为负，放大器输入端的总电导将可能减小，甚至为零或负值，Q_L 将趋于无穷大，即使没有外加信号，放大器输出端也会有输出信号，从而引起自激。

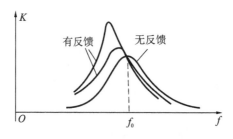

图 3-7 放大器的频率特性

必须指出,这里只讨论了由 Y_{re} 的内部反馈所引起的放大器工作不稳定,没有考虑外部其他途径反馈的影响(输入、输出端之间的空间电磁耦合、公共电源的耦合等)。外部反馈的影响在理论上很难讨论,必须在去耦电路和工艺结构上采取措施。

3.4.2 提高放大器工作稳定性的方法

由于晶体管存在 Y_{re} 的反馈,且是一个双向器件,所以可能引起放大器工作的不稳定。为了提高放大器的稳定性,需要从电路上想办法,设法消除 Y_{re} 的反馈作用,变双向器件为单向器件,这个过程称为单向化。具体方法有中和法和失配法。

1. 中和法

中和法是通过在晶体管的输出端与输入端之间引入一个附加的外部反馈电路(中和电路),抵消晶体管内部参数 Y_{re} 的反馈作用的方法。由于 Y_{re} 包含电导分量和电容分量,外部反馈电路包括电阻分量 R_n 和电容分量 C_n,要使通过 R_n、C_n 的外部反馈电流正好与通过 Y_{re} 所产生的内部反馈电流相位相差 $180°$,并互相抵消,就要变双向器件为单向器件。实际运用中,Y_{re} 的实部(反馈电导)很小,可以忽略。为了简便,通常只用一个中和电容 C_n 来抵消 Y_{re} 的虚部的影响,以达到中和的目的。

图 3-8 所示的是 C_n 的中和电路。为了抵消 Y_{re} 的反馈,从集电极回路取一与 $\dot{U}_c$ 反相的电压 $\dot{U}_n$,通过 C_n 反馈到输入端。由于 Y_{re} 的虚部与反馈电容 $C_{b'c}$ 有关,所以常用 $C_{b'c}$ 来代替虚部进行相应的计算。根据电桥平衡,有

$$\frac{1}{j\omega_0 C_n}j\omega_0 L_1 = \frac{1}{j\omega_0 C_{b'c}}j\omega_0 L_2$$

则中和条件为

$$C_n = \frac{L_1}{L_2}C_{b'c} = \frac{N_1}{N_2}C_{b'c} \tag{3-15}$$

严格的中和很难达到,因为用 $C_{b'c}$ 来表示晶体管的反馈只是一个近似,而 $\dot{U}_c$ 与 $\dot{U}_n$ 又只在回路完全谐振的频率上才准确反相,所以中和电路中固定的中和电容 C_n 只能在某一个频率点起到完全中和的作用。如果再考虑分布参数的作用和温度变化等因素的影响,则中和电路的效果很不理想。在生产过程中,由于晶体管参数的离散性,所以中和电阻与电容值需要在每个晶体管的实际调整过程中确定,这样带来了不少麻烦,而且不适合批量生产。因此,中和法应用较少,一般用在某些收音机电路中。

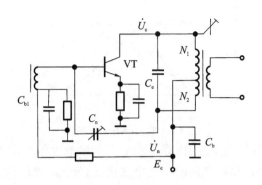

图 3-8　中和电路

2. 失配法

失配是指信号源内阻不与晶体管输入阻抗匹配,晶体管输出端负载阻抗不与本级晶体管的输出阻抗匹配的状态。

失配法是通过增大负载导纳,进而增大总回路导纳,使输出电路失配,输出电压相应减小,输入端的影响也相应减小,实际上是降低放大器的电压增益,用牺牲增益来换取电路稳定的方法。失配法的典型电路如共射-共基级联放大器,其交流等效电路如图 3-9 所示。图 3-9 是由两个晶体管组成的级联电路,前一级是共射电路,后一级是共基电路。由于共基电路的特点是输入阻抗很低(即输入导纳很大)和输出阻抗很高(即输出导纳很小),当它和共射电路连接时,相当于共射放大器的负载导纳很大而使之失配,即晶体管内部反馈的影响相应减小,甚至可以不考虑内部反馈的影响,因此,放大器的稳定性就提高了。共射-共基级联放大器的稳定性比一般共射放大器的稳定性高得多。共射电路在负载导纳很大的情况下,虽然电压增益很小,但电流增益仍较大,而共基电路虽然电流增益接近 1,但电压增益较大,因此二者级联后,互相补偿,电压增益和电流增益均较大。

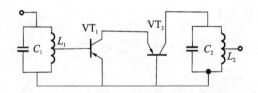

图3-9　共射-共基级联放大器的交流等效电路

可以把两个级联晶体管看成一个复合管,而共射-共基级联晶体管可以等效为一个共射晶体管。这个复合管的 y 参数由两个晶体管的电压、电流和 y 参数决定。如果两个级联晶体管为同一型号,则可认为它们的 y 参数相同。只要知道这个复合管的等效 y 参数,就可以把这类放大器看成是一般的共射放大器。

在一般的工作频率范围内,若晶体管满足 $Y_{ie} \gg Y_{re}$、$Y_{fe} \gg Y_{ie}$、$Y_{fe} \gg Y_{oe}$ 等条件,则可以证明,复合管的等效导纳参数为

$$Y'_i \approx Y_{ie}$$

$$Y'_r \approx \frac{Y_{re}}{Y_{fe}}(Y_{re}+Y_{oe})$$

(3-16)

$$Y'_f \approx Y_{fe}$$

$$Y'_o \approx -Y_{re}$$

式中,Y'_i、Y'_r、Y'_f、Y'_o分别代表复合管的四个 y 参数。

由式(3-16)可知,共射-共基复合管的输入导纳 Y'_i 和正向传输导纳 Y'_f 大致与单管的相等,而反向传输导纳(反馈导纳)Y'_r 远小于单管的反馈导纳 Y_{re} (约小一两个数量级),这说明级联放大器的工作稳定性大大提高。其次,复合管的输出导纳 Y'_o 也只是单管输出导纳 Y_{oe} 的几分之一。这说明级联放大器的输出端可以直接和阻抗较高的调谐回路相匹配,不再需要抽头接入。

由于 Y'_f 基本上和单管的 Y_{fe} 相等,因此,用谐振回路这类放大器的增益计算方法也与单管共射级电路的增益计算方法相同。

此外,由于共射极的输入阻抗高,所以可以保证输入端有较大的电压传输系数,这对提高信噪比有利。而且共射-共基电路工作稳定,可以允许有较高的功率增益,更有利于抑制后面各级的噪声。因此,共射-共基电路已成为典型的低噪声电路。

失配法设计电路的优点:工作稳定,在生产过程中无需进行调整,因此非常方便,适用于大量生产。这种电路除了防止放大器产生自激外,对电路中某些参数的变化(如 Y_{oe})还可起改善作用。两管组成的级联放大电路与单管共射放大器的总增益近似相等。

场效应管放大器也存在同样的稳定性问题,这是由于漏栅的电容构成了输出和输入之间的反馈。如果采用双栅场效应管作高频小信号放大器,则可以获得较高的稳定增益,噪声也比较低。图 3-10 所示的为双栅场效应管调谐放大器电路。它的第二栅(G_2)对高频是接地的,相当于两个场效应管作共源-共栅级联,与共射-共基放大器类似,也提高了放大器的稳定性。

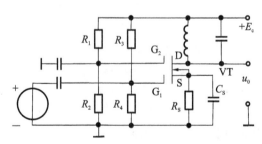

图 3-10　双栅场效应管调谐放大器电路图

图 3-11 所示的为一个雷达接收机的前置中频放大器,前两级是共射-共基级联电路,末级是共射电路。放大器的中心频率为 30 MHz,通频带为 10～11 MHz,增益为 20～30 dB。输入端灵敏度为 5～6 μV。CG36 为国产优良的低噪声管,可使整个放大器的噪声系数小于 2 dB。与电源−12 V 连接的三个 100 μH 电感与四个 1500 pF 的电容是去耦电滤波器,其作用是消除输出信号通过公共电源的内阻抗对前级产生寄生反馈。

此外,还可以从晶体管本身想办法,减小其反向传输导纳 Y_{re},Y_{re} 的大小主要取决于 $C_{b'c}$,选择管子时尽可能选择 $C_{b'c}$ 小的管子,使其容抗增大,反馈作用减小。当然,由于晶体管制造技术的发展,目前晶体管的 Y_{re} 都比较小。

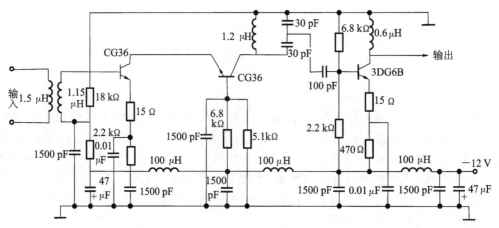

图 3-11　雷达接收机的前置中频放大器实例

3.5　多级谐振放大器

实际应用中,单级谐振放大器的增益和选择性一般不能满足要求,通常需要将几级调谐放大器级联构成多级放大器,以获得较高的增益和较好的频率选择性。级联后的放大器,其增益、通频带和选择性都会发生变化。本节仅介绍多级谐振放大器的主要技术指标。

3.5.1　多级单调谐放大器

多级单调谐放大器的谐振频率相同,均为信号的中心频率。设放大器有 n 级,各级谐振时的电压增益分别为 A_{u1},A_{u2},$\cdots$,A_{un},则 n 级单调谐放大器总的电压增益为各单级放大器电压增益的乘积,即

$$A_u = A_{u1} A_{u2} \cdots A_{un} \tag{3-17}$$

如果多级放大器是由完全相同的单级放大器组成的,即

$$A_{u1} = A_{u2} = \cdots = A_{un}$$

那么,整个放大器的总增益为

$$A_u = A_{u1}^n$$

当 n 级相同的放大器级联时,其谐振曲线为

$$\frac{A_u}{A_{u0}} = \frac{1}{\left[1 + \left(\dfrac{2Q_L \Delta f}{f_0} \right)^2 \right]^{\frac{n}{2}}} \tag{3-18}$$

它等于各单级谐振曲线的乘积。因此,级数越多,谐振曲线越尖锐。这时选择性虽然很好,但通频带变窄了。对 n 级放大器而言,通频带的计算应满足

$$\frac{1}{\left[1 + \left(\dfrac{2Q_L \Delta f}{f_0} \right)^2 \right]^{\frac{n}{2}}} = \frac{1}{\sqrt{2}}$$

解上式,可求得 n 级放大器的通频带 $(2\Delta f_{0.7})_n$ 为

$$(2\Delta f_{0.7})_n = \sqrt{2^{1/n}-1}\,\frac{f_0}{Q_{\mathrm{L}}}$$

式中，$\dfrac{f_0}{Q_{\mathrm{L}}}$ 等于单级放大器的通频带 $2\Delta f_{0.7}$。

因此，n 级和单级放大器的通频带有以下关系：

$$(2\Delta f_{0.7})_n = \sqrt{2^{1/n}-1}\,2\Delta f_{0.7}$$

由于 n 是大于 1 的整数，所以 $\sqrt{2^{1/n}-1}$ 必定小于 1。当 n 级相同的放大器级联时，总的通频带相比单级放大器的通频带缩小了。级数越多，总通频带越小，如图 3-12 所示。

如果要求 n 级的总通频带等于原单级的通频带，则每级的通频带要相应地加宽，即必须降低每级回路的品质因数 Q_{L}，这时

$$Q_{\mathrm{L}} = \sqrt{2^{1/n}-1}\,\frac{f_0}{2\Delta f_{0.7}} \tag{3-19}$$

式中，$\sqrt{2^{1/n}-1}$ 为带宽缩减因子。

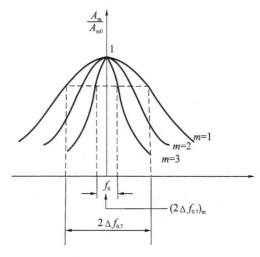

图 3-12　多级放大器的谐振曲线

利用式(3-18)，采用与在单级时求矩形系数的同样方法，可求得 n 级单调谐放大器的矩形系数为

$$K_{r0.1} = \frac{(2\Delta f_{0.1})_n}{(2\Delta f_{0.7})_n} = \sqrt{\frac{100^{1/n}-1}{2^{1/n}-1}} \tag{3-20}$$

由此可以计算出多级放大器的带宽和矩形系数，如表 3-1 所示。由表 3-1 可见，随着 n 的增加，总带宽将减小，矩形系数有所改善，频率选择性变好。

表 3-1　多级单调谐放大器的带宽和矩形系数

级数 n	1	2	3	4	5
B_{Σ}/B_1	1.0	0.64	0.51	0.43	0.35
$K_{r0.1}$	9.95	4.66	3.74	3.18	3.07

需指出的是，当级数 n 增加时，放大器的矩形系数有所改善，但是，这种改善是有限度的。

级数越多,矩形系数的变化越慢;即使级数无限加大,矩形系数也只有 2.56,离理想的矩形($K_{r0.1}=1$)还有很大的距离。

单调谐回路放大器的选择性较差,增益和通频带的矛盾比较突出。为了改善选择性和解决这个矛盾,可采用双调谐回路放大器和参差调谐放大器。下面分别讨论之。

3.5.2 多级双调谐放大器

双调谐回路谐振放大器具有频带较宽、选择性较好的优点。图 3-13 所示的是一种常用的双调谐回路放大器电路。集电极电路采用互感耦合的谐振回路作负载,被放大的信号通过互感耦合加入次级放大器的输入端。晶体管 VT_1 的集电极在初级线圈的接入系数为 p_1,下一级晶体管 VT_2 的基极在次级线圈的接入系数为 p_2。初级、次级回路本身的损耗都很小,可以忽略不计。

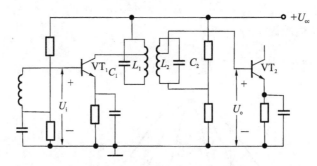

图 3-13 双调谐回路放大器电路

在实际应用中,初级、次级回路都调谐到同一中心频率 f_0。假设两个回路元件参数相同,即电感 $L_1=L_2=L$,则初级、次级回路总电容相等,折合到初级、次级回路的导纳也相等,初级、次级回路的有载品质因数也相等。选择临界耦合(耦合因子 $A=1$),由第 2 章的分析可得

$$\frac{A_u}{A_{u0}}=\frac{2}{\sqrt{4+\xi^4}} \tag{3-21}$$

式中,$\xi=Q_L\dfrac{2\Delta f}{f_0}$ 称为广义失谐系数。

令 $\dfrac{A_u}{A_{u0}}=\dfrac{2}{\sqrt{4+\xi^4}}$,则很容易求出临界耦合时的通频带为

$$2\Delta f_{0.7}=\sqrt{2}\frac{f_0}{Q_L}$$

由于单调谐放大器的通频带是 $\dfrac{f_0}{Q_L}$,相比较而言,在回路有载品质因数 Q_L 相同的情况下,临界耦合双调谐回路放大器的通频带等于单调谐回路放大器通频带的 $\sqrt{2}$ 倍。

根据定义,当 $\dfrac{A_u}{A_{u0}}=\dfrac{1}{10}$ 时,代入式(3-21),可得

$$\frac{2}{\sqrt{4+\left(Q_L\dfrac{2\Delta f_{0.1}}{f_0}\right)^4}}=\frac{1}{10}$$

解之得

$$2\Delta f_{0.1} = \sqrt[4]{100-1}\,\frac{\sqrt{2}f_0}{Q_L}$$

因此，矩形系数
$$K_{r0.1} = \frac{2\Delta f_{0.1}}{2\Delta f_{0.7}} = \sqrt[4]{100-1} = 3.15$$

可见双调谐回路放大器的矩形系数远比单调谐回路放大器的小，其谐振曲线更接近于矩形。

当选择临界耦合时，由式（3-21）可知，对于 n 级双调谐放大器，有

$$\left[\frac{A_u}{A_{u0}}\right]^n = \left[\frac{2}{\sqrt{4+\xi^4}}\right]^n$$

可得

$$\frac{2\Delta f_{0.7}}{(2\Delta f_{0.7})_n} = \frac{1}{\sqrt[4]{2^{1/n}-1}}$$

由于双调谐回路谐振放大器的通频带较宽，所以当级数增加时，n 级双调谐回路放大器要求通频带加大的倍数也比单调谐回路放大器要求的小。因此，双调谐回路放大器在总通频带不变时，总的增益下降也较小。

同样可以证明 n 级（临界耦合）双调谐回路谐振放大器的矩形系数为

$$K_{r0.1} = \sqrt[4]{\frac{10^{2/n}-1}{2^{1/n}-1}} \tag{3-22}$$

双调谐回路谐振放大器的矩形系数比单调谐回路谐振放大器的矩形系数更接近于 1，所以其选择性也更好。

多级双调谐回路放大器的带宽和矩形系数如表 3-2 所示。

表 3-2　多级双调谐回路放大器的带宽和矩形系数

级数 n	1	2	3	4
B_Σ/B_1	1.0	0.8	0.71	0.66
$K_{r0.1}$	3.15	2.16	1.9	1.8

上面只介绍了临界耦合的情况，这种情况在实际中应用较多。弱耦合时，放大器的谐振曲线与单调谐回路放大器的相似，通频带较窄，选择性也较差。强耦合时，虽然通频带变得更宽，矩形系数也更好，但谐振曲线顶部出现凹陷，回路的调节也较麻烦。因此，只在与临界耦合配合或特殊场合时才采用。

3.5.3　参差调谐放大器

参差调谐放大器是指将两个调谐放大器的回路谐振频率对应于频带中心频率作小量的偏移，以便达到总增益稍微减小，而总通频带加宽和选择性改善的目的。

多级参差调谐放大器就是各级的调谐回路和调谐频率都彼此不同。采用参差调谐放大器的目的是增加放大器总的带宽，同时又获得边沿较陡峭的频率特性。图 3-14 是采用单调谐回路和双调谐回路组成的参差调谐放大器的频率特性。双调谐回路采用 $A>1$（如 $A=2.41$）的过临界耦合，由图 3-14 可见，当两种回路采用不同的品质因数时，总的频率特性有较宽的频带

宽度,带内特性很平坦,而带外又有较陡峭的特性,这种多级参差调谐放大器常用于要求带宽较宽的场合,如电视机的高频头。

由于这种放大器的调整较麻烦,目前应用较少,因此本书不详细讨论。

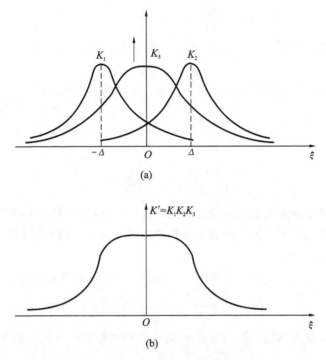

图 3-14　参差调谐放大器的频率特性

(a)单、双回路特性;(b)总特性

3.6　集中选频放大器

前面介绍的谐振放大器中既有放大器件又有选择性电路,可以用于窄带信号的选频放大。为了提高增益,经常采用多级调谐放大电路。对于多级调谐放大电路,要求每级都有其谐振回路,因而造成元件多、调谐不方便、不容易获得较宽的通频带、选择性不够理想等问题。此外,由于回路直接与有源器件连接,所以频率特性常会受到晶体管参数,以及工作点变化的影响。在高增益的多级放大器中,即使放大器内部反馈很小,也可能由于布线之间的寄生反馈而产生自激,从而影响稳定性和可靠性。

随着电子技术的发展,高增益宽频带的集成放大电路广泛应用于选频放大电路中,以适应现代雷达、通信和电视等系统对宽频带的要求。当采用集成电路时,由于在集成电路基片上制作电感和较大的电容很困难,所以谐振回路元件 L、C 需要外接。因此,需要将高频放大器的两个任务——放大和选频——分开,即采用矩形系数较好的集中选频滤波器来完成信号的选择,然后利用集成宽带电路进行信号放大,这样就构成了集中选频放大器。其中,集中选频滤波器具有接近理想矩形的幅频特性。常用的集中选频滤波器有石英晶体滤波器、陶瓷滤波器,以及声表面波滤波器,这些已在第 2 章讨论过,在此不再赘述。

集中选频放大器具有线路简单、选择性好、性能稳定、调整方便等优点,已广泛应用于通信、电视等各种电子设备中。

图 3-15 是集中选频放大器的组成框图。图 3-15(a)所示框图中,集中滤波器接于宽带集成放大器的后面,采用这种接法要特别注意使集成放大器与集中滤波器之间实现阻抗匹配。也就是说,从集成放大器输出端看,放大器有较大的功率增益;从滤波器输入端看,要求集成放大器的输出阻抗与滤波器的输入阻抗共轭相等(在滤波器的另一端也一样),这是因为滤波器的频率特性依赖于两端的源阻抗与负载阻抗,只有两端端接阻抗实现匹配要求,才能得到预期的频率特性。当集成放大器的输出阻抗与滤波器的输入阻抗不共轭相等(不匹配)时,应在二者间加阻抗匹配电路,通常可用高频宽带变压器进行阻抗变换,也可以用低 Q 的振荡回路。采用振荡回路时,回路带宽应大于滤波器带宽,使放大器的频率只由滤波器决定。

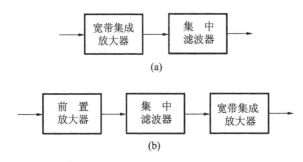

图 3-15　集中选频放大器的组成框图

图 3-15(b)是另一种接法。集中滤波器放在宽带集成放大器的前面,而在集中滤波器前加一前置放大器。这样,干扰信号被集中滤波器过滤掉,不会直接进入集成放大器,避免干扰信号因放大器的非线性(放大器在大信号时总是有非线性性)而产生新的不需要的频率分量。有些集中滤波器,如声表面波滤波器,本身有较大的衰减(可达十多分贝),放在集成放大器之前会将有用信号减弱,从而使集成放大器中的噪声对信号的影响加强,使整个放大器的抗噪声性能变弱。为此,常在滤波器之前加一前置放大器,以补偿滤波器的衰减(见图 3-15(b))。

图 3-16 所示的为由集成宽带放大器和陶瓷滤波器组成的集中选频放大器。

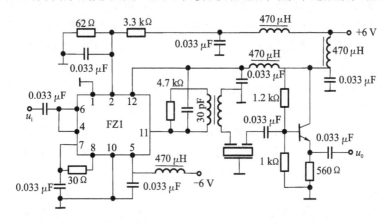

图 3-16　由集成宽带放大器和陶瓷滤波器组成的集中选频放大器

FZ1 为采用共射-共基组合电路构成的集成宽带放大器。为了使陶瓷滤波器的频率特性不受外电路参数的影响,使用时一般都要求接入规定的信号源阻抗和负载阻抗,以实现阻抗匹配。为此,在图 3-16 所示的电路中,陶瓷滤波器的输入端采用变压器耦合的并联谐振回路,输出端接入由晶体管构成的射极输出器。其中并联谐振回路调谐在陶瓷滤波器频率特性的主谐振频率上,用来消除陶瓷滤波器通频带以外出现的小谐振峰,这种带外小峰会对邻近频道产生强信号的干扰。图 3-16 所示的电路中,并联在谐振回路上的 4.7 kΩ 电阻用来展宽 LC 谐振回路通频带。

表 3-3 列出了 AD 公司生产的宽带集成运算放大器的一些产品。

表 3-3　AD 公司生产的宽带集成运算放大器简介

型号	电源电压/V	−3dB 带宽/MHz	转换率/V/μs	建立时间(0.10%)/ns
AD8031	+2.7~+5,±5	80	30	125
AD8032	+2.7~+5,±5	80	30	125
AD818	+5,±5~±15	100	500	45
AD810	±5,±12	55	1000	50
AD8011	+5,+12,±5	340	2000	25
AD8055	+12,±5	300	1400	20
AD8056	+12,±5	300	1400	20

在需要进行自动增益控制的场合下,可以使用宽带可变增益的放大器,如 AD 公司的 AD603,增益范围为 −11 dB~+31 dB,带宽为 90 MHz。

3.7　放大器的噪声

噪声就是除有用信号以外的一切不需要的信号及各种电磁骚动的总称。噪声是一种随机信号,其频谱分布于整个无线电工作频率范围内,是影响各类收信机性能的主要因素之一。

放大器的噪声,就是在放大器或电子设备的输出端与有用信号同时存在的一种随机变化的电流或电压,即使没有有用信号,它也存在。比如,收音机中经常听到的"沙沙"声;电视机图像背景上的"雪花"斑点等,这些都是接收机或者放大器内部产生的噪声。一定情况下,噪声甚至强过有用信号,使得放大器的输出端无法识别有用信号。因此,研究各种干扰和噪声的特性,以及抑制干扰和噪声的方法非常必要。

噪声的种类很多,有的是从无线电设备外部串扰进来的,习惯上称为外部干扰。外部干扰可分为自然干扰和人为干扰等两种。自然干扰有天电干扰、宇宙干扰和大地干扰等。人为干扰是人类活动所产生的干扰,主要有工业干扰和无线电台的干扰等。有的噪声是电子设备本身产生的各种噪声,通常称为内部噪声。内部噪声也有人为的(或故障性的)和固有的两种。故障性的人为噪声,原则上可以通过合理设计和正确调整予以消除,而设备固有的内部噪声才是我们要讨论的内容。

抑制外部干扰的措施主要是消除干扰源、切断干扰传播途径和躲避干扰。电台的干扰主要是外部干扰,有关这一部分的内容将在第 6 章的"混频器的干扰"一节中介绍。

应该指出,干扰和噪声问题涉及的范围很广,理论和计算都很复杂,详细分析已超出本书范围,本节将主要介绍有关电子噪声的一些基本概念和性能指标。

3.7.1　电子噪声的来源与特性

理论上说,虽然任何电子线路都有电子噪声,但是,因为电子噪声的强度很弱,因此它的影响主要来源于有用信号比较弱的场合,比如,在接收机的前级电路(高频放大器、混频)中,或者多级高增益的音频放大器、视频放大器中,就要考虑电子噪声对它们的影响。在设计某些设备或电子系统中,也要考虑电子噪声对设备或系统性能的影响。

在电子线路中,噪声主要来源于两方面:电阻热噪声和半导体管噪声。二者有许多共同的特性,下面分别进行讨论。

1. 电阻热噪声

导体和电阻中有大量的自由电子,由于温度的原因,这些自由电子在作不规则的运动,出现碰撞、复合和产生二次电子等现象,温度越高,自由电子的运动越剧烈。以一个电子为例,电子的一次运动过程,就会在电阻两端感应出很小的电压,大量的热运动电子就会在电阻两端产生起伏电压(实际上是电势)。从一段时间看,电阻两端出现正负电压的概率相同,因而两端的平均电压为零。从某一瞬间看,电阻两端的电势 e_n 的大小和方向是随机变化的。这种因热运动而产生的起伏电压称为电阻热噪声。图 3-17 就是电阻热噪声的电压波形。

图 3-17　电阻热噪声的电压波形

1)热噪声电压和功率谱密度

由于起伏噪声电压的瞬时振幅和瞬时相位是随机变化的,因此无法确切地写出它的数学表达式。但大量的实践和理论分析已经得出了它们的规律性,其特性可以用概率特性,如功率谱密度来描述。理论和实践证明,电阻热噪声的频谱在极宽的频带内具有均匀的功率谱密度。当电阻的温度为 T(热力学温度)时,电阻 R 两端的噪声电压的均方值为

$$E_n^2 = \lim_{T \to +\infty} \frac{1}{T} \int_0^T e_n^2 \mathrm{d}t = 4kTBR \tag{3-23}$$

式中,k 为波耳兹曼常数($k = 1.37 \times 10^{-23}$ J/K);B 为测量该电压时的带宽;T 为热力学温度(K)。式(3-23)就是奈奎斯特公式。均方根 $E_n = \sqrt{4kTBR}$ 表示起伏电压交流分量的有效值。

由概率论的理论可知,由于热噪声电压是由大量电子运动产生的感应电势之和,所以总的噪声电压 e_n 服从正态分布(高斯分布),即其概率密度 $p(e_n)$ 为

$$p(e_n) = \frac{1}{\sqrt{2pE_n^2}} \exp\left(-\frac{1}{2}\frac{e_n^2}{E_n^2}\right) \qquad (3-24)$$

具有这种分布的噪声称为高斯噪声。根据上述分布，噪声电压 e_n 的值有可能出现远大于 E_n 的值，但 e_n 出现大值的概率是很小的。由分析可得，$|e_n| > 4E_n$ 的概率小于 0.01%，也就是说，$|e_n| > 4E_n$ 的概率可以忽略。

由式(3-23)表示的噪声电势可知，电阻热噪声可以用图 3-18（a）所示的等效电路表示，即由一个噪声电压源和一个无噪声的电阻串联。根据戴维南定理，也可以化为图 3-18（b）所示的电流源电路，图中的 $G = 1/R$。

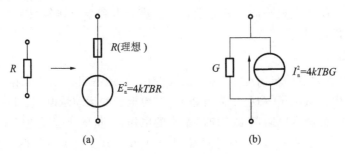

图 3-18　电阻热噪声的等效电路和电流源电路

（a）等效电路；（b）电流源电路

因功率与电压或电流的均方值成正比，所以也可以把电阻热噪声看成是一噪声功率源。由图 3-18 可以计算出，此功率源输出的最大噪声功率为 kTB，其中，B 为测量此噪声时的带宽。这说明，电阻的输出热噪声功率与带宽成正比。若观察的带宽为 Δf，则对应的噪声功率为 $kT\Delta f$。因而单位频带（1 Hz 带宽）内的最大噪声功率为 kT，它与观察的频带范围无关。由傅里叶的概念可知，此 kT 值就是噪声源的噪声功率谱密度，因为它是任意电阻的最大输出，因此也与电阻 R 无关。这种功率谱密度不随频率变化而变化的噪声，称为白噪声。这是因为功率谱和光学中的"白光"类似，具有均匀的功率谱。

为了方便计算电路的噪声，也可以引入噪声电压谱密度或噪声电流谱密度。考虑到噪声的随机性，只有均方电压、均方电流才有意义。因此，均方电压谱密度和均方电流谱密度分别对应于单位频带内的噪声电压均方值和噪声电流均方值，在图 3-18 所示的电路中，它们分别表示为

$$S_U = 4kTR \quad (V^2/Hz) \qquad (3-25)$$

$$S_I = 4kTG \quad (V^2/Hz) \qquad (3-26)$$

2）噪声带宽

在电阻热噪声式(3-23)中，有一带宽因子 B，它是测量此噪声电压均方值的带宽。因为电阻热噪声是均匀频谱的白噪声，因此这一带宽应该理解为一理想滤波器的带宽。实际的测量系统，包括噪声通过后面的线性系统（如接收机的频带放大系统）都不具有理想的滤波特性。此时，输出端的噪声功率或者噪声电压均方值应该按频谱密度进行积分计算。计算后可以引入"噪声带宽"，知道了系统的噪声带宽，计算和测量噪声就很方便了。

设一线性系统，其电压传输函数为 $H(j\omega)$。输入一电阻热噪声，均方电压谱为 $S_{Ui} = 4kTR$，输出均方电压谱为 S_{Uo}，则输出均方电压 E_{n2}^2 为

$$E_{n2}^2 = \int_0^{+\infty} S_{Uo} \mathrm{d}f = \int_0^{+\infty} S_{Ui} |H(j\omega)|^2 \mathrm{d}f = 4kTR \int_0^{+\infty} |H(j\omega)|^2 \mathrm{d}f$$

设 $|H(j\omega)|$ 的最大值为 H_0，则可定义一等效噪声带宽 B_n，令

$$E_{n2}^2 = 4kTRB_nH_0^2 \tag{3-27}$$

则等效噪声带宽 B_n 为

$$B_n = \frac{\int_0^{+\infty} |H(j\omega)|^2 \mathrm{d}f}{H_0^2} \tag{3-28}$$

线性系统的等效噪声带宽的关系如图 3-19 所示。在式(3-28)中，分子为曲线 $|H(j\omega)|^2$ 下的面积，因此噪声带宽的含义是，使 H_0^2 和 B_n 两边的矩形面积与曲线下的面积相等。B_n 的大小由实际特性 $|H(j\omega)|^2$ 决定，而与输入噪声无关，一般情况下，它不等于实际特性的 3 dB 带宽 $B_{0.7}$，只有实际特性接近理想矩形时，二者数值上才近似相等。

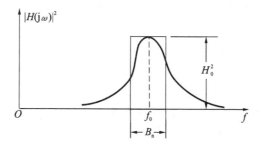

图 3-19　线性系统的等效噪声带宽

必须指出，线性网络的等效噪声带宽 B_n 与信号通频带 $B_{0.7}$ 是两个不同的概念。前者是从噪声的角度引出来的，而后者是对信号而言的，但二者之间有一定的关系。对于常用的单调谐并联回路，$B_n = \pi/2 B_{0.7}$。对于多级单调谐回路，级数越多，传输特性越接近矩形，B_n 越接近 $B_{0.7}$。对于临界耦合的双调谐回路，$B_n = 1.11 B_{0.7}$。

2. 晶体三极管的噪声

晶体三极管的噪声是设备内部固有噪声的另一个重要来源。一般来说，在一个放大电路中，晶体三极管的噪声往往比电阻热噪声强得多。在晶体三极管中，除了其中某些分布电阻，如基极电阻 $r_{bb'}$ 会产生热噪声以外，还有以下几种噪声来源。

1) 散弹噪声

散弹噪声是由单位时间内通过晶体管 PN 结的载流子数随机起伏流动而产生的噪声。由于散弹噪声是由大量载流子引起的，每个载流子通过 PN 结的时间很短，因此它的噪声谱和电阻热噪声相似，具有平坦的噪声功率谱。也就是说，散弹噪声也是白噪声。通过理论分析和实验表明，散弹噪声引起的电流起伏均方值与 PN 结的直流电流成正比。如果用噪声均方电流谱密度表示，有

$$S_I(f) = 2qI_0 \tag{3-29}$$

式中，q 为每个载流子的电荷量，$q = 1.6 \times 10^{-19}$ C；I_0 为通过 PN 结的平均电流。

式(3-29)称为肖特基公式，也适合用于其他器件的散弹噪声，它们的区别是白噪声扩展的范围不同。

与热噪声不同,散弹噪声的噪声功率与结的平均电流成正比,而且在数量上也有差别。一般情况下,散弹噪声大于电阻热噪声。

晶体管中有发射结和集电结,因为发射结工作于正偏状态,结电流大;而集电结工作于反偏状态,除了基区来的传输电流外,只有较小的反向饱和电流(它也产生散弹噪声)。因此,发射结的散弹噪声起主要作用,而集电结的散弹噪声可以忽略。

2)分配噪声

晶体管中通过发射结的少数载流子,大部分由集电极收集,形成集电极电流,少部分载流子跟基极流入的多数载流子复合,产生基极电流。由于基区中载流子的复合也具有随机性,即单位时间内复合的载流子数目是起伏变化的,因此,集电极电流和基极电流的分配比例也是变化的。晶体管的电流放大系数 α、β 只是反映平均意义上的分配比。这种因分配比起伏变化而产生的集电极电流、基极电流起伏噪声,称为晶体管的分配噪声。分配噪声实际上也是一种散弹噪声,但它的功率谱密度是随频率变化而变化的,频率越高,噪声越大。

3)闪烁噪声

由于半导体材料及制造工艺水平造成表面清洁处理不好而引起的噪声称为闪烁噪声。它与半导体表面少数载流子的复合有关,表现为发射极电流的起伏,其电流噪声谱密度与频率近似成反比,又称 $1/f$ 噪声。因此,它主要在低频(如几千赫兹以下)范围起主要作用。这种噪声也存在于其他电子器件中,某些实际电阻器就有这种噪声。应用于高频中的晶体管时,除非考虑闪烁噪声的调幅、调相作用,通常可以忽略它的影响。

3. 场效应管噪声

在场效应管中,由于其工作原理不是靠少数载流子运动的,因而散弹噪声的影响很小。场效应管的噪声有以下几方面的来源:沟道电阻产生的热噪声;沟道热噪声通过沟道和栅极电容的耦合作用在栅极上的感应噪声;闪烁噪声。

必须指出,前面讨论的晶体管中的噪声,在实际放大器中将同时起作用并参与放大。有关晶体管的噪声模型和晶体管放大器的噪声比较复杂,这里就不讨论了。

3.7.2 噪声系数和噪声温度

为了衡量某一线性电路或某系统(如接收机)的噪声特性,通常需要引入一个衡量电路或系统内部噪声大小的参数。有了这个参数,就可以比较不同电路噪声性能的好坏,也可以据此进行测量。目前应用比较广泛的是噪声系数或噪声指数。有时人们还使用一个与噪声系数有关的、称为"噪声温度"的指标。

1. 噪声系数

噪声对放大器性能的影响主要表现在信号与噪声的相对大小,即信号噪声功率比(称为信噪比)。如果放大器内部不产生噪声,当有用信号和输入端的噪声通过它时,二者都得到同样放大,这意味着输出端与输入端具有相同的信噪比。实际上,放大器是由晶体管和电阻等元器件组成的,它们都会产生噪声,所以信噪比不可能不变,我们希望输出端信噪比的下降应尽可能小。噪声系数的定义就是从上述想法中引出的。

放大电路的噪声系数定义为,放大电路输入端的信号噪声功率比 $(S/N)_i$ 与输出端的信号

噪声功率比 $(S/N)_o$ 的比值,即

$$N_F = \frac{\left(\frac{S}{N}\right)_i}{\left(\frac{S}{N}\right)_o} = \frac{\frac{S_i}{N_i}}{\frac{S_o}{N_o}} \tag{3-30}$$

K_P 为电路的功率传输系数(或功率放大倍数)。N_a 表示线性电路内部附加噪声功率在输出端的输出,考虑到 $K_P = S_o/S_i$,式(3-30)可以表示为

$$N_F = \frac{N_o}{N_i K_P} = \frac{\frac{N_o}{K_P}}{N_i} \tag{3-31}$$

$$N_F = \frac{\frac{N_i K_P + N_a}{K_P}}{N_i} = 1 + \frac{\frac{N_a}{K_P}}{N_i} \tag{3-32}$$

式(3-31)、式(3-32)也可以看成是噪声系数的另一种定义。式(3-31)表示噪声系数等于归于输入端的总输出噪声与输入噪声之比。式(3-32)是用归于输入端的附加噪声表示的噪声系数。

噪声系数通常用 dB 表示,用 dB 表示的噪声系数为

$$\{N_F\}_{dB} = 10 \lg N_F = 10 \lg \frac{\left(\frac{S}{N}\right)_i}{\left(\frac{S}{N}\right)_o} \tag{3-33}$$

由于 $(S/N)_i$ 总是大于 $(S/N)_o$,故噪声系数的值总是大于 1,其 dB 数为正。理想无噪声系统的噪声系数为 0 dB。

噪声系数的定义只适用于线性或准线性电路。对于非线性电路,信号与噪声、噪声与噪声之间的相互作用,将会使输出端的信噪比更加恶化。因此,噪声系数的概念就不合适。

为了计算和测量的方便,放大器的噪声系数也可以用额定功率增益来定义,为此,引入了"额定功率"和"额定功率增益"的概念。

输入额定功率是指信号源所能输出的最大功率,为了使信号源输出的功率最大,要求信号源内阻 R_S 与放大电路的输入电阻 R_i 相匹配,即 $R_S = R_i$。其输入额定功率为

$$P_{smi} = \frac{E_S^2}{4R_S} \tag{3-34}$$

式中,E_S 是电压源的电压有效值。而任何电阻 R 的额定输入噪声功率 N_{mi} 均为 kTB。

同理,对输出端来说,当放大电路的输出电阻 R_o 和负载电阻 R_L 相等,即输出端匹配时,输出端的功率为额定信号功率 P_{smo} 和额定噪声功率 N_{mo} 之和。

额定功率增益 K_{Pm} 是指放大器的输出额定功率 P_{smo} 和输入额定功率 P_{smi} 之比,即

$$K_{Pm} = \frac{P_{smo}}{P_{smi}} \tag{3-35}$$

显然,额定功率增益 K_{Pm} 不一定是放大器的实际功率增益,只有在输出和输入都匹配时,这两个功率才相等。

根据噪声系数的定义,分子和分母都是同一端点上的功率比,因此将实际功率改为额定功率,并不改变噪声系数的定义,则有

$$N_F = \frac{\dfrac{P_{smi}}{N_{mi}}}{\dfrac{P_{smo}}{N_{mo}}} = \frac{N_{mo}}{K_{Pm} N_{mi}} \tag{3-36}$$

因为 $N_{mi} = kTB$，$N_{mo} = K_{Pm} N_{mi} + N_{mn}$，所以

$$N_F = \frac{N_{mo}}{K_{Pm} kTB} = 1 + \frac{N_{mn}}{K_{Pm} kTB} \tag{3-37}$$

式(3-36)、式(3-37)中，P_{smi} 和 P_{smo} 分别为输入和输出的信号额定功率；N_{mi} 和 N_{mo} 分别为输入和输出的噪声额定功率；N_{mn} 为放大器内部的最大输出噪声功率。也可以等效到输入端，有

$$N_F = \frac{N_{moi}}{kTB} \tag{3-38}$$

式中，$N_{moi} = N_{mo}/K_{Pm}$，是额定输出噪声功率等效到输入端的数值。

2. 多级放大器的噪声系数

无线电设备都是由许多单元级联而成的，研究总噪声系数与各级网络的噪声系数之间的关系有非常重要的实际意义，它可以为我们指明降低噪声系数的方向。在多级网络级联后，若已知各级网络的噪声系数和额定功率增益，就能十分方便地求得级联网络的总噪声系数，这是噪声系数带来的一个突出优点。

现假设有两级级联放大器，如图 3-20 所示，它们的噪声系数和额定功率增益分别为 N_{F1}、N_{F2} 和 K_{Pm1}、K_{Pm2}，各级内部的附加噪声功率为 N_{a1}、N_{a2}，等效噪声带宽均为 B。级联后总的额定功率增益为 $K_{Pm} = K_{Pm1} \cdot K_{Pm2}$，等效噪声带宽仍为 B。根据定义，级联后总的噪声系数为

$$N_F = \frac{N_o}{K_{Pm} kTB} \tag{3-39}$$

式中，N_o 为总输出额定噪声功率，它由三部分组成（经两级放大的输入信号源内阻的热噪声；经第二级放大的第一级放大器内部的附加噪声；第二级放大器内部的附加噪声，即 $N_o = K_{Pm} kTB + K_{Pm2} N_{a1} + N_{a2}$）。

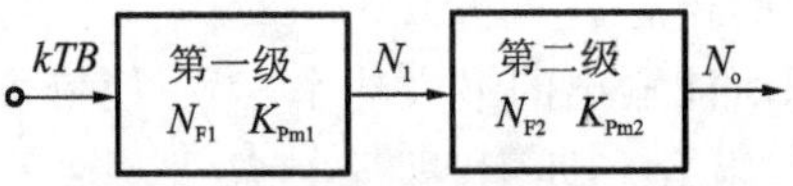

图 3-20 两级级联放大器的噪声系数

按噪声系数的表达式，N_{a1} 和 N_{a2} 可分别表示为

$$N_{a1} = (N_{F1} - 1) K_{Pm1} kTB$$

$$N_{a2} = (N_{F2} - 1) K_{Pm2} kTB$$

则

$$N_o = K_{Pm} kTB + K_{Pm1} K_{Pm2} (N_{F1} - 1) kTB + K_{Pm2} (N_{F2} - 1) kTB$$

$$= [K_{Pm} N_{F1} + (N_{F2} - 1) K_{Pm2}] kTB$$

将上式代入式(3-39)，可得

$$N_F = N_{F1} + \frac{N_{F2} - 1}{K_{Pm1}} \tag{3-40}$$

用同样的方法不难推出多级级联放大器的噪声系数为

$$N_F = N_{F1} + \frac{N_{F2} - 1}{K_{Pm1}} + \frac{N_{F3} - 1}{K_{Pm1} K_{Pm2}} + \cdots \tag{3-41}$$

从式(3-41)可以看出,当放大器的额定功率增益远大于 1 时,系统的总噪声系数主要取决于第一级的噪声系数。越是后面的网络,对噪声系数的影响越小,这是因为越到后级,信号的功率越大,后面网络的内部噪声对信噪比的影响就不大了。因此,对第一级噪声系数来说,不但希望噪声系数小,也希望功率增益大,以便减小后级噪声的影响。

【例 3-2】　某接收机的前端电路由高频放大器和混频器两级电路组成,已知高频放大器的额定功率增益 $K_{P1} = 10$ dB,噪声系数 $N_{F1} = 3$ dB,混频器的额定功率增益 $K_{P2} = 6.5$ dB,噪声系数 $N_{F2} = 10$ dB,求前端电路的噪声系数。

解　先将噪声系数和功率增益分贝数进行转换,有
$$K_{P1} = 10, \quad N_{F1} = 2, \quad K_{P2} = 4.47, \quad N_{F2} = 10$$
因此,前端电路的噪声系数为
$$N_F = N_{F1} + \frac{N_{F2} - 1}{K_{P1}} = 2 + 0.9 = 2.9$$

3. 噪声温度

大多数情况下,特别是低噪声系统中,往往用"噪声温度"来衡量系统的噪声性能。将线性电路的内部附加噪声折算到输入端,此附加噪声可以用提高信号源内阻上的温度来等效,这就是"噪声温度"。由式(3-32)可知,等效到输入端的附加噪声为 N_a / K_P,令增加的温度为 T_e,即噪声温度,可得

$$\frac{N_a}{K_P} = k T_e B \tag{3-42}$$

这样,式(3-32)可重写为

$$N_F = 1 + \frac{k T_e B}{N_i} = 1 + \frac{k T_e B}{k T B} = 1 + \frac{T_e}{T} \tag{3-43}$$

$$T_e = (N_F - 1) T \tag{3-44}$$

噪声温度 T_e 是电路或系统内部噪声的另一种量度。噪声温度这一概念可以推广到系统内有多个独立噪声源的场合,或者推广到多级放大器中。利用噪声均方相加的原则,可以用电路中某一点(一般为源内阻上)的各噪声温度相加来表示总的噪声温度和噪声系数。采用噪声温度还有一个优点,在某些低噪声器件中,内部噪声很小,噪声系数只比 1 稍大,这时用噪声温度要比用噪声系数方便。比如,某低噪声放大器的噪声系数为 1.05(0.21 dB),通过采取某种措施,噪声系数下降到 1.025(0.11 dB),噪声系数只下降了 2.5%。若用噪声温度,则可知此放大器的噪声温度由 $T_e = 0.05 \times 290$ K = 14.5 K 下降至 7.25 K,下降了一半,获得了很大进步,这种情况下,采用噪声温度的量度方法,其数量变化概念比较明显。

3.7.3　噪声系数与接收灵敏度的关系

噪声系数是用来衡量部件(如放大器)和系统(如接收机)噪声性能的。而噪声性能的好坏又决定了输出端的信号噪声功率比(当信号一定时)。同时,当要求一定的输出信噪比时,它又决定了输入端必需的信号功率,也就是说,决定了放大或接收微弱信号的能力。对于接收机来说,接收微弱信号的能力,可以用一个重要指标——灵敏度来衡量。所谓灵敏度,就是当接收

机输出端保持一定的信噪比时,接收机能接收到最小输入信号电压或额定功率(设接收机有足够的增益)。灵敏度是一个最小的信号电平,当接收到的信号刚刚达到这样的强度时,接收机就能正常工作,并且产生预期的输出。噪声系数与灵敏度都是衡量接收机接收和检测微弱信号能力的指标,两者之间必然存在着一定的换算关系。

如果要求的接收机前端电路输出信噪比为 $(S/N)_o$,根据噪声系数的定义,则输入信噪比应为

$$\left(\frac{S}{N}\right)_i = N_F \left(\frac{S}{N}\right)_o \tag{3-45}$$

在多级网络级联的情况下,信号的通频带近似等于系统的等效噪声带宽,因此,输入噪声功率为 $N_i = kTB$,要求的输入信号功率(接收机灵敏度)为

$$S_{imin} = N_F \left(\frac{S}{N}\right)_o kTB \tag{3-46}$$

接收机灵敏度并非基本量,其定义方法也有多种,一般要依赖于一些其他的因素或参数才能确定,如接收机的噪声系数、所接收信号的调制类型、中频带宽和解调所需的信噪比等。

也可以用输入信号电压幅值来表示接收机的灵敏度。设信号源的内阻为 R_S,则用电动势表示的接收机灵敏度为

$$E_S = \sqrt{4R_S S_i} = \sqrt{4R_S N_F \left(\frac{S}{N}\right)_o kTB} \tag{3-47}$$

用这种方法表示的接收机灵敏度,测量时通常是指输入信号比接收机噪声系数大 10 dB 的音频输出所必需的输入信号电压幅值(调幅度为 0.3)。

由上面的分析可知,为了提高接收机的灵敏度(即降低 S_i 的值),有以下几条途径:一是尽量降低接收机的噪声系数 N_F;二是降低接收机前端设备的温度 T;三是减小等效噪声的带宽;四是在满足系统性能要求的情况下,尽可能减小解调所需的信噪比。

与噪声系数和接收机灵敏度都有关的一个参数是接收机的线性动态范围 DR,它是指接收机的任何部件在不饱和情况下的最大输入信号功率 S_{imax} 与接收机灵敏度(用功率表示)之比,有

$$\{DR\}_{dB} = \{S_{imax}\}_{dBm} + 114_{dBm} - \{B\}_{dB} - \{N_F\} \ dB \tag{3-48}$$

式中,N_F 为接收机总噪声系数;B 为接收机带宽;S_{imax} 为接收机在 1 dB 压缩点时的最大输入信号功率。

需要说明的是,实际上并不是灵敏度越高越好,因为接收机灵敏度越高,接收机的噪声系数就要越低,这就需要大量的低噪声器件或电路,不仅增加了成本,外部干扰的影响也会增大,从而影响接收机对有用信号的接收。

习　题

3-1 高频小信号放大器的主要性能指标有哪些?有哪些分类?如何理解选择性与通频带的关系?

3-2 如何理解 y 参数的物理意义?

3-3 一晶体管组成的单回路中频放大器如图 3-21 所示。已知 $f_0 = 465 \ kHz$,晶体管经中

和后的参数为：$g_{ie}=0.4$ mS，$C_{ie}=142$ pF，$g_{oe}=55$ μS，$C_{oe}=18$ pF，$Y_{fe}=36.8$ mS，$Y_{re}=0$，回路等效电容 $C=200$ pF，中频变压器的接入系数 $p_1=N_1/N=0.35$，$p_2=N_2/N=0.035$，回路无载品质因数 $Q_0=80$，设下级也为同一晶体管，参数相同。试计算：

（1）回路有载品质因数 Q_L 和 3 dB 带宽 $B_{0.7}$；

（2）放大器的电压增益 A；

（3）中和电容 C_n（设 $C_{b'c}=3$ pF）。

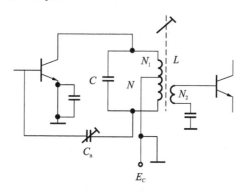

图 3-21　题 3-3 图

3-4　高频谐振放大器中，影响工作不稳定的因素是什么？可以采取哪些措施使放大器稳定工作？

3-5　三级单调谐中频放大器，中心频率 $f_0=465$ kHz，若要求总的带宽 $B_{0.7}=8$ kHz，求每一级回路的 3 dB 带宽和回路有载品质因数 Q_L 值。

3-6　若采用三级临界耦合双回路谐振放大器作为中频放大器（三个双回路），中心频率为 $f_0=465$ kHz，当要求 3 dB 带宽为 8 kHz 时，每级放大器的 3 dB 带宽有多大？当偏离中心频率 10 kHz 时，电压放大倍数与中心频率相比，下降了多少分贝？

3-7　集中选频放大器和谐振式放大器相比，有什么优点？设计集中选频放大器时，主要任务是什么？

3-8　求如图 3-22 所示并联电路的等效噪声带宽和输出均方噪声电压值。设电阻 $R=10$ kΩ，$C=200$ pF，$T=290$ K。

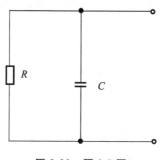

图 3-22　题 3-8 图

3-9　如图 3-23 所示的噪声产生电路，已知直流电压 $E=10$ V，$R=20$ kΩ，$C=100$ pF，求等效噪声带宽 B 和输出噪声电压均方值（图中二极管 VD 为硅管）。

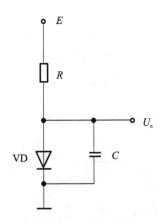

图 3-23 题 3-9 图

3-10 求图 3-24 所示的 T 型和 π 型电阻网络的噪声系数。

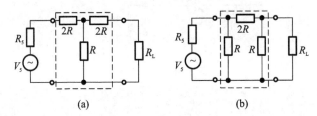

(a)   (b)

图 3-24 题 3-10 图

3-11 接收机等效噪声带宽近似为信号带宽,约为 10 kHz,输出信噪比为 12 dB,要求接收机的灵敏度为 1 pW,问接收机的噪声系数应为多大?

3-12 有一放大器,功率增益为 60 dB,带宽为 1 MHz,噪声系数 $N_F=1$,问在室温 290 K 时,它的输出噪声电压均方值为多少? 若 $N_F=2$,其值为多少?

3-13 接收机带宽为 3 kHz,输入阻抗为 50 Ω,噪声系数为 6 dB,用一总衰减为 4 dB 的电缆连接到天线。假设各接口均匹配,为了使接收机的输出信噪比为 10 dB,则最小输入信号应为多大?

3-14 图 3-25 所示的是一个有高频放大器的接收机方框图,各级参数如图中所示。试求接收机的总噪声系数,并比较有高频放大器和无高频放大器的接收机对变频噪声系数的要求有什么不同?

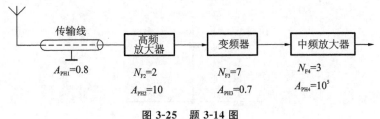

图 3-25 题 3-14 图

第4章 高频功率放大器

4.1 概述

在无线通信系统中,为了有效地实现远距离传输,通常要用传输的信息对较高频率的载波信号进行调频或调幅。高频载波信号由高频振荡器产生,一般情况下,高频振荡器所产生的高频振荡信号的功率很小,不能满足发射机天线对发射功率的要求,所以在发射之前需要经过多级高频功率放大器获得足够的功率后经天线辐射出去。在发射机中,完成功率放大的电路称为高频功率放大器。

高频功率放大器的输出功率范围可以小到便携式发射机的毫瓦数量级,大到无线电广播电台的几十千瓦,甚至兆瓦数量级。目前,功率为几百瓦甚至以上的高频功率放大器,其有源器件大多为电子管,几百瓦以下的高频功率放大器则主要采用双极晶体管和大功率场效应管。但是,由能量守恒定律可知,能量(功率)是不能放大的,无论是小功率发射机还是大功率发射机,其输出高频信号的功率都是由功率放大器将电源直流功率转换成高频信号的功率输出的。因此,除要求高频功率放大器产生符合要求的高频功率外,还要求其具有尽可能高的能量转换效率。

按照工作频带的宽窄划分,高频功率放大器可分为窄带高频功率放大器和宽带高频功率放大器等两种。窄带高频功率放大器通常以具有选频滤波作用的选频电路作为输出回路,故又称为调谐功率放大器或谐振功率放大器;宽带高频功率放大器的输出电路则是传输线变压器或其他宽带匹配电路,故又称为非调谐功率放大器。

由"模拟电子技术"课程可知,按照电流导通角的不同,放大器可以分为 A(甲)类、B(乙)类、AB(甲乙)类、C(丙)类工作状态。甲类放大器的电流导通角为 $180°$,适用于小信号低功率放大;乙类放大器的电流导通角为 $90°$;甲乙类放大器的电流导通角大于 $90°$ 小于 $180°$;丙类放大器的电流导通角小于 $90°$。乙类和丙类放大器都适用于在大功率下工作,乙类工作状态要比甲类工作状态的效率高(甲类 $\eta_{max}=50\%$;乙类 $\eta_{max}=78.5\%$)。为了提高效率,高频功率放大器多工作在丙类工作状态,但丙类放大器的电流波形失真太大,不能用于低频功率放大,只能用于采用调谐回路作为负载的谐振功率放大场合。由于调谐回路具有滤波功能,所以回路电流与电压仍然近似于正弦波形,失真很小。

为了进一步提高高频功率放大器的效率,近年来又出现了 D 类、E 类和 S 类等开关型高频功率放大器,以及利用特殊电路技术来提高放大器效率的 F 类、G 类和 H 类等高频功率放大器。本章主要讨论 C 类功率放大器的工作原理。

尽管高频功率放大器和低频功率放大器的共同点都要求输出功率大和效率高,但二者的工作频率和相对频带宽度相差很大,因此存在本质的区别。低频功率放大器的工作频率低,但相对频带很宽,工作频率范围一般为 20 Hz~20 kHz,高频端与低频端之比为 1000:1。所以,低频功率放大器的负载不能采用调谐负载,而要用电阻、变压器等非调谐负载。而高频功率放大器的工作频率很高,可从几百千赫兹到几百兆赫兹,甚至几万兆赫兹,但相对频带一般很窄,例如,调幅广播电台的频带宽度为 10 kHz,若中心频率取 1000 kHz,则相对频带宽度只相当于中心频率的1/100。中心频率越高,相对频带宽度越小,因此高频功率放大器一般都采用选频网络作为负载,故也称为谐振功率放大器。近年来,为了简化调谐,宽频带发射机的各中间级还广泛采用了一种新型的宽带高频功率放大器,它不采用选频网络作为负载回路,而是以频率响应很宽的传输线变压器或其他宽带匹配电路作负载。这样,它可以在很宽的范围内变换工作频率,而不必重新调谐。宽带功率放大器常用在中心频率多变化的通信电台中,本章只讨论窄带高频功率放大器。

由于高频功率放大器要求高频工作,信号电平高和效率高,因此工作在高频状态和大信号非线性状态是高频功率放大器的主要特点。要准确地分析有源器件(晶体管、场效应管和电子管)在高频状态和非线性状态下的工作情况是十分困难和烦琐的,从工程应用的角度来看也没有必要。因此,下面的介绍将在一些近似条件下进行,着重定性地说明高频功率放大器的工作原理和特性。

本章主要讨论 C 类高频谐振功率放大器的工作原理、特性、技术指标的计算以及具体电路的分析等内容,对功率合成器和集成高频功率放大器作简要介绍。

4.2　高频功率放大器的原理和特性

高频功率放大器用于对高频输入信号进行功率放大,其负载往往是一个谐振回路。

4.2.1　工作原理

高频功率放大器的原理电路如图 4-1 所示,除了电源和偏置电路外,它是由晶体管、谐振回路和输入回路三部分组成的。高频功率放大器中常采用平面工艺制造的 NPN 高频大功率晶体管,它能承受高电压和大电流,并具有较高的特征频率 f_T。晶体管作为一个电流控制器件,它在较小的激励信号电压作用下形成基极电流 i_b,i_b 控制较大的集电极电流 i_c,i_c 流过谐振回路产生高频功率输出,从而完成把电源的直流功率转换为高频功率的任务。为了使高频功率放大器高效输出大功率,常选在 C 类状态下工作。为了保证在 C 类状态工作,基极偏置电压 E_b 应使晶体管工作在截止区,一般为负值,即静态时发射结为反向偏置。此时输入激励信号应为大信号,一般在 0.5 V 以上,可达 1~2 V,甚至更大。也就是说,晶体管工作在截止和导通(线性放大)两种状态下,基极电流和集电极电流均为高频脉冲信号。与低频功率放大器不同的是,高频功率放大器选用谐振回路作负载,既可保证输出电压相对于输入电压不失真,还具有阻抗变换的作用。这是因为集电极电流波形是周期性的高频脉冲波形,其频率分量除了有用分量(基波分量)外,还有谐波分量和其他频率成分,用谐振回路选出有用分量,将其他无用分量滤除;通过谐振回路阻抗的调节,谐振回路呈现高频功率放大器所要求的最佳负载阻抗值,即匹配,从而使高频功率放大器高效输出大功率。

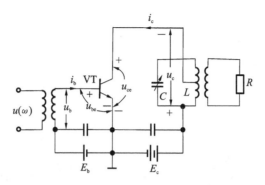

图 4-1　C 类高频功率放大器的原理电路图

1. 电流、电压波形

高频功率放大器用于放大高频正弦信号或高频已调信号，为了简化，设输入电压信号为

$$u_b = U_b \cos(\omega t)$$

则由图 4-1 可得基极回路电压为

$$u_{be} = E_b + U_b \cos(\omega t) \tag{4-1}$$

由式(4-1)可以画出 u_{be} 的波形，再由晶体三极管的转移特性曲线可得到集电极电流 i_c 的波形，如图 4-2 所示。由于输入为大信号，导通时，管子主要工作在线性放大区，故转移特性进行了折线化近似。C 类工作时，E_b 通常为负值（也可为零或小的正压），如图 4-2 所示，E_b 取了某一负值。

由图 4-2 可见，只有 u_{be} 大于晶体管发射结门限电压 E_b' 时，晶体管才导通，其余时间都截止，集电极电流为周期性余弦脉冲电流，其电流导通角为 2θ，它小于 π，通常将 θ 称为通角。我们知道，对于任意的一个周期函数，可以采用傅里叶级数分解为直流、基波，以及各次谐波，则 i_c 采用傅里叶级数分解为

$$i_c = I_{c0} + I_{c1} \cos(\omega t) + I_{c2} \cos(2\omega t) + \cdots + I_{cn} \cos(n\omega t) + \cdots \tag{4-2}$$

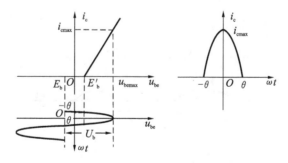

图 4-2　集电极电流的波形

式中，

$$I_{c0} = i_{cmax} \frac{\sin\theta - \theta\cos\theta}{\pi(1-\cos\theta)} = i_{cmax}\alpha_0(\theta) \tag{4-3a}$$

$$I_{c1} = i_{cmax} \frac{\sin\theta - \theta\cos\theta}{\pi(1-\cos\theta)} = i_{cmax}\alpha_1(\theta) \tag{4-3b}$$

$$\vdots$$

$$I_{cn} = i_{cmax} \frac{2\sin n\theta\cos\theta - 2n\sin\theta\cos n\theta}{n\pi(n^2-1)(1-\cos\theta\cos\theta)} = i_{cmax}\alpha_n(\theta) \quad (n>1) \tag{4-3c}$$

$\alpha_0(\theta)$、$\alpha_1(\theta)$、$\alpha_n(\theta)$分别称为余弦脉冲的直流、基波、n 次谐波的分解系数,数值可查表得到。各分解分量波形如图 4-3 所示。

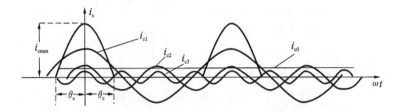

图 4-3 集电极余弦脉冲各分解分量波形

由图 4-1 可以看出,放大器的负载为并联谐振回路,其谐振频率 ω_0 等于激励信号频率 ω 时,回路对 ω 频率呈现一大的谐振电阻 R_L,因此式(4-2)中基波分量在回路上产生电压;对远离 ω 的直流和谐波分量 2ω、3ω 等电流而言,回路失谐呈现很小的阻抗,可以看成短路,因而输出很小,几乎为零。这样集电极电流 i_c 流经谐振回路时,只有基波电流才产生压降,回路两端输出不失真的高频信号电压,输出的电压为

$$u_o = u_c = I_{c1}R_L\cos(\omega t) = U_c\cos(\omega t) \tag{4-4}$$

按图 4-1 规定的电压方向,可得晶体管集电极与发射极之间的电压为

$$u_{ce} = E_c - u_o = E_c - U_c\cos(\omega t) \tag{4-5}$$

图 4-4 给出了 i_c、u_{be}、u_c 和 u_{ce} 的波形图。由图可以看出,当集电极回路调谐时,u_{bemax}、i_{cmax}、u_{cemin} 它们在同一时刻出现,θ 越小,i_c 越集中在 u_{cemin} 附近,故损耗减小,效率提高。而集电极电流导通角 θ 是由输入回路决定的,方法为:当输入电压 $u_{be} = E_b + U_b\cos(\omega t) = E'_b$ 时所对应的角度即为集电极电流导通角 θ。

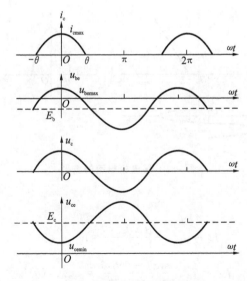

图 4-4 C 类高频功率放大器的电流、电压波形

由上面的分析可知,虽然工作于 C 类状态的谐振功率放大器集电极电流波形是余弦脉冲波形,但由于谐振回路的滤波作用(回路调谐于基波频率),回路两端产生的负载电压 u_c 仍为与输入信号 u_b 频率相同的余弦电压,输出信号基本没有失真。同时,谐振回路还可以将含有电抗成分的负载变换为纯电阻 R_L。通过调节 L、C 使并联回路谐振电阻 R_L 与晶体管所需的集电极负载值相等,即实现阻抗匹配。因此,在谐振功率放大器中,谐振回路除了具有滤波作用外,还起到阻抗变换的作用。

值得一提的是,上述内容是在忽略了 u_{ce} 对 i_c 的反作用,以及晶体管结电容影响的情况下得到的。

2. 高频功率放大器的功率和效率

从能量转换方面看,放大器通过晶体管将直流功率转换为交流功率,通过谐振回路将脉冲功率转换为正弦功率,然后传送给负载。在能量转换和传输过程中,不可避免地会产生损耗,放大器的效率不可能达到 100%。为了尽量减小损耗,合理地利用晶体管和电源,必须分析功率放大器的功率和效率问题。

在谐振功率放大器中,直流电源电压为 E_c,其提供的直流输入功率 P_0 为

$$P_0 = I_{c0}E_c \tag{4-6}$$

在集电极电路中,谐振回路得到的高频功率(高频一周的平均功率),即输出功率 P_1 为

$$P_1 = \frac{1}{2}I_{c1}U_c = \frac{1}{2}I_{c1}^2R_L = \frac{1}{2}\frac{U_c^2}{R_L} \tag{4-7}$$

直流输入功率与集电极输出高频功率之差就是集电极损耗功率 P_c,即

$$P_c = P_0 - P_1 \tag{4-8}$$

P_c 变为耗散在晶体管集电结中的热能。晶体管集电极能量转换效率 η 为

$$\eta = \frac{P_1}{P_0} = \frac{1}{2}\frac{I_{c1}}{I_{c0}}\frac{U_c}{E_c} = \frac{1}{2}\gamma\xi \tag{4-9}$$

式中,$\gamma = \dfrac{I_{c1}}{I_{c0}} = \dfrac{\alpha_1(\theta)}{\alpha_0(\theta)}$,称为波形系数,其值可查表获得;$\xi = \dfrac{U_c}{E_c}$ 称为集电极电压利用系数。η 是表示能量转换的一个重要参数。由于 $\xi \leqslant 1$,因此,对于 A 类放大器,$\gamma(180°)=1$,则 $\eta \leqslant 50\%$;对于 B 类放大器,$\gamma(90°)=1.75$,$\eta \leqslant 78.5\%$;对于 C 类放大器,$\gamma > 1.75$,故 η 可以更高。在高频功率放大器中,提高集电极效率 η 的主要目的在于提高晶体管的输出功率。当直流输入功率一定时,集电极损耗功率 P_c 越小,效率 η 越高,输出功率 P_1 就越大。另外,由式(4-8)、式(4-9)可以得到输出功率 P_1 和集电极损耗功率 P_c 之间的关系为

$$P_1 = \frac{P_c}{\frac{1}{\eta}-1} \tag{4-10}$$

这说明当晶体管的允许损耗功率 P_c 一定时,效率 η 越高,输出功率 P_1 越大。

由式(4-9)可知,要提高效率 η,有两种途径:一是提高电压利用系数 ξ,即提高 U_c,这通常靠提高回路谐振阻抗 R_L 来实现,如何选择 R_L 是下面要研究的一个重要问题;另一个是提高波形系数 γ,γ 与 θ 有关,图 4-5 列出了 γ、$\alpha_0(\theta)$、$\alpha_1(\theta)$ 与 θ 的关系曲线。由图可知,θ 越小,γ 越大,效率 η 越高。若 θ 太小,$\alpha_1(\theta)$ 将降低,输出功率将下降,当 $\theta = 0°$ 时,$\gamma = \gamma_{max} = 2$,$\alpha_1(\theta) = 0$,

输出功率 P_1 也为 0。为了兼顾输出功率 P_1 和效率 η，通常 θ 的范围选为 $65°\sim75°$。

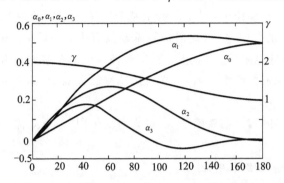

图 4-5 余弦脉冲分解系数、波形系数与 θ 的关系

基极电路中，信号源供给的功率称为高频功率放大器的激励功率。由于信号电压为正弦波，因此激励功率的大小取决于基极电流中基波分量的大小。设其基波电流振幅为 I_{b1}，且与 u_b 同相（忽略实际存在的容性电流），则激励功率为

$$P_d = \frac{1}{2} I_{b1} U_b \qquad (4\text{-}11)$$

此激励功率最后变为发射结和基区的热损耗。

高频功率放大器的功率放大倍数为

$$K_d = \frac{P_1}{P_d} \qquad (4\text{-}12)$$

用 dB 表示时，有

$$K_p = 10\lg \frac{P_1}{P_d} \qquad (4\text{-}13)$$

K_p 也称为功率增益。在高频功率放大器中，由于高频放大信号的电流放大倍数 I_{c1}/I_{b1} 和电压放大倍数 U_c/U_b 都比小信号及低频时的小，故功率放大倍数也小，通常功率增益（与晶体管以及工作频率有关）为十几至二十几分贝。

必须指出，放大器工作在 C 类状态，效率固然提高了，但是在管子导通的某一瞬间，集电极电流波形是余弦脉冲波形，失真比较严重，尽管并联谐振回路有选频、滤波性能，但它不具有理想的滤波特性，因此实际输出信号仍有失真。

【例 4-1】 某高频谐振功率放大器的输出功率 $P_1=6$ W，集电极电源电压 $E_c=24$ V，集电极电流直流分量 $I_{co}=300$ mV，试计算：

(1)直流电源提供的功率 P_0；

(2)功率放大器管的集电极损耗功率 P_c；

(3)效率 η。

解 根据已知条件，利用公式计算可得

(1) $P_0 = I_{co}E_c = 7.2$ W；

(2) $P_c = P_0 - P_1 = 1.2$ W；

(3) $\eta = P_1/P_0 = 83.3\%$。

4.2.2　工作状态

1.高频功率放大器的动特性

高频功率放大器的动特性是指当加上激励信号及接上负载阻抗时,晶体管集电极电流 i_c 与电极电压(u_{be} 或 u_{ce})的关系曲线,它在 i_c-u_{ce} 或 i_c-u_{be} 坐标系统中是一条曲线。动特性是晶体管内部特性与外部特性结合的特性,即实际的放大器的工作特性。

当放大器工作于谐振状态时,外部电路方程为

$$\begin{cases} u_{be} = E_b + u_b = E_b + U_b\cos\omega t \\ u_{ce} = E_c - u_c = E_c - U_c\cos\omega t \end{cases}$$

消除 $\cos\omega t$ 可得

$$u_{be} = E_b + U_b\frac{E_c - u_{ce}}{U_c} \tag{4-14}$$

又利用晶体管的内部特性关系式(折线方程):

$$i_c = g_c(u_{be} - E_b') \tag{4-15}$$

可得

$$\begin{aligned} i_c &= g_c\left(E_b + U_b\frac{E_c - u_{ce}}{U_c} - E_b'\right) \\ &= -g_c\left(\frac{U_b}{U_c}\right)\left[u_{ce} - E_c + U_c\left(\frac{E_b' + E_b}{U_b}\right)\right] \\ &= g_d(u_{ce} - U_o) \end{aligned} \tag{4-16}$$

显然,i_c 和 u_{ce} 之间的关系的动特性曲线是一条斜率为 $-g_c\left(\dfrac{U_b}{U_c}\right)$、截距为 $U_o = E_c - U_c\left(\dfrac{E_b' + E_b}{U_b}\right) = E_c - U_c\cos\theta$ 的直线,如图 4-6 的 AB 线所示。所以,在 u_{ce} 轴上取 B 点,使得 $OB = U_o$。过 B 点做斜率为 g_d 的直线 AB,AB 即为欠压状态的动特性线。图 4-6 所示的动特性线的斜率为负值,因为从负载方面来看,放大器相当于一个负电阻,即相当于交流电能发生器,可以输出电能给负载。

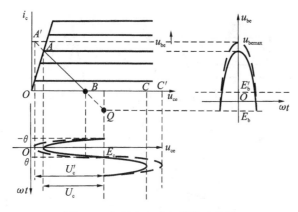

图 4-6　高频功率放大器的动特性

动特性曲线的另外一种做法:取 $\omega t = 0$,则 $u_{be} = E_b + U_b$,$u_{ce} = E_c - U_c$,得到 A 点;取 $\omega t =$

$\pi/2$，$u_{be}=E_b$，$u_{ce}=E_c$，得到 Q 点；取 $\omega t=\pi$，$i_c=0$，$u_{ce}=E_c+U_c$，得到 C 点；连接 A、Q 两点，横轴上方用实线表示，横轴下方用虚线表示，交横轴于 B 点，则 A、B、C 三点连线即为动特性曲线。如果 A 点进入饱和区，则饱和区中的线用临界饱和线代替，如图 4-6 所示。

2. 高频功率放大器的工作状态

高频功率放大器有三种工作状态，即欠压、临界和过压，其动特性曲线可以用来分析不同工作状态的特性。当高频谐振功率放大器的集电极电流都在临界线的右方时，交流输出电压比较低，其工作状态称为欠压工作状态；当集电极电流的最大值穿过临界线到达左方的饱和区时，交流输出电压比较高，其工作状态称为过压工作状态；当集电极电流的最大值正好落在临界线上时，其工作状态称为临界工作状态。

前面提到，要提高高频功率放大器的功率、效率，除了工作于 B 类、C 类状态外，还应该提高电压利用系数 $\xi=U_c/E_c$，也就是加大 U_c，这是靠增加 R_L 实现的。现在讨论 U_c 由小到大变化时动特性曲线的变化，由图 4-6 可以看出，在 U_c 不是很大时，晶体管只在截止和放大区变化，集电极电流 i_c 的波形为余弦脉冲波形，而且在此区域内 U_c 增加时，集电极电流 i_c 基本不变，即 I_{c0}、I_{c1} 基本不变，所以输出功率 $P_1=U_cI_{c1}/2$ 随 U_c 增加而增加，而 $P_0=U_cI_{c0}$ 基本不变，故 η 随 U_c 增加而增加，这表明此时集电极电压利用的不充分，这种工作状态称为欠压工作状态。

当 U_c 加大到接近 E_c 时，u_{cemin} 将小于 u_{bemax}，此瞬间不但发射结处于正向偏置，集电结也处于正向偏置，即工作在饱和状态，由于饱和区 u_{ce} 对 i_c 的强烈反作用，电流 i_c 随 u_{ce} 的下降而迅速下降，动特性与饱和区的电流下降段重合，这就是上述 A 点进入饱和区时动特性曲线用临界饱和线代替的原因。过压工作状态时，i_c 波形为顶部出现凹陷的余弦脉冲波形，如图 4-7 所示。通常将高频功率放大器的这种工作状态称为过压工作状态，这是高频功率放大器中所特有的一种工作状态和特有的电流波形。出现这种工作状态的原因是，振荡回路上的电压并不取决于 i_c 的瞬时电流，使得在脉冲顶部期间集电极电流迅速下降，只是采用电抗元件作负载时才出现的情况。由于 i_c 出现了凹陷，它相当于一个余弦脉冲减去两个小的余弦脉冲，因而可以预料，其基波电流 I_{c1} 和直流分量 I_{c0} 都小于欠压状态的值，这意味着输出功率 P_1 将下降，直流输入功率 P_0 也将下降。

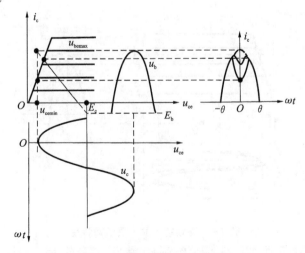

图 4-7　过压工作状态的 i_c 波形

当 U_c 介于欠压工作状态和过压工作状态之间的某一值时,动特性曲线的上端正好位于电流下降线上,此状态称为临界工作状态。临界工作状态的集电极电流波形仍为余弦脉冲波形,与欠压工作状态和过压工作状态相比,它既有较大的基波电流 I_{c1},也有较大的回路电压 U_c,所以晶体管的输出功率 P_1 最大,高频功率放大器一般工作在此状态。保证这一状态所需的集电极负载电阻 R_L 称为临界电阻或最佳负载电阻,一般用 R_{Lcr} 表示。

由上述分析可知,根据集电极电流是否进入饱和区,高频谐振功率放大器工作状态可以分为欠压工作状态、临界工作状态和过压工作状态三种状态,即如果满足 $u_{cemin} > u_{ces}$,功率放大器工作在欠压工作状态;如果 $u_{cemin} = u_{ces}$,功率放大器工作在临界工作状态;如果 $u_{cemin} < u_{ces}$,功率放大器工作在过压工作状态。临界工作状态下,晶体管的输出功率 P_1 最大,功率放大器一般工作在此状态。

图 4-8 给出了高频谐振功率放大器的三种工作状态的电压和电流波形。

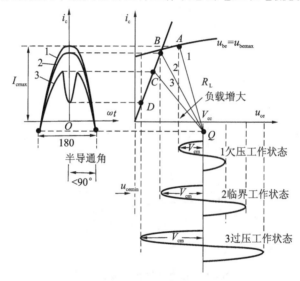

图 4-8　不同工作状态时的动特性曲线

【例 4-2】　某高频功率放大器工作在临界工作状态,导通角 $\theta = 70°$,输出功率为 3 W,$E_c = 24$ V,$E_b = -0.5$ V,所用高频功率晶体管的临界饱和线斜率 $S_c = 0.33$ A/V,晶体管发射结门限电压 $E'_b = 0.65$ V,管子能安全工作。试计算:P_0、η、U_b 及负载阻抗的大小。

解　临界工作状态的标志就是 i_{cmax} 值正好处于放大区向饱和区过渡的临界线上。临界饱和线的斜率为 S_c,则临界线可表示为

$$i_c = \begin{cases} iS_c u_{ce} & (u_{ce} \geq 0) \\ i_0 & (u_{ce} < 0) \end{cases}$$

图 4-9 所示的是工作在临界工作状态时的理想动特性。根据此图可以求出临界工作状态时电压利用系数 ξ、最大电流 i_{cmax} 以及与输出功率 P_1 的关系。此时有

$$\begin{cases} i_{cmax} = S_c u_{cemin} = S_c(E_c - U_c) \\ P_1 = \dfrac{1}{2} I_{c1} U_c = \dfrac{1}{2} i_{cmax} \alpha_1(70°) U_c \end{cases}$$

查表得 $\alpha_1(70°) = 0.436$,又已知 $P_1 = 3$ W,$E_c = 24$ V,联立方程,解得

$$U_c = 22.114 \text{ V}$$

因此

$$i_{cmax} = S_c(E_c - U_c) = 0.33 \times (24 - 22.114)\text{A} = 0.622 \text{ A}$$

$$I_{c0} = i_{cmax}\alpha_0(70°) = 0.622 \times 0.253 = 0.157 \text{ A}$$

$$I_{c1} = i_{cmax}\alpha_1(70°) = 0.622 \times 0.436 = 0.271 \text{ A}$$

$$P_0 = I_{c0}E_c = 0.157 \times 24 = 3.768 \text{ W}$$

$$\eta = \frac{P_1}{P_0} = \frac{3}{3.768} = 79.6\%$$

$$R_{Lcr} = \frac{U_c}{I_{c1}} = \frac{22.114}{0.271} \Omega = 81 \Omega$$

此时所需的激励电压 U_b，有 $E_b' = E_b + U_b\cos\theta$，可解得

$$U_b = \frac{E_b' - E_b}{\cos 70°} = 3.36 \text{ V}$$

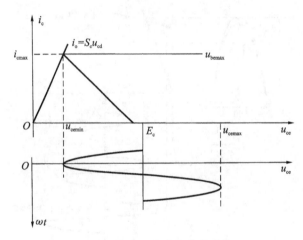

图 4-9 临界工作状态参数计算

4.2.3 外部特性

由前面的分析可知,高频功率放大器只能在一定条件下对其性能进行估算,要达到设计要求,还需了解高频功率放大器的应用以及正确的调试方法,这就需要了解高频功率放大器的外部特性。高频功率放大器的外部特性是指放大器的性能随放大器的外部参数变化的规律,外部参数主要包括放大器的负载 R_L、激励电压 U_b、偏置电压 E_b 和 E_c。其中,集电极负载阻抗的影响尤为重要,外部特性也包括负载在调谐过程中的调谐特性。下面将在前面所述工作原理的基础上定性地说明这些特性及其应用。

1.高频功率放大器的负载特性

负载特性是指高频功率放大器在激励电压 U_b、偏置电压 E_b 和 E_c 都不变时,改变负载电阻 R_L,高频功率放大器的工作状态、电流、电压、功率及效率 η 都变化的特性。负载特性是高频功率放大器的重要特性之一。可以借助动特性曲线以及由此而产生的集电极电流脉冲波形的变化来定性地说明负载特性。

由图 4-8 可以看出,当 R_L 的值较小时,U_c 的值也较小,高频功率放大器工作在欠压工作状

态。在欠压工作状态下，R_L 增加时，高频功率放大器的集电极电流脉冲的振幅 I_{cmax} 及导通角的变化都不大，电流 I_{c0}、I_{c1} 几乎维持为常数，仅随 R_L 的增大而略有下降，所以 U_c 随 R_L 的增加而增加，近似为正比关系。当 R_L 增加到 $R_L = R_{Lcr}$，即 $u_{cemin} = E_c - U_c = u_{ces}$（晶体管的饱和压降）时，高频功率放大器工作在临界工作状态，此时的集电极电流 i_c 波形仍为一完整的余弦脉冲波形，与欠压工作状态时的 i_c 基本相同，I_{c0}、I_{c1} 也与欠压工作状态时的基本相同，但此时的 U_c 大于欠压工作状态的 U_c。在临界工作状态下再增加 R_L，势必会使 U_c 进一步增加，这样会使晶体管在导通期间进入饱和区，从而使高频功率放大器工作在过压工作状态，集电极电流 i_c 出现凹顶，进入饱和区越深，凹顶现象越严重，因此从 i_c 中分解出的 I_{c0}、I_{c1} 就越小。I_{c1} 的值迅速下降，由 $R_L = U_c/I_{c1}$ 可见，这意味着 R_L 应有较大的增加。换句话说，R_L 增加时，U_c 只是缓慢地增加，因此负载特性曲线如图 4-10(a) 所示。近似地说，欠压工作状态时 I_{c1} 几乎不变，过压工作状态时 U_c 几乎不变。因而可以把欠压工作状态的高频功率放大器当成一个恒流源，把过压工作状态的高频功率放大器当成一个恒压源。

图 4-10(b) 是根据图 4-10(a) 所示的曲线而得到的功率、效率曲线，直流输入功率 $P_0 = I_{c0}E_c$。由于 E_c 不变，因此直流输入功率 P_0 与 I_{c0} 的变化规律相同。输出功率 $P_1 = I_{c1}^2 R_L/2$，在欠压工作状态，输出功率 P_1 随 R_L 的增加而增加，至临界 R_{Lcr} 时达到最大值。在过压工作状态，由于 $P_1 = U_c^2/(R_L/2)$，输出功率 P_1 随 R_L 的增加而减小。集电极耗散功率 $P_c = P_0 - P_1$，因此 P_c 曲线可由 P_0 与 P_1 曲线相减得到。在欠压工作状态，P_c 随 R_L 的减小而增大，当 $R_L = 0$ 时，P_c 达到最大值，可能导致高频功率晶体管烧坏，因此应避免这种情况发生。集电极效率 η 的变化，可用 $\eta = \gamma\xi/2$ 分析，在欠压工作状态，$\gamma = I_{c1}/I_{c0}$ 基本不变，η 与 $\xi = U_c/E_c$ 及 R_L 近似呈线性关系。在过压工作状态，因为 ξ 随 R_L 的增加稍有增加，所以 η 也稍有增加。但当 R_L 很大，到达强过压状态时，i_c 波形强烈畸变，波形系数 γ 下降，η 也会有所减小。在靠近临界的弱过压状态出现 η 的最大值。

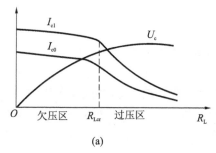 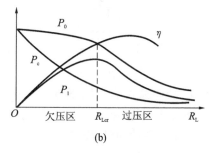

(a)　　　　　　　　　　　　　(b)

图 4-10　高频功率放大器的负载特性

(a) 负载特性曲线；(b) 功率、效率曲线

由图 4-10 所示的负载特性可以看出，高频功率放大器各种工作状态的特点如下。

(1) 临界工作状态输出功率最大，效率也较高，可以说是最佳工作状态。这种工作状态主要用于发射机末级。

(2) 过压工作状态的特点是，输出电压受负载电阻 R_L 的影响小，在弱过压工作状态效率可达最大值，但输出功率有所下降。过压工作状态常用于需要维持输出电压比较平稳的场合，如发射机的中间放大级。集电极调幅也工作于这种状态。

(3) 欠压工作状态时虽然电流受负载电阻 R_L 的影响小，但由于效率低、集电极损耗大、输出电压不稳定,所以一般不选择此种工作状态。但在某些场合,例如基极调幅,则需要采用这种工作状态。

实际调整中,高频功率放大器可能会经历上述各种工作状态,利用负载特性就可以正确判断各种工作状态,以进行正确的调整。

2. 高频功率放大器的振幅特性

高频功率放大器的振幅特性是指当 U_c、E_b 和 R_L 保持不变时,只改变激励信号振幅 U_b,高频功率放大器的电流、电压、功率及效率的变化特性。当放大某些振幅变化的高频信号时,必须了解它的振幅特性。

由于基极回路的电压 $u_{be}=E_b+U_b\cos(\omega t)$,因此当 E_b(设 $E_b<E_b'$)不变时,u_{bemax} 随 U_b 的增加而增加,从而导致 i_{cmax} 和 θ 的增加。在欠压工作状态下,由于 u_{bemax} 较小,因而集电极电流 i_c 的最大值 i_{cmax} 与导通角 θ 都较小,i_c 的面积较小,从中分解出来的 I_{c0} 和 I_{c1} 都较小。增大 U_b,i_{cmax} 和 θ 及 i_c 的面积增加,I_{c0} 和 I_{c1} 随之增加。当 U_b 增加到一定程度时,电路的工作状态由欠压工作状态进入过压工作状态。在过压工作状态,随着 U_b 的增加,u_{bemax} 增加,虽然此时 i_c 的波形产生凹顶现象,但 i_{cmax} 与 θ 还会增加,从 i_c 中分解出来的 I_{c0}、I_{c1} 随着 U_b 的增加略有增加。图 4-11 给出了 U_b 变化时,I_{c0}、I_{c1}、U_c 随 U_b 变化而变化的特性曲线。由于 R_L 不变,因此 U_c 的变化规律与 I_{c1} 的规律相同。

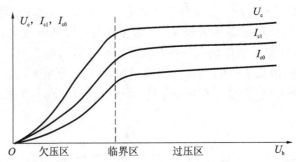

图 4-11 高频功率放大器的振幅特性

由图 4-11 可以看出,在欠压区,I_{c0}、I_{c1}、U_c 随 U_b 的增加而增加,基本呈线性关系,所以,为使输出振幅 U_c 反映输入信号 U_b 的变化,高频功率放大器必须在 U_b 的变化范围内工作在欠压工作状态。在过压区,U_c 基本不随 U_b 的变化而变化,可以认为是恒压区,所以,当高频谐振功率放大器当成限幅器使用时,应选择在此状态工作。

3. 高频功率放大器的调制特性

在高频功率放大器中,有时希望用改变它的某一电极直流电压来改变高频信号的振幅,从而实现振幅调制的目的。高频功率放大器的调制特性分为基极调制特性和集电极调制特性等两种。

1)基极调制特性

基极调制特性是指当 U_c、U_b 和 R_L 保持不变时,只改变基极偏置电压 E_b,高频功率放大器的电流、电压、功率及效率的变化特性。

由于基极回路的电压 $u_{be}=E_b+U_b\cos\omega t$,$E_b$ 和 U_b 决定高频功率放大器的 u_{bemax},因此,改变 E_b 的情况与改变 U_b 的类似,不同的是 E_b 可能为负。图 4-12 给出了高频功率放大器的基极调制特性。

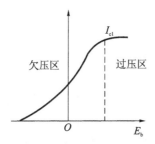

图 4-12　高频功率放大器的基极调制特性

由基极调制特性可以看出,在过压区,当基极偏置电压 E_b 改变时,高频信号振幅 U_c 几乎不变。在欠压区,高频信号振幅 U_c 与直流电压 E_b 呈近似线性关系,E_b 对 U_c 有较强的控制作用。因此,高频功率放大器只有工作在欠压工作状态下,才能有效地实现 E_b 对 U_c 的调制作用,故基极调制电路应该工作在欠压工作状态。

2)集电极调制特性

集电极调制特性是指当 E_b、U_b 和 R_L 保持不变时,只改变集电极偏置电压 E_c,高频功率放大器电流、电压、功率及效率的变化特性。当 E_b、U_b 及 R_L 不变时,动特性曲线将随 E_c 的变化左右平移,当 E_c 由大到小变化时,高频功率放大器的工作状态由欠压工作状态到临界工作状态,再进入过压工作状态,集电极电流 i_c 从一完整的余弦脉冲波形变化到凹顶脉冲波形,如图 4-13 所示。因此,高频功率放大器的集电极调制特性曲线可如图 4-14 所示。

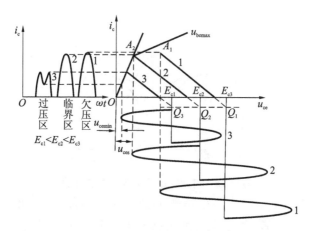

图 4-13　E_c 对高频谐振功率放大器工作状态的影响

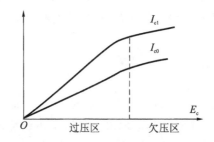

图 4-14　高频功率放大器的集电极调制特性

由集电极调制特性可以看出,在欠压区,当集电极偏置电压 E_c 改变时,高频信号振幅 U_c 几乎不变。在过压区,高频信号振幅 U_c 与直流电压 E_c 呈近似线性关系,E_c 对 U_c 有较强的控制作用。因此,高频功率放大器只有工作在过压工作状态下,才能有效实现 E_c 对 U_c 的调制作用,故集电极调制电路应该工作在过压工作状态。

在直流电压 E_b(或 E_c)上叠加一个较小的信号(调制信号),并使高频功率放大器工作在选定的工作状态,则输出信号的振幅将会随调制信号的变化而规律变化,从而完成振幅调制,使高频功率放大器和调制一次完成,通常称为高电平调制。

4.高频功率放大器的调谐特性

都认为前面所说的高频功率放大器的各种特性,其负载回路处于谐振状态,负载呈现为一电阻 R_L,但在实际使用中其并不是一纯电阻,因此,需要进行调谐,这是通过改变回路元件(一般是回路电容 C)来实现的。高频谐振功率放大器的外部电流 I_{c0}、I_{c1} 和电压 U_c 等随回路电容 C 的变化而变化的特性称为调谐特性,利用这种特性可以判断高频功率放大器是否调谐。

当回路失谐时,不论是容性失谐还是感性失谐,阻抗 Z_L 的模值都会减小,而且会出现一辐角 φ(即不再是一纯电阻),工作状态会发生变化。设谐振时高频功率放大器工作在弱过压工作状态,当回路失谐时,由于阻抗 Z_L 的模值减小,由负载特性可知,功率放大器的工作状态将向临界及欠压工作状态变化,此时 I_{c0} 和 I_{c1} 增大,而 U_c 将下降,如图4-15所示。可以利用 I_{c0} 或 I_{c1} 最小或者利用 U_c 最大来指示高频功率放大器的调谐。因为 I_{c0} 变化较明显,且只需要使用直流电流表,故采用 I_{c0} 指示调谐的较多。

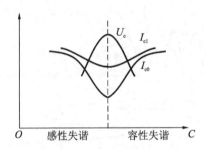

图4-15 高频功率放大器的调谐特性

回路失谐时,直流输入功率 $P_0 = I_{c0} E_c$ 随 I_{c0} 的增加而增加,而输出功率 $P_1 = U_c I_{c1} \cos\varphi/2$ 将随 $\cos\varphi$ 因子的下降而下降,因此,失谐后集电极功耗 P_c 将迅速增加,所以,高频功率放大器必须经常保持在谐振状态。调谐过程中,失谐状态的时间要尽可能短,调谐动作要快,以防止晶体管因过热而损坏。为了防止调谐时损坏晶体管,调谐时可降低 E_c 或减小激励电压。

4.3 高频功率放大器的高频效应

以上高频功率放大器的分析是以静特性为基础的,只能近似地说明和估计高频功率放大器的工作原理,不能反映高频工作时的其他现象。分析和实践都说明,当晶体管工作于"中频区"($0.5 f_\beta < f < 0.2 f_T$),甚至更高频率时,通常会出现输出功率下降、效率降低、功率增益降低,以及输入、输出阻抗为复阻抗等现象。所有这些现象的出现,主要是由于功率放大器晶体

管的性能随着频率的变化而变化引起的,通常称为功率放大器晶体管的高频效应。功率放大器晶体管的高频效应主要包含以下几方面。

1. 少数载流子的渡越时间效应

晶体管本质上是电荷控制器件。少数载流子的注入和扩散是晶体管进行放大的基础。少数载流子渡越时间是指载流子从基区扩散到集电极所需要的时间 τ。在低频工作时,渡越时间远小于信号周期。基区载流子分布与外加瞬时电压是一一对应的,因而晶体管各极电流与外加电压也一一对应。在高频工作时,少数载流子的渡越时间可以与信号周期相比较,某一瞬间基区载流子分布取决于以前的外加变化电压。因而各极电流并不取决于此刻的外加电压。

设高频功率放大器工作在欠压工作状态,假设功率放大器在低频和高频两种情况下等效发射结 $b'e$ 上加有相同的正弦电压 $u_{b'e}$。少数载流子的渡越效应可以用渡越角 $\omega\tau$ 的大小来衡量。图 4-16(a)、(b)分别是低频和高频情况下的电流波形,图 4-16(b)相当于渡越角为 $10° \sim 20°$ 范围的情况。当 $u_{b'e}$ 大于 $E_b{'}$ 时发射结正向导通。可近似认为发射极的正向导通电流取决于 $u_{b'e}$。当基区中的部分少数载流子还未完全到达集电结时,$u_{b'e}$ 已改变方向,即发射结变成反向偏置(截止),在基区内存储的非平衡少数载流子来不及扩散到集电极,又被反向偏置所形成的电场重新推斥回发射极,形成了负脉冲,即出现 $i_e < 0$ 的情况。同时,主脉冲的高度也降低。此外,频率升高后,增加了通过发射结电容的电流,使基极电阻上的电压降增大,因而结电压下降。结果减少了由发射极注入基区的载流子,也使主电流脉冲高度下降。由于渡越效应,集电极电流 i_c 的最大值将滞后于 i_e 的最大值,且最大值比低频时要小。由于最后到达集电极的少数载流子比 $u_{b'e} = E_b'$ 时要晚,所以形成 i_c 脉冲的展宽。基极电流是 i_e 与 i_c 之差,与低频时相比,它有明显的负的部分,而且其最大值也比 u_{be} 的最大值提前。可以看出,基极电流的基波分量要加大,而且其中有容性分量(超前 $u_{b'e}$ 90°的电流)。频率越高,上述现象就越严重。

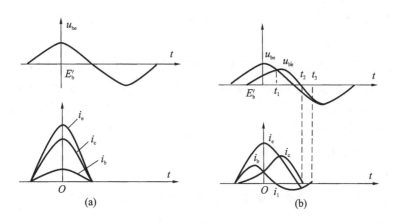

图 4-16　载流子渡越效应对电流波形的影响

(a)低频时;(b)高频时

从高频时 i_c、i_b 的波形可以看出,由于集电极基波电流减小,输出功率要下降;通角 $\omega\tau$ 的加大,使集电极效率下降。此外,由于基极电流 I_{b1} 的超前,高频功率放大器的输入阻抗 Z_i 呈现非线性容抗。非线性表现为 Z_i 随激励电压 U_b 和频率的变化而变化。在高频功率放大器中，Z_i 随激励和频率的变化通常要靠实际测量来确定。

2. 非线性电抗效应

高频功率放大器除了输入端有非线性输入阻抗外，晶体管中还存在集电结电容，这个电容是随集电结电压 U_{bc} 的变化而变化的非线性势垒电容。在高频大功率晶体管中，其数值可达几十甚至一两百皮法。这个电容的存在使得高频功率放大器输出端与输入端之间形成反馈支路，频率越高，反馈越大。这个反馈在一定情况下会引起高频功率放大器工作的不稳定，甚至会引起自激振荡，而且通过其反馈会在输出端形成输出电容 C_o。考虑到非线性的变化，根据经验，输出电容为

$$C_o \approx 2C_c \tag{4-17}$$

式中，C_c 为对应于 $u_{ce}=E_c$ 的集电结的静电容。

3. 发射极引线电感的影响

当晶体管工作在更高的频率时，要考虑各极引线电感的影响，特别要考虑发射极引线电感的影响，因为它能使输出电路与输入电路之间产生寄生耦合。

一段长为 l，直径为 d 的导线，其电感 L_e 为

$$L_e = 0.1971 \times \left(2.3\lg\frac{4l}{d} - 0.75\right) \times 10^{-9} \tag{4-18}$$

例如，长度为 10 mm 的引线，其电感约为 10^{-3} μH 的数量级，当 $f=500$ MHz 时，其电感感抗值 ωL 为 3.14 Ω。若通过 300 mA 的高频电流，则该电感将在基极和发射极之间产生约 1 V 的反馈电压，这已达到不可忽视的程度。若反馈电压使功率增益与输出功率下降，则激励功率就增加。

4. 饱和压降 u_{ces} 的影响

晶体管工作在高频时，其饱和压降随频率的升高而加大。图 4-17 表示在不同频率时的饱和特性。晶体管的饱和压降由结电压（发射结与集电结正向电压之差）和集电极区体电阻上的压降两部分组成。当工作频率增加时，基区的分布电阻和电容、发射结和集电结的电压在平面上的分布是不均匀的，所以中心部分压降小、边沿部分压降大。这就引起集电极电流的不均匀分布，使边沿部分电流密度大，这就是集电极电流的"趋肤"效应。频率越高，"趋肤"效应越明显，电流流通的有效截面积越小，体电阻和压降越大。由图 4-17 可看出，饱和压降的增大，使放大器在高频工作时的临界电压利用系数 ξ_{cr} 减小。由前面的分析可知，高频功率放大器的效率得下降，最大输出功率减小。

晶体管的静态特性是在直流或低频的情况下测得的，完全不能反映以上的特性。因此，利用静态特性分析必然会带来相当大的误差，但分析出的各项数据为实际的调整测试提供了一系列可供参考的数据，也是有其实际意义的（一般高频功率放大器输入电路估算的各项数据与实际调试的数据偏差更大）。高频功率放大器在很大程度上要在实际中进行调整和测试。

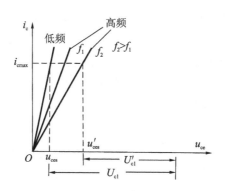

图 4-17　晶体管的饱和特性

4.4　高频功率放大器的电路组成

在实用的高频谐振功率放大器中,还应有合适的直流馈电线路以及匹配电路,以便高频功率放大器的功率传输能有高的效率,功率放大器晶体管的静态工作电流、电压也比较合理。下面分别讨论这些问题。

4.4.1　直流馈电线路

要使高频功率放大器正常工作,各电极必须接有相应的直流馈电线路。直流馈电线路是指把直流电源馈送到晶体管各级的电路,它包括集电极馈电线路和基极馈电线路等两部分。集电极馈电和基极馈电可以采用串联馈电或并联馈电两种馈电方式,无论采用哪种馈电方式,都必须遵循以下基本原则。

(1)直流分量 I_{c0} 是产生功率的源泉,I_{c0} 由 E_c 经过管外电路馈送到集电极,在 I_{c0} 流过的通道中,除晶体管的内阻外,没有其他电阻消耗能量,即外电路对 I_{c0} 呈现短路。因此,集电极管外电路对直流分量 I_{c0} 的等效电路如图 4-18(a)所示。

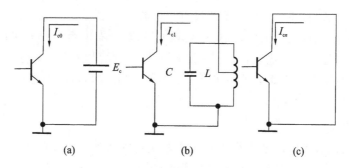

图 4-18　直流馈电线路组成原则

(a)直流;(b)高频基波;(c)高频谐波

(2)高频基波分量 $I_{c1}\cos\omega t$ 应该通过谐振回路,产生高频输出功率。因此,高频基波只在谐振回路上产生压降,其余部分的外电路对于高频基波来说都应该是短路的。高频基波的等效电路如图 4-18(b)所示。

(3)高频谐波分量不应该消耗功率(倍频器除外)。因此,管外电路对高频谐波来说应该是短路的,其等效电路如图 4-18(c)所示。

为了达到上述目的,需要设置一些旁路电容 C_b 和阻止高频电流的扼流圈(大电感)L_b。在短波范围,C_b 一般为 $0.01\sim0.1\ \mu F$,L_b 一般为几十至几百微亨。下面结合集电极馈电线路和基极馈电线路来说明 C_b、L_b 的应用方法。

1. 集电极馈电线路

图 4-19 是集电极馈电线路的两种形式:串联馈电线路和并联馈电线路。图 4-19(a)所示的线路中,晶体管、谐振回路和电源三者是串联连接的,故称为串联馈电线路。直流电流从 E_c 出发经扼流圈 L_b 和回路电感 L 流入集电极,然后经发射极回到电源负端;从发射极出来的高频电流经过旁路电容 C_b 和谐振回路再回到集电极。L_b 的作用是阻止高频电流流过电源,因为电源总有内阻,高频电流流过电源会无谓地损耗功率,而且当多级放大器共用电源时,会产生不希望的寄生反馈。C_b 的作用是提供交流通路,C_b 的值应使其阻抗远小于回路的高频阻抗。为了有效地阻止高频电流流过电源,L_b 的阻抗应远大于 C_b 的阻抗。

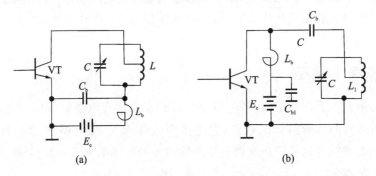

图 4-19　集电极馈电线路的两种形式

(a)串联馈电线路;(b)并联馈电线路

图 4-19(b)所示的线路中,晶体管、电源、谐振回路三者是并联连接的,故称为并联馈电线路。由于正确使用了扼流圈 L_b 和耦合电容 C_b,所以在图 4-19(b)所示的线路中交流电有交流通路,直流电有直流通路,并且交流电不流过直流电源。

串联馈电线路的优点是,E_c、L_b、C_b 处于高频地电位,分布电容不影响回路;并联馈电线路的优点是,回路一端处于直流地电位,回路 L、C 元件一端可以接地,安装方便。需要指出的是,虽然串联馈电线路和并联馈电线路在形式上不同,但是输出电压都是直流电压和交流电压的叠加,其关系式均为 $u_{ce}=E_c-u_c$。

2. 基极馈电线路

基极馈电线路也有串联馈电线路和并联馈电线路等两种形式。图 4-20 示出了几种基极馈电线路的形式,基极的负偏压 E_b 既可以是外加的,也可以由基极直流电流或发射极直流电流流过电阻产生。前者称为固定偏压,后者称为自给偏压。在实际运用中,E_b 单独用电池供给是很不方便的,因而通常用如图 4-20 所示的自给偏压电路来产生偏置电压 E_b。图 4-20(a)所示的为发射极自给偏压线路,C_b 为旁路电容;图 4-20(b)所示的为基极组合偏压线路;图 4-20(c)所示的为零偏压线路。自给偏压线路的优点是,偏压能随激励大小的变化而变化,使晶体管的各极电流受激励变化的影响减小,电路工作较稳定。

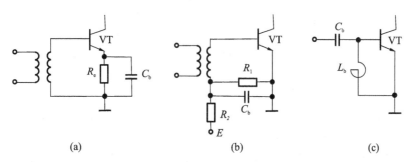

图 4-20　基极馈电线路的几种形式

(a)发射极自给偏压线路;(b)基极组合偏压线路;(c)零偏压线路

4.4.2　输入和输出的匹配网络

对于高频谐振功率放大器,为了满足输出功率和效率的要求,并保证有较高的功率增益,除要正确选择高频谐振功率放大器的工作状态外,还必须正确设计输入和输出的匹配网络。

输入和输出的匹配网络在高频谐振功率放大器中的连接情况如图 4-21 所示。无论是输入匹配网络还是输出匹配网络,它们都具有传输有用信号的作用,故又称为耦合电路。对于输出匹配网络,要求:具有滤波和阻抗变换功能,即滤除各次分量,使负载上只有基波电压;将外接负载 R_L 变换成高频谐振功率放大器所要求的负载电阻 R'_L,使得 $R'_L = R_o$,以保证线路放大器输出所需的功率。因此,匹配网络也称为滤波匹配网络。对于输入匹配网络,要求:把放大器的输入阻抗变换为前级信号源所需的负载阻抗,使得 $R'_s = R_i$,使电路能从前级信号源获得尽可能大的激励功率。可以完成这两种作用的匹配电路形式有多种,常用的输出线路主要有两种类型:LC 匹配网络和耦合回路。

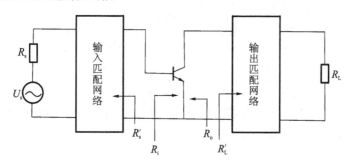

图 4-21　高频功率放大器的匹配电路

1. LC 匹配网络

图 4-22 是几种常用的 LC 匹配网络,它们是由两种不同性质的电抗元件构成的 L 型、T 型、π 型的双端口网络。由于 LC 元件消耗功率很小,所以可以高效地传输功率。同时,LC 元件具有的对频率的选择作用,决定了这种电路具有窄带性质。

L 型匹配网络按负载电阻与网络电抗的并联或串联关系,可以分为 L-I 型网络(负载电阻 R_p 与 X_p 并联)与 L-π 型网络(负载电阻 R_s 与 X_s 串联)等两种。在谐振时,串联或并联电抗相抵消。

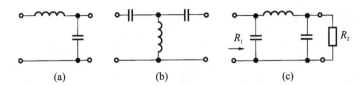

图 4-22　几种常见的 LC 匹配网络

(a)L 型；(b)T 型；(c)π 型

当负载电阻 R_p 大于高频功率放大器要求的最佳负载阻抗 R_{Lcr} 时,采用 L-I 型网络,通过调整 Q 值,可以将大的 R_p 变换为小的 R_s' 以获得阻抗匹配($R_s'=R_{Lcr}$)。

当负载电阻 R_s 小于高频功率放大器要求的最佳负载阻抗 R_{Lcr} 时,采用 L-π 型网络,通过调整 Q 值,可以将小的 R_s 变换为大的 R_p' 以获得阻抗匹配($R_p'=R_{Lcr}$)。

L 型网络虽然简单,但由于只有两个元件可选择,因此当满足阻抗匹配关系时,回路的 Q 值就可确定,当阻抗变换比不大时,回路 Q 值低,对滤波不利,可以采用 π 型、T 型网络。它们都可以看成是由两个 L 型网络的级联而成的,其阻抗变换在此不详述。由于 T 型网络输入端有近似串联谐振回路的特性,因此一般不用作高频功率放大器的输出电路,而常用作各高频功率放大器的级间耦合电路。

图 4-23 所示的是超短波输出高频功率放大器的实际电路,它工作于固定频率。图 4-23 所示的 L_1、C_1、C_2 构成 π 型匹配网络,L_2 是为了抵消天线输入阻抗中的容抗而设置的。改变 C_1 和 C_2 就可以实现调谐和阻抗匹配的目的。

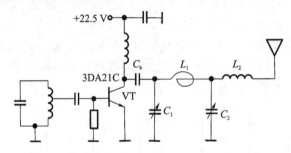

图 4-23　超短波输出放大器的实际电路

2. 耦合回路

图 4-24 是短波输出放大器的实际线路,它采用互感耦合回路作输出电路,在多波段工作。改变互感 M,可以完成阻抗匹配功能。

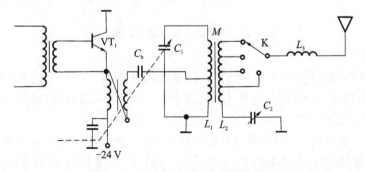

图 4-24　短波输出放大器的实际线路

4.4.3　高频功率放大器的实际线路举例

采用不同的馈电线路和匹配网络，可以构成高频谐振功率放大器的各种实用电路。

图 4-25(a)是工作频率为 50 MHz 的晶体管谐振功率放大电路，它可向 50 Ω 外接负载提供 25 W 的输出功率，功率增益达 7 dB。这个放大电路的特点：基极馈电方式为并联馈电，利用高频扼流线圈 L_b 的直流电阻会产生很小的负偏压；集电极馈电方式为并联馈电。在高频功率放大器的输入端采用由 C_1、C_2、L_1 组成的 T 型匹配网络，调节 C_1 和 C_2 便可在工作频率上把高频功率放大器晶体管的输入阻抗变换为 50 Ω，即实现输入端阻抗匹配。在放大器的输出端采用了由 L_2、L_3、C_3、C_4 组成的 π 型匹配网络，以实现输出端阻抗匹配。

图 4-25(b)是工作频率为 175 MHz 的 VMOS 场效应管高频谐振功率放大器电路，可向 50 Ω 负载提供 10 W 功率，效率大于 60%，栅极采用了由 C_1、C_2、C_3、L_1 组成的 T 型网络，漏极采用由 L_2、L_3、C_5、C_7、C_8 组成的 π 型网络；栅极采用并联馈电，漏极采用并联馈电。

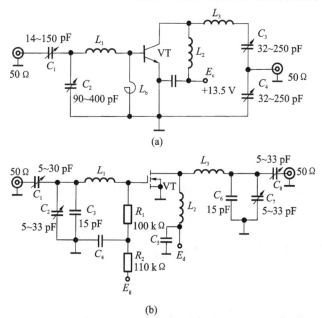

图 4-25　高频功率放大器实际线路

(a)50 MHz 谐振功率放大器电路；(b)175 MHz 谐振功率放大器电路

【**例 4-3**】　改正图 4-26(a)所示电路中的错误，不得改变馈电方式，并重新画出正确的电路图。

分析：这是一个两级高频功率放大器电路，分析时可以一级一级地考虑，且要分别考虑输入回路、输出回路是否遵循"交流电要有交流通路，直流电要有直流通路，而且交流电不能流过直流电源"的原则。

解　第一级放大器的基极回路：输入的交流信号将流过直流电源而被短路，应加扼流圈 L_1、耦合电容 C_1 以及高频旁路电容 C_2；直流电源被输入互感耦合回路的电感短路，应加隔直电容 C_1。

第一级放大器的集电极回路：输出的交流信号将流过直流电源，应加扼流圈 L_2；加上扼流圈后，交流没有通路，故还应加一高频旁路电容 C_3。

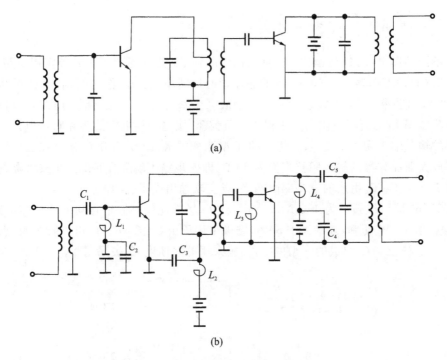

图 4-26　例 4-3 图

（a）存在错误的两级高频功率放大器电路；（b）修改正确后的两级高频功率放大器电路

第二级放大器的基极回路：没有直流通路，应加一扼流圈 L_3。

第二级放大器的集电极回路：输出的交流信号将流过直流电源，应加扼流圈 L_4 以及滤波电容 C_4；此时，直流电源将被输出回路的电感短路，应加隔直电容 C_5。

正确的电路如图 4-26（b）所示。

4.5　丁类（D 类）高频功率放大器

高频功率放大器的主要功能是高效率和大功率。在提高效率方面，除了通常的 C 类高频功率放大器外，近年来又出现两大类高效率（$\eta \geqslant 90\%$）高频功率放大器。一类是开关型高频功率放大器，这类高频功率放大器有 D 类、E 类和 S 类开关型高频功率放大器，这里的源器件不是作为电流源而是作为开关使用的。还有一类高效高频功率放大器是采用特殊的电路设计技术设计高频功率放大器的负载回路，以降低器件功耗，提高高频功率放大器的集电极效率，这类高频功率放大器有 F 类、G 类和 H 类高频功率放大器。本节着重介绍电流开关型 D 类高频功率放大器和电压开关型 D 类高频功率放大器。

在 C 类高频功率放大器中，提高集电极效率是通过减小集电极电流的导通角（θ）来实现的。这使集电极电流只在集电极电压 u_{ce} 为最小值附近的一段时间内流通，从而减小了集电极损耗。若在集电极电流导通期间，能使集电极电压为零或很小的值，则能进一步减小集电极损耗，提高集电极效率。D 类高频功率放大器就是工作于这种开关状态的高频放大器。当晶体管处于开关状态时，晶体管两端的电压和脉冲电流是由外电路，也就是由晶体管的激励和集电极负载所决定的。根据电压为理想方波波形或电流为理想方波波形的情况，可以将 D 类放大器分为电流开关型 D 类高频功率放大器和电压开关型 D 类高频功率放大器等两类。

4.5.1　电流开关型 D 类高频功率放大器

图 4-27 是电流开关型 D 类高频功率放大器的原理线路和波形,线路通过高频变压器 T_1,使晶体管 VT_1、VT_2 获得反向的方波激励电压,晶体管 VT_1、VT_2 交替导通。理想状态下,两管的集电极电流 i_{c1} 和 i_{c2} 为方波开关电流波形,i_{c1} 和 i_{c2} 交替地流过 LC 谐振回路,由于 LC 谐振回路为方波电流中的基频分量谐振,因而在回路两端产生基频分量的正弦电压。晶体管 VT_1、VT_2 的集电极电压 u_{ce1}、u_{ce2} 波形如图 4-27(d)、(e)所示。由图可见,在 VT_1(VT_2)导通期间,u_{ce1}(u_{ce2})等于晶体管导通时的饱和压降 u_{ces};在 VT_1(VT_2)截止期间,u_{ce1}(u_{ce2})为正弦波电压的一部分。回路线圈中点 A 对地的电压为($u_{ce1}+u_{ce2}$)/2,如图 4-27(f)的脉动电压 u_A,可见 A 点不是地电位,它不能与电源 E_c 直接相连,而应串入高频扼流圈 L_b 后再与电源 E_c 相连。在 A 点,脉动电压的平均值应等于电源电压 E_c,即:

$$\frac{1}{\pi}\int_{-\frac{\pi}{2}}^{\frac{\pi}{2}}\big[(U_m-u_{ces})\cos(\omega t)+u_{ces}\big]\mathrm{d}\omega t=\frac{2}{\pi}(U_m-u_{ces})+u_{ces}=E_c \tag{4-19}$$

由此可得

$$U_m=\frac{\pi}{2}(E_c-u_{ces})+u_{ces} \tag{4-20}$$

集电极回路两端的高频电压峰值为

$$U_m=2(U_m-u_{ces})=\pi(E_c-u_{ces}) \tag{4-21}$$

集电极回路两端的高频电压有效值为

$$U_{ceff}=\frac{U_{cm}}{2}=\frac{\pi}{\sqrt{2}}(E_c-u_{ces}) \tag{4-22}$$

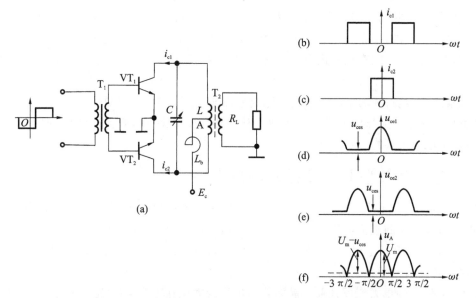

图 4-27　电流开关型 D 类高频功率放大器的原理线路和波形

VT_1(VT_2)的集电极电流为振幅等于 I_{c0} 的矩形,它的基频分量振幅等于(2/π)I_{c0}。VT_1、

VT_2 的 i_{c1}、i_{c2} 中的基频分量电流在集电极回路阻抗 R'_L（考虑了负载 R_L 的反射电阻）两端产生的基频电压振幅为

$$U_m = \left(\frac{2}{\pi}I_{c0}\right)R'_L \tag{4-23}$$

将式(4-21)代入式(4-23)，得

$$I_{c0} = \frac{\pi U_m}{2R'_L} = \frac{\pi^2}{2R'_L}(E_c - u_{ces}) \tag{4-24}$$

输出功率为

$$P_1 = \frac{1}{2}\frac{U_m^2}{R'_L} = \frac{\pi^2}{2R_L'}(E_c - u_{ces})^2 \tag{4-25}$$

输入功率为

$$P_0 = E_0 I_{c0} = \frac{\pi^2}{2R'_L}(E_c - u_{ces})E_c \tag{4-26}$$

集电极损耗功率为

$$P_c = P_0 - P_1 = \frac{\pi^2}{2R'_L}(E_c - u_{ces})u_{ces} \tag{4-27}$$

集电极效率为

$$\eta = \frac{P_1}{P_0} \times 100\% = \frac{E_c - u_{ces}}{E_c} \times 100\% \tag{4-28}$$

这种线路由于采用方波电压激励，集电极电流波形为方波开关波形，故称此线路为电流开关型 D 类高频功率放大器。由集电极效率式(4-28)可见，当晶体管导通时，若饱和电压降 $u_{ces} = 0$，则电流开关型 D 类高频功率放大器可获得理想集电极效率为 100%。

实际上，D 类高频功率放大器的效率低于 100%。引起实际效率下降的原因主要有两个：一个是晶体管导通时的饱和压降 u_{ces} 不为零，导通时有损耗；另一个是激励电压大小有限，且由于晶体管的电容效应，晶体管由截止变饱和或由饱和变截止，会使电压 u_{ce1} 和 u_{ce2} 有上升边和下降边，在此过渡期间有集电极电流流通，有功率损耗。工作频率越高，上升边和下降边越长，损耗越大。这是限制 D 类高频功率放大器工作频率上限的一个重要因素。通常，考虑这些实际因素后，D 类高频功率放大器的实际效率仍能达到 90%，甚至更高。

D 类高频功率放大器的激励电压可以是正弦波，也可以是其他脉冲波形，但都必须足够大，使晶体管迅速进入饱和状态。

4.5.2　电压开关型 D 类高频功率放大器

图 4-28 为一互补电压开关型 D 类高频功率放大器的线路及波形。两个同型(NPN)管串联，集电极加有恒定的直流电压 E_c。两管输入端通过高频变压器 T_1 加有反相的大电压，当一管从导通状态至饱和状态时，另一管截止。负载电阻 R_L 与 L_0、C_0 构成一高 Q 串联谐振回路，这个回路对激励信号频率调谐。如果忽略晶体管导通时的饱和压降，则两个晶体管就可等效于图 4-28(b) 所示的单刀双掷开关。晶体管输出端的电压在零和 E_c 间轮流变化，如图 4-28(c) 所示。在 u_{ce2} 方波电压的激励下，负载 R_L 上流过正弦波电流 i_L，这是因为高 Q 串联回路阻止了高次谐波电流流过 R_L（直流也被 C_0 阻隔）的缘故。这样在 R_L 上仍然可以得到信号频率的正弦波

电压,实现了高频放大的目的。理想情况下,两管的集电极损耗都为零(因 $u_{ce2}i_{c2}=u_{ce1}i_{c1}=0$),
理想的集电极效率为 100%。这也可以从输入功率和输出功率计算中得出。

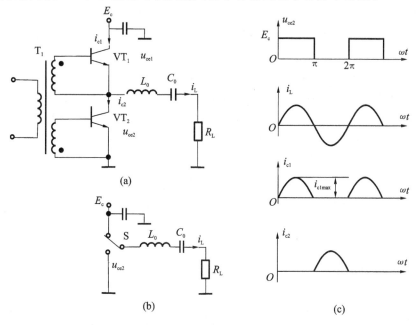

图 4-28 电压开关型 D 类高频功率放大器的线路及波形

由图 4-28 可见,因 i_{c1}、i_{c2} 都是半波余弦脉冲电流($\theta=90°$),所以两管的直流电压和负载电
流分别为

$$I_{c0}=\frac{1}{\pi}i_{cmax}$$

$$I_L=i_{cmax}$$

两管的直流输入功率为

$$P_0=E_0 I_{c0}=\frac{1}{\pi}E_c i_{cmax}$$

负载上的基波电压 U_L 等于 u_{ce2} 方波脉冲中的基波电压分量。分解 u_{ce2},可得

$$U_L=\frac{1}{\pi}\int_0^\pi E_c\sin(\omega t)\mathrm{d}\omega t=\frac{2}{\pi}E_c \tag{4-29}$$

负载上的功率为

$$P_L=\frac{1}{2}U_L I_L=\frac{1}{\pi}E_c i_{cmax} \tag{4-30}$$

可见

$$P_L=P_0$$

此时匹配的负载电阻为

$$R_L=\frac{U_L}{I_L}=\frac{2}{\pi}\frac{E_c}{i_{cmax}} \tag{4-31}$$

影响电压开关型 D 类高频功率放大器实际效率的因素与电压开关型的基本相同,即主要
由晶体管导通时的饱和压降 u_{ces} 不为零和开关转换期间(脉冲上升边沿和下降边沿)的损耗功

83

率所造成。

开关型 D 类高频功率放大器的主要优点是集电极效率高,输出功率大。但当工作频率很高时,随着工作频率的升高,开关转换瞬间的功耗增大,集电极效率下降,高效高频功率放大器的优点就不明显了。由于开关型 D 类高频功率放大器工作在开关状态,所以也不适于放大振幅变化的信号。

F 类、G 类和 H 类高频功率放大器是另一类高效功率放大器,在其集电极电路设置了专门的包括负载在内的无源网络,以产生一定形状的电压波形,使晶体管在导通和截止的转换期间,电压 u_{ce} 和 i_c 同有较小的数值,从而减小了过渡状态的集电极损耗。同时,应设法降低晶体管导通期间的集电极损耗。这几类高频功率放大器的原理、分析和计算可参看有关文献。

各种高效功率放大器的原理与设计为进一步提高高频功率放大器的集电极效率提供了方法和思路。当然,实际器件的导通饱和电压降不为零,实际的开关转换时间也不为零,在采取各项措施后,高效功率放大器的集电极效率可达 90% 甚至以上,但仍不能达到理想高频功率放大器效率的目的。

4.6 功率合成器

由于技术上的限制,单个高频晶体管的输出功率一般只能达到几十瓦至几百瓦。当要求更大的输出功率时,除了采用电子管外,一种可行的方法就是采用功率合成器。

功率合成器,就是采用多个高频晶体管同时对输入信号进行放大,然后将各高频功率放大器输出的功率相加在一个公共负载上的原理工作的。图 4-29 是一种常用的功率合成器原理图。图上除了信号源和负载外,还有两种基本器件:一种是用三角形框代表的晶体管功率放大器(有源器件),另一种是用菱形框代表的功率分配和合并电路(无源器件)。在列举的例子中,输出级采用 4 个晶体管。同理,也可扩展至 8 个、16 个,甚至更多的晶体管,以构成更加复杂的功率合成器,输出更大的功率。

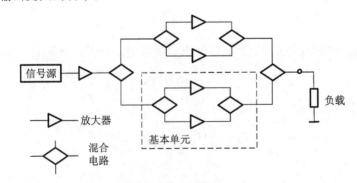

图 4-29　功率合成器的原理图

功率分配则是功率合成的反过程,其作用是使某高频信号的功率均匀地、互不影响地同时分配给各个独立的负载,使每个负载获得功率相等、相位相同(或相反)的分信号。在任一功率合成器中,实际上也包含了一定数量的功率分配器。

由图 4-29 可见,在末级高频功率放大器之前是一个功率分配过程,末级高频功率放大器之后是一个功率合并过程。通常,功率合成器所用的晶体管数目较多。为了能使结构简单、性能可靠,晶体管放大器都不带调谐元件,也就是通常采用宽带工作方式。功率合成器是由图 4-29 虚线方框所示的一些基本单元组成的,掌握它们的线路和原理也就掌握了合成器的基本原理。

图 4-30 就是功率合成器基本单元的一种线路,称为同相功率合成器。T_1 是功率分配网络,它的作用是将信号源输入功率进行平均分配,供给 A、B 端同相激励功率;T_2 是功率合成网络,它的作用是将晶体管输出至 A'、B' 两端同相功率合成供给负载。由 3 dB 耦合器原理可知,当两晶体管输入电阻相等时,两晶体管输入电压与耦合器输入电压相等,有 $\dot{U}_A = \dot{U}_B = \dot{U}_1$。

在正常工作时,平衡电阻 R_{T1} 两端无电压,不消耗功率,各端口匹配的条件为

$$R_{T1} = 2R_A = 2R_B = 4R_s$$

当两晶体管正常工作时,两晶体管输出相同的电压,即 $\dot{U}_{A'} = \dot{U}_{B'}$,且 $\dot{U}_{A'} = \dot{U}_{B'} = \dot{U}_L$,但由于负载上的电流加倍,故负载上得到的功率是两晶体管输出功率之和,即

$$P_L = \frac{1}{2} U_{A'} (2I_{c1}) = 2P_1$$

此时平衡电阻 R_T 上无功率损耗。

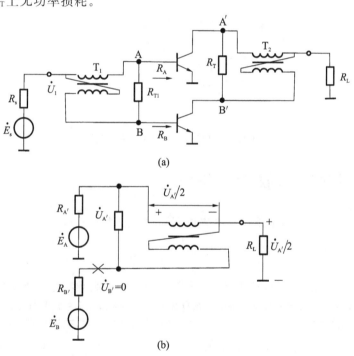

图 4-30 同相功率合成器

(a)交流等效电路;(b)B' 信号源开路时的等效电路

当两晶体管不完全平衡,比如某种原因使输出电压发生变化,甚至管子损坏而完全没有输出时,相当于在图 4-30(b)所示的等效电路上的电势 $\dot{E}_B$ 和等效电阻 $R_{B'}$ 发生变化。根据 3 dB 耦合器 A' 端与 B' 端互相隔离的原理(满足各端口阻抗的一定关系时),$\dot{U}_{A'}$ 电压由 $\dot{E}_A$ 产生;$\dot{U}_{B'}$ 电压由 $\dot{E}_B$ 产生,因此 $\dot{U}_{B'}$ 的变化并不引起 $\dot{U}_{A'}$ 的变化。当 $\dot{U}_{B'} = 0$ 时,流过负载的电流只有原

来的一半,功率减小为原来的 $1/4$,而 A 管输出的另一半功率正好消耗在平衡电阻 R_T 上,所以有

$$P_{R_T} = \frac{1}{2}P_1 = \frac{1}{4}P_L \tag{4-32}$$

这样,当一个晶体管损坏时,虽然负载功率下降为原来功率的 $1/4$,但另一个晶体管的负载阻抗及输出电压不会发生变化而维持正常工作。这是当两晶体管简单并联工作时所不能实现的。

图 4-31 是反相功率合成器的原理线路。输入端和输出端也各加有 -3 dB 耦合器作分配和合成电路。只是信号源和负载分别接在两个耦合器的 Δ 端(差端),平衡电阻 R_{T1} 和 R_T 接在 Σ 端(和端)。这种放大器的工作原理和推挽功率放大器的基本相同。但是,由于有耦合器和平衡电阻的存在,AB 之间及 A$'$B$'$ 之间具有互相隔离的作用(同样应满足一定的阻抗关系),因而也具有上述同相功率合成器的特点,即不会因一个晶体管性能发生变化或损坏而影响另一个晶体管的正常安全工作。

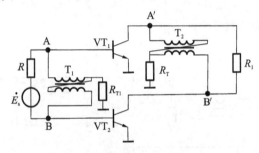

图 4-31　反相功率合成器的原理线路

4.7　集成高频功率放大器举例

随着半导体技术的发展,出现了一些集成高频功率放大器。这些功率放大器体积小,可靠性高,外接元件少,输出功率一般在几瓦至十几瓦之间,如日本三菱公司的 M57704 系列、Motorola 公司的 MHW 系列。

表 4-1 列出了 Motorola 公司 MHW 系列部分型号集成高频功率放大器的电特性参数。

表 4-1　Motorola 公司 MHW 系列部分型号集成高频功率放大器的电特性参数($T=25°$)

型号	电频电压典型值/V	输出功率/W	最小功率增益/dB	效率/(%)	最大控制电压/V	频率范围/MHz	内部放大器级数	输入/输出阻抗/Ω
MHW105	7.5	5.0	37	40	7.0	68～88	3	50
MHW607—1	7.5	7.0	38.5	40	7.0	136～150	3	50
MHW704	6.0	3.0	34.8	38	8.0	440～470	4	50
MHW707—1	7.5	7.0	38.5	40	7.0	403～440	4	50
MHW803—1	7.5	2.0	33	37	4.0	820～850	4	50
MHW804—1	7.5	4.0	36	32	3.75	800～870	5	50
MHW903	7.2	3.5	35.4	40	3.0	890～915	4	50
MHW914	12.5	14	41.5	35	3.0	890～915	5	50

　　日本三菱公司的 M57704 系列高频功率放大器是一种厚膜混合集成电路,可用于频率调制移动通信系统。其包括多个型号:M57704UL 型,工作频率为 380~400 MHz;M57704L 型,工作频率为 400~420 MHz;M57704M 型,工作频率为 430~450 MHz;M57704H 型,工作频率为 450~470 MHz;57704UH 型,工作频率为 470~490 MHz;M57704SH 型,工作频率为 490~512 MHz。电特性参数为:当 $E_c=12.5$ V,$P_{in}=0.2$ W,$Z_o=Z_i=50$ Ω 时,输出功率 $P_o=13$ W,效率为 30%~40%。

　　图 4-32 是 M57704 系列高频功率放大器的等效电路图。由图可见,它是由三级放大电路、匹配网络(微带线和 LC 元件)组成的。

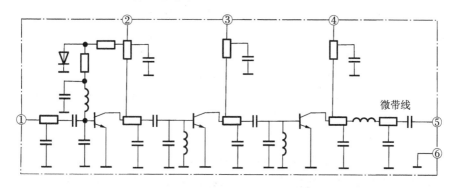

图 4-32　M57704 系列高频功率放大器的等效电路图

　　图 4-33 是 TW-42 超短波电台中发信机高频功率放大器的部分电路图。TW-42 超短波电台采用频率调制,工作频率为 457.7~458 MHz,发射功率为 5 W。由图 4-33 可见,输入等幅调频信号经 M57704H 功率放大后,一路经微带线匹配滤波后,再经过 VD_{115} 发送多节 LC 网络,然后由天线发射出去;另一路经 VD_{113}、VD_{114} 检波、VT_{104}、VT_{105} 直流放大后,发送给 VT_{103} 调整管,然后作为控制电压从 M57704H 的第②脚输入,调节第一级高频功率放大器的集电极电源,这样可以稳定整个集成高频功率放大器的输出功率。第二、三级高频功率放大器的集电极电源固定为 13.8 V。

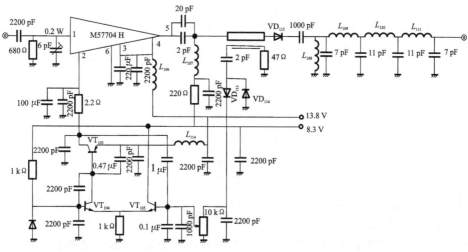

图 4-33　TW-42 超短波电台中发信机高频功率放大器的部分电路图

习　题

4-1 高频功率放大器的主要作用是什么？有什么要求？与低频功率放大器有什么区别？

4-2 当高频功率放大器的输入信号为正弦波时,集电极电流通常为余弦脉冲,为什么在输出端却能得到正弦电压？

4-3 高频功率放大器的欠压、临界、过压工作状态是如何区分的？各有什么特点？

4-4 试分析当 E_c、E_b、U_b 和 R_L 四个外界因素只改变其中的一个时,高频功率放大器的工作状态分别该如何变化？

4-5 利用高频功率放大器进行振幅调制时,当调制的音频信号加到基极或者集电极时,应该如何选择功率放大器的工作状态？利用高频功率放大器放大振幅调制信号时,又该如何选择功率放大器的工作状态？

4-6 两参数完全相同的谐振功率放大器,输出功率 P_0 分别为 1 W 和 0.6 W,为增大输出功率,将 V_{cc} 提高。结果发现前者输出功率无明显增大,而后者输出功率明显增大,试分析原因。若要增大前者的输出功率,应采取什么措施？

4-7 高频功率放大器中集电极效率是如何确定的？若要提高集电极效率,该如何入手？

4-8 某谐振功率放大器,工作频率 $f=520$ MHz,输出功率 $P_0=60$ W,$V_{cc}=12.5$ V。(1)当 $\eta_c=60\%$ 时,试计算管耗 P_c 和平均分量 I_{c0} 的值；(2)若保持 P_0 不变,将 η_c 提高到 80%,试问管耗 P_c 减小到多少？

4-9 已知集电极电流余弦脉冲 $i_{cmax}=100$ mA,试求导通角 $\theta=120°$、$\theta=70°$ 时集电极电流的直流分量 I_{c0} 和基波分量 I_{c1m}；若 $U_{cm}=0.95\ V_{cc}$,求两种情况下放大器的效率各为多少？

4-10 改正图 4-34 所示线路中的错误,不得改变馈电形式,重新画出正确的线路。

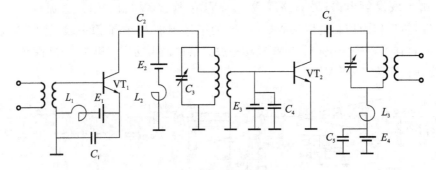

图 4-34　题 4-10 图

4-11 试画出一个高频功率放大器的实际线路。要求：

(1)采用 PNP 型晶体管,发射极直接接地；

(2)集电极采用并联馈电,与谐振回路抽头连接；

(3)基极采用串联馈电,自偏压,与前级互感耦合。

4-12 已知谐振功率放大器的 $V_{cc}=24$ V,$I_{c0}=250$ mA,$P_0=5$ W,$U_{cm}=0.9\ V_{cc}$,试求该放大器的 P_d、P_c、η_c 以及 I_{c1m}、i_{cmax}、θ。

4-13 谐振功率放大器电路如图 4-35 所示,试从馈电方式、基极偏置和滤波匹配网络等方面分析电路的特点。

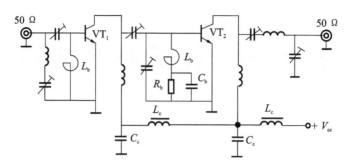

图 4-35　题 4-13 图

4-14　什么是 D 类高频功率放大器？它的工作原理是什么？什么是电流开关型 D 类高频功率放大器和电压开关型 D 类高频功率放大器？

4-15　什么是功率合成器？它的工作原理是什么？

4-16　如何从电路上简单快速地判断功率混合网络是功率合成还是功率分配？

第 5 章　正弦波振荡器

5.1　概述

　　振荡器是一种能够自动地将直流电能转换为一定波形的交变振荡信号能量的电路,它与放大器的区别在于无需外加激励信号,就能产生具有一定频率、一定波形和一定振幅的交流信号。各种各样的振荡器广泛应用于电子技术领域。发送设备利用振荡器作为载波产生电路产生载波,然后将载波进行电压放大、调制和功率放大等处理,把已调波发射出去。在超外差式接收机中,振荡器产生本地振荡信号,振荡信号再通过混频器得到中频信号。在教学实验和电子测量仪器中,正弦波振荡器可以产生必不可少的基准信号源;在自动控制中,振荡电路用来完成监控、报警、无触点开关控制,以及定时控制;在医学领域,振荡电路可以产生脉冲电压,用于消除疼痛和疏通经络;在机械加工中,振荡电路产生的超声波用于材料探伤。随着电子技术的不断发展,振荡电路已成为一种实用功能电路而被应用到各种各样的仪器设备中,从而进入社会的各个领域。

　　振荡器的种类很多。根据所产生波形的不同,振荡器可分为正弦波振荡器和非正弦波振荡器等两大类。前者能够产生正弦波,后者能够产生矩形波、三角波和锯齿波等。根据振荡原理的不同,振荡器可以分为反馈型和负阻型等两类。前者是由有源器件和选频网络组成的、基于正反馈原理的振荡电路,而后者是由一个呈现负阻特性的元器件和选频网络组成的振荡电路。常用的正弦波振荡器主要由决定振荡频率的选频网络和维持振荡的正反馈放大器组成。按照选频网络所采用元件的不同,正弦波振荡器可分为 *LC* 振荡器、*RC* 振荡器和晶体振荡器等类型。其中,*LC* 振荡器和晶体振荡器用于产生高频正弦波,*RC* 振荡器用于产生低频正弦波。正反馈放大器既可以由晶体管、场效应管等分立器件组成,也可以由集成电路组成,但前者的性能可比后者的性能好,且工作频率更高。

　　本章主要介绍分立器件构成的高频正弦波振荡器。正弦波振荡器的主要性能指标是振荡频率、频率稳定度、振荡幅度等。

5.2　反馈型振荡器的工作原理

5.2.1　产生振荡的基本原理

　　反馈型 *LC* 正弦波振荡器是一种应用比较普遍的振荡器。正弦波振荡器的任务是在没有外加激励的条件下,产生某一频率的、等幅度的正弦波信号。要产生某频率的正弦波信号,必须有决定振荡频率的选频网络。振荡器没有外加激励,电路本身也要消耗能量。因此,要从无到有输出并维持一定幅度的正弦波电压信号,必须有一个向电路提供能量的能源和一个放大器。如果补充的能量高于消耗的能量,则输出信号的振幅就增加;反之,如果补充的能量低于消耗的能量,则输出信号的振幅就衰减。输出信号的稳定,意味着补充的能量与消耗的能量相等,因而形成一个动态的平衡。另外,能量的补充必须适时进行,既不能提前,也不能滞后,因为提前或滞后都会使振荡频率发生变化。也就是说,振荡器中必须有一种能够自动调节补充能量多少和控制补充时间迟早的机构,前一项任务由放大器来完成,后一项任务由选频网络和正反馈网络来实现。

因此,反馈振荡器由放大器和反馈网络两大部分组成,其原理框图如图 5-1 所示。由图 5-1 可见,反馈型振荡器电路是由放大器和反馈网络组成的一个闭合环路,放大器通常以某种选频网络(如振荡回路)作为负载,是一个调谐放大器,反馈网络一般是由无源器件组成的线性网络。为了能产生自激振荡,必须有正反馈,即反馈到输入端的信号和放大器输入端的信号相位相同。

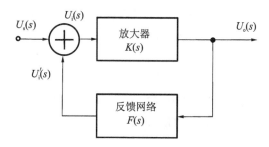

图 5-1　反馈型振荡器原理框图

对于图 5-1 所示电路,设放大器的电压放大倍数为 $K(s)$,反馈网络的电压反馈系数为 $F(s)$,闭环电压放大倍数为 $K_u(s)$,则

$$K_u(s) = \frac{U_o(s)}{U_s(s)} \tag{5-1}$$

开环电压放大倍数为

$$K(s) = \frac{U_o(s)}{U_i(s)} \tag{5-2}$$

电压反馈系数为

$$F(s) = \frac{U_i'(s)}{U_o(s)} \tag{5-3}$$

由

$$U_i(s) = U_s(s) + U_i'(s) \tag{5-4}$$

可得

$$K_u(s) = \frac{K(s)}{1 - K(s)F(s)} = \frac{K(s)}{1 - T(s)} \tag{5-5}$$

式中,

$$T(s) = K(s)F(s) = \frac{U_i'(s)}{U_i(s)} \tag{5-6}$$

称为反馈系统的环路增益。用 $s = j\omega$ 代入,就得到稳态下的传输系数和环路增益。由式(5-5)可知,若在某一频率 $\omega = \omega_1$ 上 $T(j\omega_1)$ 等于 1,$K_u(j\omega)$ 将趋于无穷大,这表明即使没有外加信号,也可以维持振荡输出。因此,自激振荡的条件就是环路增益为 1,即

$$T(j\omega) = K(j\omega)F(j\omega) = 1 \tag{5-7}$$

通常又称为振荡器的平衡条件。

由式(5-6)还可知

$$\begin{cases} |T(j\omega)| > |U_i'(j\omega)| > |U_i(j\omega)| \text{（增幅振荡）} \\ |T(j\omega)| < |U_i'(j\omega)| < |U_i(j\omega)| \text{（减幅振荡）} \end{cases} \tag{5-8}$$

5.2.2 起振过程与起振条件

在实际应用中,振荡器是没有外加激励信号 $U_s(s)$ 的,那么初始的激励是从哪里来的呢?振荡的最初来源是振荡器在接通电源时不可避免地存在电冲击及各种热噪声等,例如,在加电时晶体管电流由零突然增加,突变的电流包含很宽的频谱分量,在它们通过负载谐振回路时,由谐振回路的选频性质可知,只有频率等于回路谐振频率的分量才能产生较大的输出电压,而其他频率分量不会产生压降,因此负载回路上只有频率为回路谐振频率的分量产生压降,而该压降通过反馈网络产生出较大的正反馈电压,反馈电压又加到放大器的输入端,进行放大、反馈。如此循环下去,谐振负载上将得到频率等于回路谐振频率的输出信号。

振荡开始时,由于激励信号较弱,输出电压的振幅 U_o 较小,经过不断放大、反馈循环,输出幅度 U_o 逐渐增大,否则输出信号幅度过小,没有任何价值。为了使振荡过程中的输出幅度不断增加,反馈回来的信号应比输入放大器的信号强,即开始时振荡应为增幅振荡,因此由式(5-8)可知,

$$T(j\omega) > 1$$

称为自激振荡的起振条件,也可写为

$$|T(j\omega)| > 1 \tag{5-9a}$$

$$\varphi_T = \varphi_K + \varphi_F = 2n\pi \quad (n = 0, 1, 2, \cdots) \tag{5-9b}$$

式(5-9a)和式(5-9b)分别称为起振的振幅条件和相位条件,其中起振的相位条件即为正反馈条件。

5.2.3 平衡过程与平衡条件

所谓平衡条件是指振荡已经建立,维持自激振荡所必须满足的幅度与相位关系。由前面的分析可知,振荡器的平衡条件为

$$T(j\omega) = K(j\omega)F(j\omega) = 1$$

也可以表示为

$$|T(j\omega)| = KF = 1 \tag{5-10a}$$

$$\varphi_T = \varphi_K + \varphi_F = 2n\pi \quad (n = 0, 1, 2, \cdots) \tag{5-10b}$$

式(5-10a)和式(5-10b)分别称为振幅平衡条件和相位平衡条件。

现以单调谐谐振放大器为例来分析 $K(j\omega)$ 与 $F(j\omega)$ 的意义。若 $\dot{U}_o = \dot{U}_c$,$\dot{U}_i = \dot{U}_b$,则由式(5-2)可得

$$K(j\omega) = \frac{\dot{U}_o}{\dot{U}_i} = \frac{\dot{U}_c}{\dot{U}_b} = \frac{\dot{I}_c}{\dot{U}_b} \frac{\dot{U}_c}{\dot{I}_c} = -Y_f(j\omega)Z_L \tag{5-11}$$

式中，Z_L 为放大器的负载阻抗，

$$Z_L = -\frac{\dot{U}_c}{\dot{I}_c} = R_L e^{j\varphi_L} \tag{5-12}$$

$Y_f(j\omega)$ 为晶体管的正向转移导纳，

$$Y_f(j\omega) = \frac{\dot{I}_c}{\dot{U}_b} = Y_f e^{j\varphi_f} \tag{5-13}$$

Z_L 应该考虑反馈网络对回路的负载作用，它基本上是一线性元件。$\dot{I}_c$ 是电流的基波频率分量，当晶体管工作于大信号时，它可通过 i_c 的谐波分析得到。$\dot{I}_c$ 与 $\dot{U}_c$ 成非线性关系。因而一般 Y_f 和 K 都是随信号变化而变化的。

由式（5-3）可知，$F(j\omega)$ 一般是线性电路的电压比值，但若考虑晶体管输入电阻的影响，它也会随信号变化稍有变化（主要考虑对 φ_F 的影响）。为了分析方便，引入一个与 $F(j\omega)$ 反号的反馈系数 $F'(j\omega)$：

$$F'(j\omega) = F' e^{j\varphi_{F'}} = -F(j\omega) = -\frac{\dot{U}_i'}{\dot{U}_c} \tag{5-14}$$

这样，振荡条件可写为

$$T(j\omega) = -Y_f(j\omega)Z_L F(j\omega) = Y_f(j\omega)Z_L F'(j\omega) = 1 \tag{5-15}$$

即振幅平衡条件和相位平衡条件可分别写为

$$Y_f R_L F' = 1 \tag{5-16a}$$

$$\varphi_f + \varphi_L + \varphi_{F'} = 2n\pi \quad (n = 0,1,2,\cdots) \tag{5-16b}$$

在平衡状态中，电源供给的能量正好可以抵消整个环路损耗的能量，平衡时的输出幅度将不再变化，因此振幅平衡条件决定了振荡器输出振幅的大小。必须指出，环路只有在某一特定的频率上才能满足相位平衡条件，也就是说，相位平衡条件决定了振荡器输出信号的频率大小，由 $\varphi_T = 0$，得到的根即为振荡器的振荡频率，一般在回路的谐振频率附近。

一个反馈振荡器要产生振荡，既要满足起振条件又要满足平衡条件，若只满足平衡条件，振荡就不会由小到大地建立平衡值；反之，如果只满足起振条件，振荡就会无限制地增长下去。

振荡器工作时是怎样由 $|T(j\omega)| > 1$ 过渡到 $|T(j\omega)| = 1$ 的呢？这是因为起振时，放大器进行小信号放大，此时晶体管工作在线性放大区，放大器的输出随输入信号的增加而线性增加；而随着输入信号振幅的增加，放大器逐渐由线性放大区进入截止区或饱和区，工作在非线性状态，此时的输出信号幅度增加有限，即放大倍数随输入信号的增加而下降。图 5-2 所示曲线很好地说明了振荡器的起振条件和平衡条件（假定相位条件已经满足）。反馈系数 F 不随 U_i 变化而变化，$1/F$ 为一条平行于横轴的直线。起振时，$K > 1/F$，即 $KF > 1$，满足振幅起振条件，振荡器产生增幅振荡。随着振荡电压幅度的增加，放大倍数 K 将下降，KF 也随之下降，当 KF 下降到 1（A 点）时，振荡达到平衡，$U_i = U_{iA}$，振荡器维持等幅振荡。振荡器由增幅振荡过渡到稳幅振荡，是由放大器的非线性完成的。需要说明的是，电路的起振过程是非常短暂的，可以认为只要电路设计合理，满足起振条件，振荡器一通上电，输出端就有稳定幅度的输出信号。

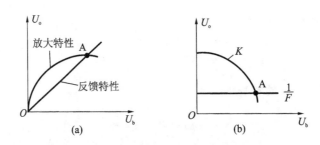

图 5-2　振幅条件的图解表示

(a)起振时的振幅条件；(b)平衡后的振幅条件

5.2.4　平衡状态的稳定性与稳定条件

前面已指出，在实际振荡电路中，不可避免地存在着各种电扰动，这些扰动虽然是振荡器起振的原始输入信号，但在达到平衡状态后，它将叠加在平衡值上，引起振荡振幅和相位的波动。此外，电源电压、温度等外界因素的变化会引起管子和回路参数的变化，从而也会引起振荡振幅和相位的变化。因此，在振荡器达到平衡状态后，上述原因均可能破坏平衡条件，从而使振荡器离开原来的平衡状态。如果通过放大和反馈的不断循环，振荡器能在原平衡点附近建立起新的平衡状态，而且在外界因素消失后，振荡器能自动回到原平衡状态，则原平衡点是稳定的；否则，原平衡点是不稳定的。

振荡器的稳定条件包括两方面：振幅稳定条件和相位稳定条件。一方面，当电路中的扰动暂时破坏了振幅平衡条件时，振幅稳定条件研究的就是在扰动离去后，振幅能否稳定在原来的平衡点上；另一方面，当电路中的扰动也暂时破坏了相位平衡条件时，振荡频率将发生变化，相位稳定条件研究的就是在扰动离去后，振荡频率是否稳定在原有的频率上。

1. 振幅平衡状态的稳定条件

要使振幅稳定，振荡器在其平衡点必须具有阻止振幅变化的能力。具体来说就是，在平衡点 $U_i=U_{iA}$ 附近，当不稳定因素使振幅 U_i 增大时，环路增益的模值 $|T(\omega)|$ 应减小，形成减幅振荡，从而阻止振幅 U_i 的增大，达到新的平衡，并保证新平衡点在原平衡点附近；否则，若振幅 U_i 增大，$|T(\omega)|$ 也增大，则振幅 U_i 将持续增大，远离原平衡点，不能形成新的平衡，振荡器不稳定；而当不稳定因素使振幅 U_i 减小时，$|T(\omega)|$ 应增大，形成增幅振荡，阻止振幅 U_i 的减小，在原平衡点附近建立起新的平衡，否则振荡器将是不稳定的。

由上述讨论可知，只有当 $T(\omega)$ 具有随着 U_i 的增大而减小的特性时，振荡器所处的平衡状态才是稳定的，数学上可表示为

$$\left.\frac{\partial T}{\partial U_i}\right|_{U_i=U_{iA}}<0 \tag{5-17}$$

式(5-17)就是振荡器的振幅稳定条件。显然，这个条件与同时满足起振和平衡条件所需要的 $T(\omega)$ 随 U_i 变化而变化的规律是一致的。

2. 相位平衡状态的稳定条件

振荡器的相位平衡条件是，$\varphi_T=\varphi_K+\varphi_F=2n\pi$（$n=0,1,2,\cdots$）。在振荡器工作时，某些不稳定因素可能破坏这一平衡条件。如电源电压的波动或工作点的变化可能使晶体管内部电容参数发生变化，从而引起相位的变化，产生一个偏移量 $\Delta\varphi$。相位稳定条件的意义是指，相位平

衡条件遭到破坏时,电路本身能重新建立起相位平衡点。

在解释振荡器的相位稳定性前,我们必须清楚,一个正弦信号的相位 φ 和它的频率 ω 之间的关系为

$$\omega = \frac{\mathrm{d}\varphi}{\mathrm{d}t} \tag{5-18a}$$

$$\varphi = \int \omega \mathrm{d}t \tag{5-18b}$$

可见,相位的变化必然要引起频率的变化,频率的变化也必然要引起相位的变化,故相位稳定的条件也就是频率稳定的条件。

设振荡器原处于相位平衡状态,现因外界引入了相位增量为 $\Delta\varphi > 0$,这意味着在环绕线路正反馈一周后,反馈电压的相位超前了原有输入信号一个相位角 $\Delta\varphi$。相位超前就意味着周期缩短,振荡器的瞬时角频率 ω 增大。反之,若 $\Delta\varphi < 0$,那么循环一周,相位就会落后,表示频率要降低。所以,为了保证相位稳定,要求振荡器的相频特性 $\varphi(\omega)$ 在振荡频率点应该具有阻止相位变化的能力。具体来说,在平衡点 $\omega = \omega_0$ 附近,当外界不稳定性因素使瞬时角频率 ω 增大(即相位增量 $\Delta\varphi > 0$)时,振荡电路内部应能够产生一个新的相位变化,这个相位变化与外因引起的相位变化的符号 $\Delta\varphi$ 应该相反(即 $-\Delta\varphi$),以削弱或抵消由外界因素引起的瞬时角频率 ω 变化。反之,当不稳定因素使瞬时角频率 ω 减小(即相位增量 $\Delta\varphi < 0$)时,振荡器的相频特性 $\varphi(\omega)$ 应该产生一个 $\Delta\varphi$,从而产生一个 $\Delta\omega$,使瞬时角频率 ω 增大,即要求相频特性曲线 $\varphi(\omega)$ 在 ω_0 附近应具有负斜率,如图 5-3 所示。数学上可表示为

$$\left. \frac{\partial\varphi}{\partial\omega} \right|_{\omega=\omega_0} < 0 \tag{5-19}$$

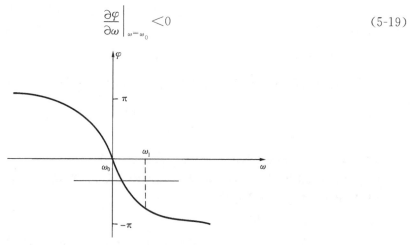

图 5-3   满足相位稳定条件的相频特性

5.3   *LC* 振荡器

通常将采用 *LC* 谐振回路作为移相网络的内稳幅反馈振荡器统称为 *LC* 振荡器。根据反馈形式的不同,这种振荡器可分为三端式 *LC* 振荡器和变压器耦合振荡器等两类。前者采用电感分压电路或电容分压电路作为反馈网络,后者采用变压器耦合电路作为反馈网络。本节重点介绍三端式 *LC* 振荡电路。

5.3.1 *LC* 振荡器的组成原则

LC 振荡器的基本电路就是通常所说的三端式(又称三点式)振荡器,即 *LC* 回路的三个端点与晶体管的三个电极分别连接而成的电路,如图 5-4 所示。

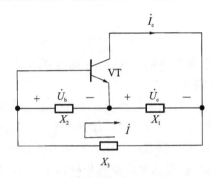

图 5-4 三端式振荡器的组成电路

振荡回路是由电抗元件组成的,为了简化起见,忽略了回路的损耗,图 5-4 中只用三个纯电抗元件 X_1、X_2、X_3 来表示。因为振荡器工作时振荡回路近似处于谐振状态,根据谐振回路的性质,谐振时回路应呈纯电阻性,因而有

$$X_1 + X_2 + X_3 = 0 \tag{5-20}$$

所以,电路中三个电抗元件不能同时为感抗或容抗,必须由两种不同性质的电抗元件组成。

构成振荡电路的一条重要原则就是,它应保证是正反馈,即应该保证反馈电压与初始激励电压同相,或者应该满足相位平衡条件 $\varphi_K + \varphi_F = 0$。由第 4 章可知,这时 $\varphi_K = 0$,因此,要满足相位平衡条件,应使 $\varphi_F = 0$,即要求 $\dot{U}_b$ 应与 $\dot{U}_c$ 同相。一般情况下,回路 Q 值很高,因此回路电流 $\dot{I}$ 远大于晶体管的基极电流 $\dot{I}_b$、集电极电流 $\dot{I}_c$,以及发射极电流 $\dot{I}_e$,故由图 5-4 有

$$\dot{U}_b = jX_2 \dot{I} \tag{5-21a}$$

$$\dot{U}_c = jX_1 \dot{I} \tag{5-21b}$$

因此,X_1、X_2 应为同性质的电抗元件,即同为感抗或者同为容抗。

综上所述,从相位平衡条件判断图 5-4 所示的三端式振荡器能否振荡的原则如下:

(1)X_1 和 X_2 的电抗性质相同;

(2)X_3 与 X_1、X_2 的电抗性质相反。

为了便于记忆,可以将此原则具体化:与晶体管发射极相连的两个电抗元件必须是同性质的,而不与发射极相连的另一个电抗与它们的性质相反,简单可记为"射同余异"。考虑到场效应管与晶体管电极的对应关系,只要将上述原则中的发射极改为源极即可适用于场效应管振荡器,即"源同余异"。

三端式振荡器有两种基本电路,如图 5-5 所示。图 5-5 (a)中所示的 X_1 和 X_2 为容性,X_3 为感性,满足三端式振荡器的组成原则,反馈网络是由电容元件组成的,称为电容反馈振荡器,也称为科尔皮兹(Colpitts)振荡器;图 5-5(b)中所示的 X_1 和 X_2 为感性,X_3 为容性,满足三端式振荡器的组成原则,反馈网络是由电感元件组成的,称为电感反馈振荡器,也称为哈特莱(Hartley)振荡器。

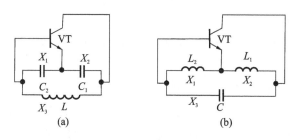

图 5-5　两种基本的三端式振荡器

(a)电容反馈振荡器；(b)电感反馈振荡器

图 5-6 所示的是一些常见振荡器的高频电路,读者不妨自行判断它们是由哪种基本线路演变而来的。

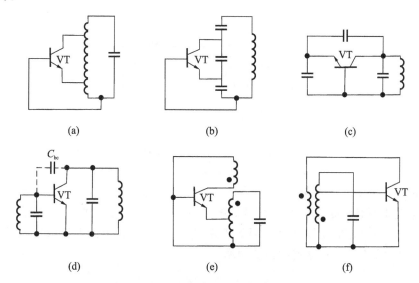

图 5-6　几种常见振荡器的高频电路

5.3.2　电容反馈振荡器

图 5-7(a)所示的是电容反馈振荡器的一种实际电路,图 5-7(b)是其交流等效电路。该电路满足振荡器的相位条件,其反馈是由电容产生的,称为电容反馈振荡器。图 5-7(a)所示电路中,电阻 R_1、R_2、R_e 起直流偏置作用,在振荡前这些电阻决定静态工作点,在振荡产生以后,由于晶体管的非线性,以及工作在截止状态,基极、发射极电流将发生变化,这些电阻又起到自偏压作用,从而限制和稳定了振荡的幅度大小;C_e 为旁路电容,C_b 为隔直电容,保证起振时具有合适的静态工作点及交流通路。扼流圈 L_c 可以防止集电极交流电流从电源入地,L_c 的交流电阻很大,可以视为开路,但直流电阻很小,可为集电极提供直流通路。

下面分析该电路的振荡频率及起振条件。图 5-7(c)示出了图 5-7(a)所示电路的交流等效电路,由于起振时晶体管工作在小信号线性放大区,因此可以用小信号 Y 参数来等效电路。为了分析方便,在等效时作了以下简化:

(1)忽略晶体管内部反馈 $Y_{re}=0$ 的影响;

(2)晶体管的输入电容、输出电容很小,可以忽略它们的影响,也可以将它们包含在回路电

容 C_1、C_2 中,所以不单独考虑;

(3)忽略晶体管集电极电流 i_c 相对于输入信号 u_b 相移的影响,将 Y_{fe} 用跨导 g_m 表示。

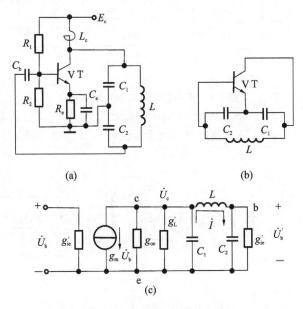

(a)

(b)

(c)

图 5-7　电容反馈振荡器电路

(a)实际电路;(b)交流等效电路;(c)高频 Y 参数等效电路

另外,在图 5-7(c)所示电路中,g_{ie} 为晶体管输入电导;g_{oe} 为晶体管输出电导;g'_L 表示除晶体管以外的电路中所有电导折算到 ce 两端后的总电导。由图 5-7(c)可以得出环路增益 $T(j\omega)$ 的表达式,并令 $T(j\omega)$ 虚部在频率为 ω_1 时等于零,根据振荡器的相位平衡条件,ω_1 即为振荡器的振荡频率,因此图 5-7 所示电路的振荡频率为

$$\omega_1 = \sqrt{\frac{1}{LC} + \frac{g_{ie}(g_{oe} + g'_L)}{C_1 C_2}} \tag{5-22}$$

式中,C 为回路的总电容,

$$C = \frac{C_1 C_2}{C_1 + C_2} \tag{5-23}$$

通常,式(5-22)的第二项远小于第一项,也就是说,振荡器的振荡频率 ω_1 可以近似用回路的谐振频率 $\omega_0 = \sqrt{1/LC}$ 表示,因此在分析计算振荡器的振荡频率时可以近似用回路的谐振频率来表示,即

$$\omega_1 \approx \omega_0 = \sqrt{\frac{1}{LC}} \tag{5-24}$$

由图 5-7(c)可知,当不考虑 g_{ie} 的影响时,反馈系数 $F(j\omega)$ 为

$$K_F \approx |F(j\omega)| = \frac{U_b}{U_c} = \frac{\dfrac{1}{\omega C_2}}{\dfrac{1}{\omega C_1}} = \frac{C_1}{C_2} \tag{5-25}$$

工程上一般采用式(5-25)估算反馈系数的大小。

将 g_{ie} 折算到放大器输出端,有

$$g'_{ie} = \left(\frac{U_b}{U_c}\right)^2 g_{ie} = K_F^2 g_{ie} \tag{5-26}$$

因此，放大器总的负载电导 g_L 为

$$g_L = K_F^2 g_{ie} + g_{oe} + g'_L \tag{5-27}$$

则由振荡器的振幅起振条件 $Y_f R_L F' > 1$，可以得到

$$g_m \geqslant (g_{oe} + g'_L)\frac{1}{K_F} + g_{ie} K_F \tag{5-28}$$

在设计电路时，只要晶体管的跨导满足式(5-28)，振荡器就可以振荡。式(5-28)右边第一项表示输出电导和负载电导对振荡的影响，K_F 越大，越容易振荡；第二项表示输入电阻对振荡的影响，g_{ie}、K_F 越大，越不容易振荡。因此，考虑晶体管输入电阻对回路的加载作用，反馈系数 K_F 并非越大越好。当 g_m、g_{ie}、g_{oe} 一定时，可以通过调整 K_F、g'_L 来保证起振。反馈系数 K_F 一般取 $0.1 \sim 0.5$。为了保证振荡器有一定的稳定振幅，起振时环路增益一般取 $3 \sim 5$。

5.3.3　电感反馈振荡器

图 5-8 所示的是电感反馈振荡器的实际电路和交流等效电路。由图 5-8 可见，它是依靠电感产生反馈电压的，因而称为电感反馈振荡器。通常电感都绕在同一带磁芯的骨架上，它们之间存在互感，用 M 表示。与电容反馈振荡器的分析一样，振荡器的振荡频率可以用回路的谐振频率近似表示，即

$$\omega_1 \approx \omega_0 = \sqrt{\frac{1}{LC}} \tag{5-29}$$

式中，L 为回路的总电感，

$$L = L_1 + L_2 + 2M \tag{5-30}$$

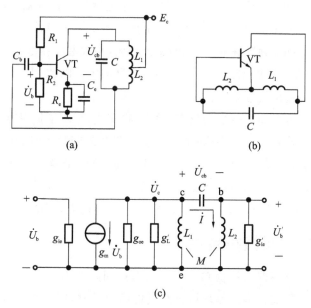

(a)

(b)

(c)

图 5-8　电感反馈振荡器电路

(a)实际电路；(b)交流等效电路；(c)高频等效电路

由相位平衡条件,振荡器的振荡频率为

$$\omega_1 = \sqrt{\cfrac{1}{LC + g_{ie}(g_{oe} + g_L')(L_1 L_2 - M^2)}} \tag{5-31}$$

式中,g_L' 与电容反馈振荡器相同,表示除晶体管以外的所有电导折算到 ce 两端后的总电导。由式(5-29)和式(5-31)可见,振荡频率近似用回路的谐振频率表示时其偏差较小,而且线圈耦合越紧,偏差越小。

工程上,在计算反馈系数时不考虑 g_{ie} 的影响,反馈系数为

$$K_F = |F(j\omega)| \approx \frac{L_2 + M}{L_1 + M} \tag{5-32}$$

由起振条件,同样可得起振时的 g_m 应满足

$$g_m \geqslant (g_{oe} + g_L')\frac{1}{K_F} + g_{ie} K_F \tag{5-33}$$

在讨论了电容反馈振荡器和电感反馈振荡器后,下面对两种三端式振荡电路的特点进行比较。

(1)两种电路都简单,容易起振。电感反馈振荡器只要改变线圈抽头位置,就可以改变反馈系数 K_F,而电容反馈振荡器只需改变 C_1、C_2 的比值。

(2)对于电感反馈振荡器,晶体管的极间电容与振荡回路电感并联,频率越高,极间电容的影响越大,有可能使电抗的性质改变;而电容反馈振荡器,其极间电容与振荡回路电容并联,不存在电抗性质改变的问题,故其工作频率比电感反馈振荡器的工作频率要高。

(3)振荡器在稳定振荡时,晶体管工作在非线性状态,在回路上除有基波电压外,还存在少量谐波电压(谐波电压大小与回路的 Q 值有关)。对于电容反馈振荡器,其反馈是由电容产生的,频率高时,电容的容抗较小,高次谐波在电容上产生的反馈压降就较小;而对于电感反馈振荡器,反馈是由电感产生的,频率高时,电感的感抗较大,高次谐波在电感上产生的反馈压降就较大,即电感反馈振荡器输出的谐波较电容反馈振荡器的大。因此,电容反馈振荡器的输出波形比电感反馈振荡器的输出波形要好。

(4)频率变化时,电容反馈振荡器的反馈系数也将变化,影响了振荡器的振幅起振条件,故电容反馈振荡器一般工作在固定频率内;电感反馈振荡器改变频率时,并不影响反馈系数,故工作频带比电容反馈振荡器的宽。当然,电感反馈振荡器的工作频带也不会很宽,因为频率变化时,回路的谐振阻抗也会变化,可能使振荡器停振。

由此可知,电容反馈振荡器具有工作频率高、波形好等优点,因此,可应用于许多场合。

5.3.4　改进型电容反馈振荡器

前面讨论的三端式振荡器的振荡频率不仅与谐振回路的 LC 元件数值有关,还与晶体管的输入电容和输出电容有关。当工作环境改变或更换管子时,振荡频率及其稳定性就要受到影响。而晶体管极间电容受环境温度、电源电压等因素的影响较大,所以上述两种电路的频率稳定度不高。为了提高稳定度,表面看来,加大回路电容 C_1 和 C_2 的电容量,可以减弱由于晶

体管输入电容和输出电容的变化对振荡频率的影响。但是这只适合于频率不太高、C_1 和 C_2 较大的情况。当频率较高时,过分增大 C_1 和 C_2,必然减小 L 的值(维持振荡频率不变)。实际制作电感线圈时,电感量过小,线圈的品质因数就不易太高,这就导致回路的 Q 值下降,振荡幅度下降,甚至会使得振荡器停振。因此,需要对电路作改进以减少晶体管极间电容对回路的影响,此时,可以采用减弱晶体管与回路之间耦合的方法,由此得到两种改进型电容反馈的振荡器——克拉泼(Clapp)振荡器和西勒(Selier)振荡器。

1. 克拉泼振荡器

图 5-9 所示的是克拉泼振荡器的实际电路和交流等效电路,它是用电感 L 和可变电容 C_3 的串联电路代替原电容反馈振荡器中的电感而构成的,且 $C_3 \ll C_1$ 且 $C_3 \ll C_2$。只要 L 和 C_3 串联电路等效为一电感(在振荡频率上),该电路就满足三端式振荡器的组成原则,而且属于电容反馈式振荡器。

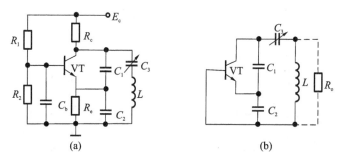

图 5-9　克拉泼振荡器电路

(a)实际电路;(b)交流等效电路

由图 5-9 可知,回路的总电容为

$$\frac{1}{C} = \frac{1}{C_1} + \frac{1}{C_2} + \frac{1}{C_3} \overset{C_3 \ll C_1,\, C_3 \ll C_2}{\approx} \frac{1}{C_3} \tag{5-34}$$

可见,回路的总电容 C 将主要由 C_3 决定,而极间电容与 C_1、C_2 并联,所以极间电容对总电容的影响就很小;并且 C_1、C_2 只是回路的一部分,晶体管以部分接入的形式与回路连接,减弱了晶体管与回路之间的耦合。接入系数 p 为

$$p = \frac{C}{C_1} \approx \frac{C_3}{C_1} \tag{5-35}$$

C_1、C_2 的取值越大,接入系数 p 越小,耦合越弱。因此,克拉泼振荡器的频率稳定度得到了提高。但 C_1、C_2 不能过大,假设电感两端的电阻为 R_o(即回路的谐振电阻),则由图 5-9 可知,等效到晶体管 ce 两端的负载电阻 R_L 为

$$R_L = p^2 R_o \approx \left(\frac{C_3}{C_1}\right)^2 R_o \tag{5-36}$$

因此,C_1 过大,负载电阻 R_L 很小,放大器增益就较低,环路增益也就较小,有可能使振荡器停振。振荡器的振荡频率为

$$\omega_1 \approx \omega_0 = \sqrt{\frac{1}{LC}} = \sqrt{\frac{1}{LC_3}} \tag{5-37}$$

反馈系数为

$$K_F = \frac{C_1}{C_3} \tag{5-38}$$

克拉泼振荡器主要用于固定频率或波段范围较窄的场合。这是因为克拉泼振荡器频率的变化是通过调整 C_3 来实现的,由式(5-36)可知,C_3 改变,负载电阻 R_L 将随之改变,放大器的增益也将变化,调频时有可能因环路增益不足而停振;另外,负载电阻 R_L 变化,振荡器输出幅度也变化,导致波段范围内输出振幅变化较大。克拉泼振荡器的频率覆盖系数(最高工作频率与最低工作频率之比)一般只有 1.2～1.3。

2.西勒振荡器

图 5-10 所示的是西勒振荡器的实际电路和交流等效电路。它的主要特点就是,可变电容 C_4 与电感 L 并联。与克拉泼振荡器一样,图中 $C_3 \ll C_1$、$C_3 \ll C_2$,因此晶体管与回路之间耦合较弱,频率稳定度高。与电感 L 并联的可变电容 C_4 是用来改变振荡器的工作波段的,而电容 C_3 起微调频率的作用。

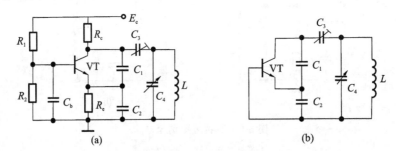

图 5-10　西勒振荡器电路

(a)实际电路;(b)交流等效电路

由图 5-10 可知,回路的总电容为

$$C = \frac{1}{\frac{1}{C_1} + \frac{1}{C_2} + \frac{1}{C_3}} + C_4 \approx C_3 + C_4 \tag{5-39}$$

振荡器的振荡频率为

$$\omega_1 \approx \omega_0 = \sqrt{\frac{1}{LC}} \approx \sqrt{\frac{1}{L(C_3 + C_4)}} \tag{5-40}$$

由于改变频率主要是通过调整 C_4 完成的,C_4 的变化并不影响接入系数 p(由图 5-9 和图 5-10 可知,西勒振荡器的接入系数与克拉泼振荡器的相同)的变化,所以波段内输出幅度较平稳。而由式(5-40)可知,C_4 变化,频率变化较明显,故西勒振荡器的频率覆盖系数较大,可达 1.6～1.8。西勒振荡器适用于较宽波段工作,在实际中用得较多。

【例 5-1】　振荡电路如图 5-11 所示,已知 $C_1 = 100$ pF,$C_2 = 0.0132$ μF,$L_1 = 100$ μH,$L_2 = 300$ μH。(1)画出其交流等效电路;(2)求振荡频率 f_0;(3)求电压反馈系数 K_F;(4)求起振时所必需的最小放大倍数。

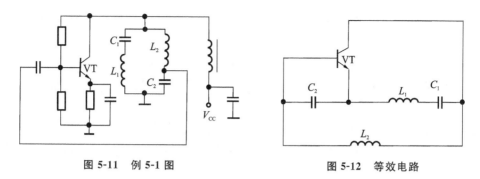

图 5-11　例 5-1 图　　　　　　　图 5-12　等效电路

解　(1)根据交流电路的绘制原则,等效电路如图 5-12 所示,为电容反馈振荡电路。

(2)可知回路总电感为 $L_1 + L_2$,总电容为 $\dfrac{C_1 C_2}{C_1 + C_2}$,可得谐振角频率为

$$\omega_0 = \frac{1}{\sqrt{LC}} = \frac{1}{\sqrt{(L_1 + L_2)\left(\dfrac{C_1 C_2}{C_1 + C_2}\right)}} = 5 \times 10^6 \ \text{rad/s}$$

谐振频率为

$$f_0 = \frac{\omega_0}{2\pi} = 796 \ \text{kHz}$$

(3)电压反馈系数为

$$K_F = \frac{X_{C_2}}{X_1} = \frac{-\dfrac{1}{\omega_0 C_2}}{\omega_0 L_1 - \dfrac{1}{\omega_0 C_1}} = 0.01$$

(4)由起振条件 $A K_F > 1$ 可知,起振时所必需的最小放大倍数为 $A_{\min} = 100$。

5.3.5　单片集成振荡器举例

现以常用电路 E1648 为例介绍集成电路振荡器的组成。单片集成振荡器 E1648 是 ECL 中的规模集成电路,其内部原理图如图 5-13(a)所示。E1648 可以产生正弦波输出,也可以产生方波输出。

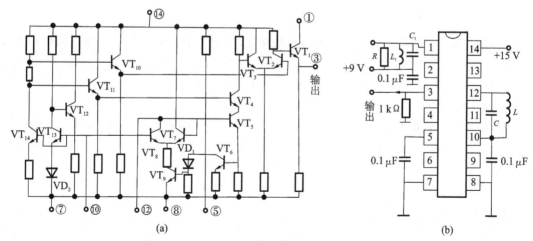

(a)　　　　　　　　　　　　　　　(b)

图 5-13　E1648 内部原理图及构成的正弦波振荡器

(a)E1648 内部原理图;(b)E1648 构成的正弦波振荡器

E1648 采用典型的差分对管振荡电路,该电路由三部分组成:差分对管振荡电路、放大电路和偏置电路。VT_7、VT_8、VT_9 管与 10 脚、12 脚之间外接 LC 回路构成差分对管振荡电路,其中 VT_9 管为可控恒流源。振荡信号由 VT_7 管基极取出,经过两级放大电路和一级射极跟随器后,从 3 脚输出。第一级放大电路由 VT_5 和 VT_4 管组成共射-共基级联放大器,第二级由 VT_3 和 VT_2 组成单端输入、单端输出的差分放大器,VT_1 作射极跟随器。偏置电路由 $VT_{10} \sim VT_{14}$ 管组成,其中 VT_{11} 与 VT_{10} 管分别为两级放大电路提供偏置电压,$VT_{12} \sim VT_{14}$ 管为差分对管振荡电路提供偏置电压。VT_{12} 与 VT_{13} 管组成互补稳定电路,稳定 VT_8 基极电位。

图 5-13(b)所示的为集成电路 E1648 加上少量外围元件构成的正弦波振荡器。

E1648 输出正弦电压时的典型参数:最高振荡频率为 225 MHz,电源电压为 5 V,功耗为 150 mW,振荡回路输出峰峰值电压为 500 mV。

E1648 单片集成振荡器的振荡频率是由 10 脚和 12 脚之间的外接振荡电路的 L、C 值决定的,并与两脚之间的输入电容 C_i 有关,其表达式为

$$f = \frac{1}{2\pi \sqrt{L(C+C_i)}}$$

改变外接回路元件参数,可以改变 E1648 单片集成振荡器的工作频率。在 5 脚外加一正电压时,可以获得方波输出。

5.4 振荡器的频率稳定度

振荡器的频率稳定是一个十分重要的问题。频率不稳定会带来很多问题,如在通信中所用的振荡器,若频率的不稳定将有可能使所接收部分甚至完全收不到信号,另外还有可能干扰原来正常工作的邻近频道的信号。再如在数字设备中用到的定时器都是以振荡器为信号源的,频率的不稳定会造成定时不稳等。

5.4.1 频率稳定度的定义

振荡器的频率稳定度是指由于外界条件的变化,引起振荡器的实际工作频率偏移标称频率的程度,它是振荡器的一个很重要的指标。我们知道,振荡器一般是作为某种信号源使用的(作为高频加热之类应用的除外),振荡频率的不稳定将有可能使设备和系统的性能恶化。所以提高频率稳定度,对电子设备来说至关重要。

频率稳定度在数量上通常用频率偏差来表示。频率偏差是指振荡器的实际频率和指定频率之间的偏差,它可分为绝对偏差和相对偏差等。设 f_1 为实际工作频率,f_0 为标称频率,则绝对偏差为

$$\Delta f = f_1 - f_0 \tag{5-41}$$

相对偏差为

$$\frac{\Delta f}{f_0} = \frac{f_1 - f_0}{f_0} \tag{5-42}$$

在上述偏差中,除了由于置定和测量不准引起的原因(这一般称为频率准确度)外,还有人

们最关心的是频率随时间变化而变化产生的偏差,通常称为频率稳定度(实际上应称为频率不稳定度)。频率稳定度通常定义为在一定时间间隔内,振荡器频率的相对变化,用 $|\Delta f / f_1|$ 时间间隔表示,这个数值越小,频率稳定度越高。按照时间间隔长短的不同,频率稳定度可分为以下几种。

(1)长期稳定度:一般指一天以上以至几个月的时间间隔内的频率相对变化,通常是由振荡器中元器件老化而引起的。

(2)短期稳定度:一般指一天以内,以小时、分钟或秒计时的时间间隔内频率的相对变化。产生这种频率不稳定的因素有温度、电源电压等。

(3)瞬时稳定度:一般指秒或毫秒时间间隔内的频率相对变化。这种频率变化一般都具有随机性。这种频率不稳定有时也被看成振荡信号附有相位噪声。引起这类频率不稳定的主要因素是振荡器内部的噪声。衡量时常用统计规律表示。

一般说的频率稳定度主要是指短期稳定度,而且,由于引起频率不稳的因素很多,所以笼统说振荡器的频率稳定度多大,是指在各种外界条件下频率变化的最大值。一般短波、超短波发射机的频率稳定度要求达 $10^{-5} \sim 10^{-4}$ 数量级,电视发射台要求频率稳定度为 5×10^{-7},一些军用、大型发射机及精密仪器则要求频率稳定度达 10^{-6} 数量级或更高。

5.4.2 振荡器的稳频原理

由振荡器的工作原理可知,振荡器的振荡频率 ω_1 是由振荡器的相位平衡条件所决定的,因此,可以从相位平衡条件出发来讨论振荡器的频率稳定度。

由式(5-16b),有

$$\varphi_{\text{L}} = -(\varphi_{\text{f}} + \varphi_{\text{F}'})$$

设回路 Q 值较高,由第 2 章的讨论可知,振荡回路在 ω_0 附近的辐角 φ_{L} 可以近似表示为

$$\tan\varphi_{\text{L}} = -\frac{2Q_{\text{L}}(\omega - \omega_0)}{\omega_0}$$

因此,相位平衡条件可以表示为

$$-\frac{2Q_{\text{L}}(\omega_1 - \omega_0)}{\omega_0} = \tan[-(\varphi_{\text{f}} + \varphi_{\text{F}'})] \tag{5-43}$$

式中,ω_1 为振荡频率,

$$\omega_1 = \omega_0 + \frac{\omega_0}{2Q_{\text{L}}}\tan(\varphi_{\text{f}} + \varphi_{\text{F}'}) \tag{5-44}$$

由此可见,振荡频率是 ω_0、Q_{L} 和 $(\varphi_{\text{f}} + \varphi_{\text{F}})$ 的函数,它们的不稳定都会引起振荡频率的不稳定。振荡频率的绝对偏差为

$$\Delta\omega_1 = \frac{\partial \omega_1}{\partial \omega_0}\Delta\omega_0 + \frac{\partial \omega_1}{\partial Q_{\text{L}}}\Delta Q_{\text{L}} + \frac{\partial \omega_1}{\partial(\varphi_{\text{f}} + \varphi_{\text{F}'})}\Delta(\varphi_{\text{f}} + \varphi_{\text{F}'}) \tag{5-45}$$

考虑到 Q_{L} 值较高,即 $\partial \omega_1 / \partial \omega_0 \approx 1$,有

$$\Delta\omega_1 \approx \Delta\omega_0 + \frac{\omega_0}{2Q_{\text{L}}\cos^2(\varphi_{\text{f}} + \varphi_{\text{F}'})}\Delta(\varphi_{\text{f}} + \varphi_{\text{F}'}) - \frac{\omega_0}{2Q_{\text{L}}^2}\tan(\varphi_{\text{f}} + \varphi_{\text{F}'})\Delta Q_{\text{L}} \tag{5-46}$$

式(5-46)反映了振荡器的不稳定因素,可用图 5-14 表示。下面对各因素的影响加以说明。

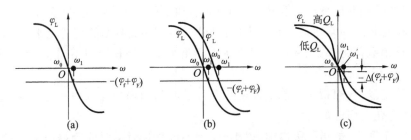

图 5-14 从相位平衡条件看振荡频率的变化

(a)相位平衡条件；(b)ω_0 的变化；(c)$\varphi_f + \varphi_{F'}$、Q_L 的变化

1. 回路谐振频率 ω_0 的影响

ω_0 由构成回路的电感 L 和电容 C 决定，它不但要考虑回路的线圈电感、调谐电容和反馈电路元件，还应考虑回路上的其他电抗，如晶体管的极间电容、后级负载电容(或电感)等。设回路电感和电容的总变化量分别为 ΔL、ΔC，则由 $\omega_0 = 1/\sqrt{LC}$ 可得

$$\frac{\Delta \omega_0}{\omega_0} = -\frac{1}{2}\left(\frac{\Delta L}{L} + \frac{\Delta C}{C}\right) \tag{5-47}$$

由此可见，回路元件 L 和 C 的稳定度将影响振荡器的频率稳定度。

2. $\varphi_f + \varphi_{F'}$、Q_L 的影响

由式(5-46)的第二项、第三项可以看出：频率稳定度取决于 $\Delta(\varphi_f + \varphi_{F'})$ 和 $\Delta \varphi_L$，其中 $\Delta(\varphi_f + \varphi_{F'})$ 主要取决于晶体管内部的状态，受晶体管基极和集电极电流变化的影响，$\Delta \varphi_L$ 通常由负载变化引起；另外，$\varphi_f + \varphi_{F'}$ 的绝对值越小，频率稳定度越高。通常振荡器的工作频率越高，φ_f 的绝对值也越大。$\varphi_{F'}$ 主要是由基极输入电阻引起的，输入电阻对回路的加载越重，反馈系数 F' 越大，$\varphi_{F'}$ 的值也越大。此外，回路的 Q_L 越大，频率稳定度就越高，这是提高振荡器频率稳定度的一项重要措施。但是，当回路线圈的无载 Q_0 值一定时，提高 Q_L，就意味着负载对回路的加载要轻，回路的效率要下降。在稳定度要求高的振荡器中，只是很小一部分功率送给了负载，振荡器的总效率是很低的。

5.4.3 振荡器的稳频措施

凡是影响固有频率 ω_0、回路品质因数 Q_L 和放大器相移($\varphi_f + \varphi_F$)的因素都是振荡器频率不稳定的原因。这些因素包括温度变化、电源波动、负载变化、机械振动、湿度变化，以及外界电磁波的变化等，因此对于振荡器主要包含以下稳频措施。

1. 提高振荡回路的标准性

振荡回路的标准性是指回路电感和电容的标准性。显然，LC 如有变化，必然引起振荡频率的变化。影响 L 与 C 变化的因素有：元件的机械变形，周围温度变化，湿度、气压的变化等。因此，为了维持 L 与 C 的数值不变化，首先应选取标准性高、不易发生机械变形的元件；其次，应尽量维持振荡器的环境温度恒定，因为当温度变化时，不仅 L 和 C 的数值会发生变化，而且电子器件参数也会变化。因此，高稳定度振荡器可封闭在恒温箱(称为"杜瓦瓶")内，L 和 C 采用温度系数低的材料制成。此外，还可以采用温度补偿法，使 L 与 C 的变化量相互抵消，以维持恒定的振荡频率。

2. 减小晶体管的影响

晶体管极间电容将影响频率稳定度,在设计电路时应尽可能减小晶体管和回路之间的耦合。另外,应选择特征频率 f_T 较高的晶体管,f_T 越高,高频性能越好,可以保证在工作频率范围内均有较高的跨导,电路容易起振;而且 f_T 越高,晶体管内部相移越小。一般可选择 $f_T > (3\sim10)f_{1max}$,f_{1max} 为振荡器的最高工作频率。

此外,晶体管为有源器件时,若它的工作状态(电源电压或周围温度等)有所改变,则晶体管内部参数也将发生变化,即引起振荡频率的变化。为了维持晶体管的参数不变,应采用稳压电源和恒温措施。

3. 提高回路的品质因数

由前面的分析可知,要使相位稳定,回路的相频特性应具有负的斜率,斜率越大,相位越稳定。根据 LC 回路的特性,回路的 Q 值越高,回路的相频特性斜率就越大,即回路的 Q 值越高,相位越稳定。从相位与频率的关系可知,此时的频率也越稳定。

负载电阻并联在回路的两端,会降低回路的品质因数,从而使振荡器的频率稳定度下降。为了减小其影响,应减小负载对回路的耦合,可以在负载与回路之间采取增加射极跟随器等措施。

需要说明的是,电容、电感反馈振荡器,其频率稳定度一般为 10^{-3} 数量级,两种改进型的电容反馈振荡器,由于降低了晶体管和回路之间的耦合,频率稳定度可以达到 10^{-4} 数量级。对于 LC 振荡器,由于受到回路标准性的限制,即使采用一定的稳频措施,其频率稳定度也不会太高。要进一步提高振荡器的频率稳定度,就要采用其他的电路和方法。

另外,为了提高振荡器的频率稳定度,制作电路时应将振荡电路安置在远离热源的位置,以减小温度对振荡器的影响;为了防止回路参数受寄生电容及周围电磁场的影响,可以将振荡器屏蔽起来,以提高其频率稳定度。

5.5　LC 振荡器的设计方法

振荡器实际上是一个具有反馈的非线性系统,精确计算是很困难的,也是不必要的。振荡器的设计通常要进行一些设计考虑和近似估算,选择合理的线路和工作点,确定元件的数值,而工作状态和元件的准确数值需要在调试、调整中最后确定。设计 LC 振荡器时需要考虑以下几点。

1. 选择合适的振荡电路

LC 振荡器一般工作在几百千赫兹至几百兆赫兹范围。振荡器线路主要根据工作的频率范围及波段宽度来选择。在短波范围内,电感反馈振荡器、电容反馈振荡器都可以采用。在中、短波收音机中,为了简化电路,常用变压器反馈振荡器做本地振荡器。要求波段范围较宽的信号产生器,常采用电感反馈振荡器。短波、超短波波段的通信设备,常采用电容反馈振荡器。当频率稳定度要求较高、波段范围又不很宽的场合,常用克拉泼振荡器、西勒振荡器。而西勒振荡器由于调节频率方便,有一定的波段工作范围,用得较多。

2. 选择合适的晶体管

从稳频的角度出发,应选择 f_T 较高的晶体管,这样晶体管内部相移较小。通常选择 $f_T > (3\sim10)f_{1max}$。同时希望电流放大系数 β 大些,这既容易振荡,也便于减小晶体管和回路之间的耦合。虽然不要求振荡器中的晶体管输出多大功率,但考虑到稳频等因素,晶体管的额定功率也应有足够的余量。

3.选择合适的直流馈电线路

为了保证振荡器起振的振幅条件,起始工作点应设置在线性放大区;从稳频出发,稳定状态应在截止区,而不应在饱和区,否则回路的有载品质因数 Q_L 将下降。所以,通常应将晶体管的静态偏置点设置在小电流区,电路应采用自偏压结构。对于小功率晶体管,集电极静态电流为 $1\sim4$ mA。

4.选择合适的振荡回路

从稳频出发,振荡回路中电容 C 应尽可能大,但 C 过大,不利于波段工作;电感 L 也应尽可能大,但 L 越大,体积越大,分布电容越大,L 越小,回路的品质因数越小,因此应合理地选择回路的 C、L。在短波范围,C 一般取几十皮法至几百皮法,L 一般取 0.1 微亨至几十微亨。

5.选择合适的反馈回路

由前述可知,为了保证振荡器有一定的稳定振幅以及容易起振,在静态工作点通常应选择

$$Y_f R_L F' = 3\sim5 \tag{5-48}$$

在静态工作点确定后,Y_f 的值就一定,对于小功率晶体管可以近似为

$$Y_f = g_m = \frac{I_{cQ}}{26\ \text{mV}}$$

反馈系数的大小应在下列范围选择:

$$K_F = 0.1\sim0.5 \tag{5-49}$$

按上述方法选择参数 R_L、K_F 时,显然不能预期稳定状态时的电压、电流,只能保证在合理的状态下产生振荡。

5.6 石英晶体振荡器

在 LC 振荡器中,尽管采取了各种稳频措施,但是理论分析和实践都表明,它的频率稳定度很难突破 10^{-3} 数量级。其根本原因在于 LC 谐振回路的参数性能不理想,例如 Q 值不能太高。而石英晶体振荡器是利用石英晶体谐振器作滤波元件构成的振荡器,其振荡频率由石英晶体谐振器决定。与 LC 谐振回路相比,石英晶体谐振器有很高的标准性和极高的品质因数,因此石英晶体振荡器有较高的频率稳定度,采用高精度和稳频措施后,石英晶体振荡器可以达到 $10^{-9}\sim10^{-4}$ 的频率稳定度,所以获得了广泛应用。

5.6.1 石英晶体振荡器频率稳定度

石英晶体振荡器之所以能获得很高的频率稳定度,由第 2 章可知,是由于石英晶体谐振器与一般的谐振回路相比具有优良的特性,具体表现如下。

(1)石英晶体谐振器具有很高的标准性。石英晶体振荡器的振荡频率主要由石英晶体谐振器的谐振频率决定。石英晶体的串联谐振频率 f_q 主要取决于晶片的尺寸,石英晶体的物理性能和化学性能都十分稳定,它的尺寸受外界条件如温度、湿度等影响很小,因而其等效电路的 L_q、C_q 值很稳定,使得 f_q 很稳定。

（2）石英晶体谐振器与有源器件的接入系数 p 很小，一般为 $10^{-4} \sim 10^{-3}$。这大大减小了有源器件的极间电容等参数和外电路中不稳定因素对石英晶体振荡器的影响。

（3）石英晶体谐振器具有非常高的 Q 值。Q 值一般为 $10^4 \sim 10^6$，与 Q 值仅为几百数量级的普通 LC 回路相比，其 Q 值极高，维持振荡频率稳定不变的能力极强。

5.6.2 石英晶体振荡器电路

由石英谐振器构成的振荡电路通常称为石英晶体振荡器电路。石英晶体振荡器的类型很多，但根据晶体在电路中的作用，可以将晶体振荡器归为两大类：并联型石英晶体振荡器和串联型石英晶体振荡器。在并联型石英晶体振荡器中，石英晶体作为三端式电路中的回路电感使用，它和其他电抗元件的组成决定频率的并联谐振回路与晶体管相连；在串联型石英晶体振荡器中，振荡器工作在邻近石英晶体的串联谐振频率 f_q 处，将石英晶体作为一个高选择性的回路元件，串联在反馈支路中，用来控制反馈系数，即石英晶体起选频短路线的作用。两类电路都可以利用基频晶体或泛音晶体。在电子设备中，广泛采用并联型石英晶体振荡电路。

1. 并联型石英晶体振荡器

并联型石英晶体振荡器由石英晶体与外接电容或电感线圈构成并联谐振回路，按照三端式振荡器连接原则组成振荡器，石英晶体起等效电感的作用。由石英晶体的阻抗频率特性可知，并联型石英晶体振荡器的振荡频率在石英晶体谐振器的 f_q 与 f_p 之间。图 5-15 示出了一种典型的石英晶体振荡电路，当振荡器的振荡频率在石英晶体的串联谐振频率 f_q 和并联谐振频率 f_p 之间时，石英晶体呈感性，该电路满足三端式振荡器的组成原则，而且该电路与电容反馈的振荡器对应，通常称为皮尔斯（Pierce）振荡器。C_e 为旁路电容，石英晶体相当于电感，C_3 起到微调振荡器频率的作用，同时也起到减小晶体管和石英晶体之间的耦合作用。C_1、C_2 既是回路的一部分，也是反馈电路。

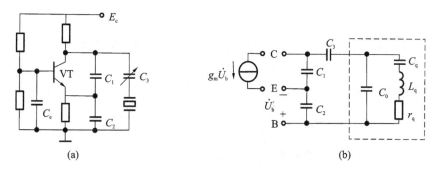

图 5-15 并联型晶体振荡器电路

（a）皮尔斯电路；（b）谐振回路交流等效电路

皮尔斯振荡器的工作频率由 C_1、C_2、C_3 及晶体构成的回路决定，即由石英晶体电抗 X_e 与外部电容相等的条件决定，设外部电容为 C_L，则

$$X_e - \frac{1}{\omega_1 C_L} = 0 \tag{5-50}$$

由图 5-15 有

$$\frac{1}{C_L} = \frac{1}{C_1} + \frac{1}{C_2} + \frac{1}{C_3} \tag{5-51}$$

式(5-50)可用图 5-14 表示。图中有两个交点,靠近石英晶体串联频率 ω_q 附近的 ω_1 是稳定工作点。当 ω_1 靠近 ω_q 时,由图 5-16 可知,电抗 X_e 与忽略晶体损耗时的石英晶体电抗很接近,因此振荡频率 f_1 等于包括并联电容 C_L 在内的并联谐振频率。因为 C_L 实际与石英晶体静电容并联,所以只要引入一等效接入系数 p',即

$$p' = \frac{C_q}{C_L + C_o + C_q} \approx \frac{C_q}{C_L + C_o} \tag{5-52}$$

由前面并联谐振频率公式可得

$$f_1 = f_q\left(1 + \frac{p'}{2}\right) \tag{5-53}$$

由式(5-53)可见,改变 C_L,可以微调振荡频率。电路中 $C_3 \ll C_1$、$C_3 \ll C_2$,C_L 主要由 C_3 决定,实际电路中使用与晶体串一小电容 C_3 来微调振荡频率。通常,石英晶体制造厂家为了便利用户,对用于并联型电路的石英晶体,规定一标准的负载电容 C_L,可以将振荡频率调整到石英晶体标称频率上。在几兆赫兹至几十兆赫兹范围内,C_L 一般规定为 30 pF。

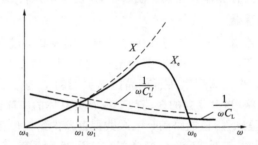

图 5-16　并联型石英晶体振荡器稳频原理

反馈系数 K_F 为

$$|K_F| = \frac{C_1}{C_2} \tag{5-54}$$

由于晶体的品质因数 Q_q 很高,故其并联谐振电阻 R_o 也很高。虽然接入系数 p 较小,但等效到晶体管 C_E 两端的阻抗 R_L 仍较高,因此放大器的增益较高,电路很容易满足振幅起振的条件。图 5-17 所示的是并联型石英晶体振荡器的实际线路,其适宜的工作频率范围为 0.85～15 MHz。

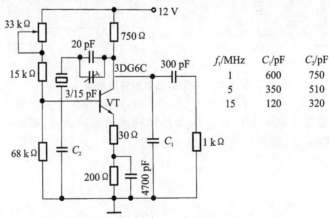

f_1/MHz	C_1/pF	C_2/pF
1	600	750
5	350	510
15	120	320

图 5-17　并联型石英晶体振荡器的实用线路

图 5-18 所示的是另一种并联型石英晶体振荡器电路,该电路石英晶体接在基极和发射极之间,只要石英晶体呈现感性,LC_1 回路呈现感性,该电路即满足三端式振荡器的组成原则,且电路类似于电感反馈的振荡器,又称为密勒振荡器。由于石英晶体与晶体管的低输入阻抗并联,降低了有载品质因数 Q_L,故密勒振荡器的频率稳定度较低。

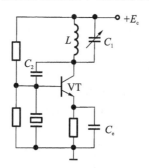

图 5-18　密勒振荡器

2. 串联型石英晶体振荡器

串联型石英晶体振荡器的特点是,石英晶体工作在串联谐振频率上,并作为交流短路元件串联在反馈电路中。图 5-19 所示的为一串联型石英晶体振荡器的实际线路和等效电路,L 是谐振回路线圈,石英晶体、电容 C_1 和 C_2 组成反馈网络。当回路的谐振频率等于石英晶体的串联谐振频率时,石英晶体的阻抗最小,近似为一短路线路,此时的电路为一电容反馈振荡器,且电路满足相位条件和振幅条件,故能正常工作;当回路的谐振频率距串联谐振频率较远时,石英晶体的阻抗增大,使反馈减弱,使电路不能满足振幅条件,电路不能工作。串联型石英晶体振荡器的工作频率等于石英晶体的串联谐振频率,不需要外加负载电容 C_L,通常这种石英晶体标明其负载电容为无穷大,在实际制作中,若 f_q 有小的误差,则可以通过回路调谐来微调。

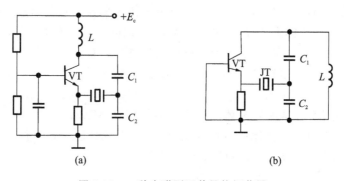

图 5-19　一种串联型石英晶体振荡器

(a)实际线路;(b)等效电路

由上述分析可知,串联型石英晶体振荡器输出信号的频率的估算值就是石英晶体的串联谐振频率 f_q。但是,也不能说 C_1、C_2 和 L 的参数可以为任何值。实际上,如果 $\dfrac{1}{2\pi\sqrt{L\dfrac{C_1 C_2}{C_1+C_2}}}$

与 f_q 之间的偏差太大,则这个振荡器不能起振。所以应该合理地选择 C_1、C_2 和 L 的值,尽量

使得 $\dfrac{1}{2\pi\sqrt{L\dfrac{C_1 C_2}{C_1+C_2}}}$ 与 f_q 相等。

串联型石英晶体振荡器的调试步骤如下。

(1)先短路石英晶体,构成电容反馈振荡电路;

(2)测量振荡频率并调整频率,使频率比 f_q 略低;

(3)拆除短路,串入石英晶体。一般情况下即可在 f_q 上振荡,成为串联型石英晶体振荡器。

串联型石英晶体振荡器能适应高次泛音工作,这是由于石英晶体只起到控制频率的作用,对回路没有影响。只要电路能正常工作,输出幅度就不受石英晶体控制。

【例 5-2】 一石英晶体振荡器的电路如图 5-20 所示。试求:(1)画出交流等效电路,并指出是何种类型的石英晶体振荡器。(2)该电路的振荡频率是多少? (3)石英晶体在电路中的作用。(4)该晶振有何特点?

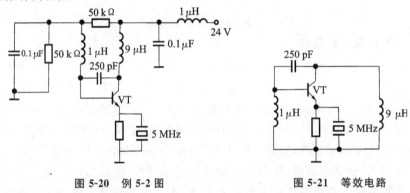

图 5-20 例 5-2 图　　　　　　图 5-21 等效电路

分析:画出交流等效电路后,看石英晶体是谐振回路的一部分还是反馈网络的一部分。如果石英晶体是谐振回路的一部分,则为并联型石英晶体振荡器,石英晶体起等效电感的作用;如果石英晶体是反馈网络的一部分,则为串联型石英晶体振荡器,石英晶体起选频短路线的作用。对于石英晶体振荡器电路,其工作频率可以认为是石英晶体的标称频率。

解 (1)根据交流等效电路的绘制原则,等效电路如图 5-21 所示。该电路是串联型石英晶体振荡器。

(2)该电路的振荡频率为石英晶体的标称频率,即为 5 MHz。

(3)该电路是串联型石英晶体振荡器,在电路中,石英晶体起选频短路线的作用。

(4)该晶振的特点是频率稳定度很高。

3. 泛音晶体振荡器

石英晶体的基频越高,石英晶体的厚度越薄,加工越困难,且易碎。因此,当要求更高频率的工作时,可以令石英晶体工作于它的泛音频率上,构成泛音石英晶体振荡器。

由于皮尔斯振荡器的频率稳定度比密勒振荡器的高,故实际应用的石英晶体振荡器大多为皮尔斯振荡器。图 5-22 给出了一种应用泛音石英晶体构成的皮尔斯振荡器电路。图中 L、C_1 构成的并联谐振回路用于破坏基频和低次泛音的相位条件,使振荡器工作在设定的泛音频率上。如电路需要工作在 5 次泛音频率上,应使 L、C_1 构成的并联回路的谐振频率低于 5 次泛音频率,但高于所要抑制的 3 次泛音频率,这样对低于工作频率的低泛音频率来说,L、C_1 并联回路呈现感性,不能满足三端式振荡器的组成原则,电路不能振荡;但工作在所需的 5 次泛音上时,L、C_1 并联回路就呈现容性,满足三端式的组成原则,电路能工作。需要注意的是,并联型石英晶体振荡器工作的泛音不能太高,一般为 3、5、7 次。高次泛音振荡时,由于接入系数的下降,等效到晶体管输出端的负载电阻将下降,使放大器增益减小,振荡器停振。

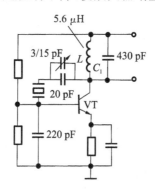

图 5-22　泛音晶体皮尔斯振荡器

4. 注意事项

使用石英晶体谐振器应注意以下几点。

(1)石英晶体谐振器的标称频率都是在出厂前在石英晶体谐振器上并接一定负载电容条件下测定的,实际使用时也必须外加负载电容,并经微调后才能获得标称频率。为了保持晶振的高稳定度,负载电容应采用精度较高的微调电容。

(2)石英晶体谐振器的激励电平应在规定范围内。过高的激励功率会使石英晶体谐振器内部温度升高,使石英晶片的老化效应和频率漂移增大,严重时还会使晶片因机械振动过大而损坏。

(3)在并联型石英晶体振荡器中,石英晶体起等效电感的作用,若作为容抗,则在石英晶片失效时,石英晶体谐振器的支架电容还存在,线路仍可能满足振荡条件而振荡,但石英晶体谐振器失去了稳频作用。

(4)石英晶体振荡器中一块石英晶体只能稳定一个频率,当要求在波段中得到可选择的许多频率时,就要采取别的电路措施,如频率合成器,它用一块石英晶体就可得到许多稳定频率,频率合成器的有关内容将在后面章节介绍。

5.6.3　高稳定石英晶体振荡器

前面介绍的并联型、串联型石英晶体振荡器的频率稳定度一般可达 10^{-5} 数量级,若要得到更高稳定度的信号,则需要在一般石英晶体振荡器基础上采取专门措施来制作。

影响石英晶体振荡器频率稳定度的因素仍然是温度、电源电压和负载变化,其中最主要的还是温度的影响。

为了减小温度变化对石英晶体频率及振荡频率的影响,可以使用以下两种方法。

(1)使用温度系数低的石英晶体晶片,目前在几兆赫兹至几十兆赫兹范围内广泛采用 AT 切片,其温度特性如图 5-23 所示。由图 5-23 可见,在 $-20 \sim 70 \ ℃$ 的正常工作温度范围内,相对频率变化小于 5×10^{-6};并且在 $50 \sim 55 \ ℃$ 的温度范围内有接近于零的温度系数(此处有一拐点,约在 52 ℃处)。

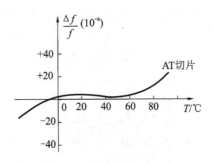

图 5-23　AT 切片的频率温度特性

（2）保持石英晶体及有关电路在恒定温度环境中工作,即采用恒温装置,恒温温度最好在石英晶片的拐点温度处,温度控制得越精确,稳定度越高。石英晶体振荡器有温度补偿石英晶体振荡器和恒温石英晶体振荡器等两种。

在频率稳定度要求不十分高而又希望电路简单、体积小、耗电小的场合,常采用温度补偿石英晶体振荡器,如图 5-24 所示。图中 R_T 为温敏电阻,当环境温度改变时,由于石英晶体的频率随温度变化而变化,所以振荡器频率也随温度变化而变化,温度改变时,温敏电阻改变,加在变容管上的偏置电压也改变,从而使变容管电容变化,以补偿石英晶体频率的变化,因此整个振荡器频率随温度的变化很小,从而得到较高的频率稳定度。需要说明的是,要在整个工作温度范围内实现温度补偿,其补偿电路是很复杂的。温度补偿石英晶体振荡器的频率稳定度可达 $10^{-6} \sim 10^{-5}$。

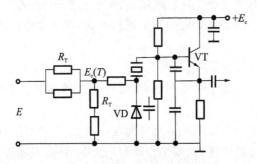

图 5-24　温度补偿晶振的原理线路

图 5-25 所示的是一种恒温石英晶体振荡器的组成框图。它由两大部分组成:石英晶体振荡器和恒温控制电路。图中虚线框内表示恒温槽,它是绝热的小容器,石英晶体安放在此槽内。恒温的原理为:槽内的感温电阻(如温敏电阻)作为电桥的一臂,当温度等于所需某一温度(拐点温度)时,电桥输出直流电压,经放大后,将电阻加热,以维持平衡温度;当环境温度变化而使恒温槽温度偏离原来温度时,通过感温电阻的变化而改变加热电阻的电流,从而减小恒温槽的变化。图中的自动增益控制(AGC)起到振幅稳定的作用,同时,由于振荡器振幅稳定,晶体的激励电平不变,也使得晶体的频率稳定。目前,恒温石英晶体振荡器已制成标准部件来供用户使用。恒温石英晶体振荡器的频率稳定度可达 $10^{-9} \sim 10^{-7}$。

恒温石英晶体振荡器频率稳定度虽高,但存在电路复杂、体积大、重量重等缺点,应用上受到一定限制。

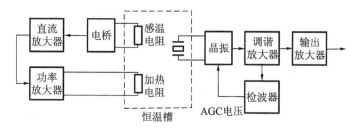

图 5-25 恒温石英晶体振荡器的组成

5.7 负阻振荡器

前面已经指出,从能量平衡的角度来看,只要能够抵消振荡回路中的损耗,就可以使振荡维持下去。本节所要讨论的负阻振荡器就是根据能量平衡的原理,利用负阻器件抵消回路中的正阻损耗来产生自激振荡的。

5.7.1 负阻器件的基本特性

常见的电阻,不论线性电阻还是非线性电阻,都属于正电阻。其特征是流过电阻的电流越大,其电阻两端的电压降也越大,消耗的功率也越大。而负电阻是指流过电阻的电流越大,电阻两端的电压降越小,电流、电压增量的方向相反,二者的乘积为负值。

具有负阻特性的电子器件可以分为两类,它们的伏安特性分别如图 5-26(a)和(b)所示。图 5-26(a)所示的曲线形状呈"N"形,图 5-26(b)所示的曲线形状呈"S"形,但都有一个共同的特点:图中的 AB 段间的斜率是负的,即器件在该区间工作时,呈现负阻特性。不同点在于,图 5-26(a)所示曲线呈现的负阻区间需要电压进行控制,其电流为电压的单值函数,因此称为电压控制型负阻器件;图 5-26(b)所示曲线呈现的负阻区间是由电流控制的,其电压为电流的单值函数,因此称为电流控制型负阻器件。

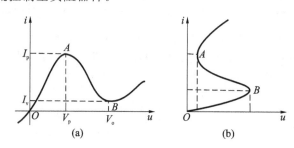

图 5-26 负阻器件的伏安特性

(a)N 形伏安特性;(b)S 形伏安特性

5.7.2 负阻振荡原理

我们知道,LC 振荡器的基本原理就是,利用电容器存储电能、电感器存储磁能的特性进行电磁转换,形成电磁振荡。一般来说,电容 C 不消耗能量,但电感 L 有损耗,LC 在电磁转换过程中将消耗一定的能量,形成减幅振荡,且振荡的幅度越来越小,最后停振。为了保持不停地振荡,可利用正反馈不断地补充能量,以形成等幅振荡,即形成反馈型振荡器。另外,也可以采用负阻来补充能量,以形成负阻型振荡器。

对于 LC 回路而言,损耗可以用并联谐振电阻 R_0 表示,在回路的两端并联一负电阻($-R_0$),如图 5-27 所示。由电路知识可知,回路总的阻抗为 $+\infty$,意味着在高频一周内,电阻 R_0 消耗的能量完全由负电阻($-R_0$)提供,LC 振荡器将形成等幅振荡,一直持续下去。

负阻器件的交流电阻是负值,但其直流电阻是正值,这就说明,负阻器件起着从直流电源中获取能量的作用。负阻器件向外电路提供交流功率,同时它也要消耗直流功率,也就是说,为了从负阻获得交流功率,就必须给予它适当的直流偏置,负阻器件直流功率由直流电源提供。直流功率的一部分转化为交流功率,即负阻器件向外电路提供交流输出功率;另一部分则为器件所消耗。因此,具有负阻特性的器件并不能自动地产生交流功率。利用负阻器件组成振荡电路,使它能够从直流电源中得到能量,再借助于动态电阻的作用将直流能量变换为交流功率,这就是负阻振荡器的基本原理。

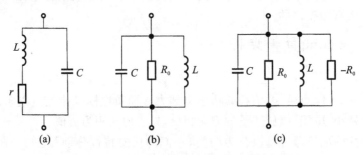

图 5-27 负阻型振荡器原理电路图

(a)LC 回路;(b)LC 回路等效电路;(c)负阻型振荡器原理

5.7.3 负阻振荡器电路

在介绍负阻振荡器电路之前,先来讨论负阻器件。

电压控制型负阻器件常见的是隧道二极管,其图形符号和等效电路分别如图 5-28(a)、(b)所示。隧道二极管和普通二极管一样,由一个 PN 结组成。PN 结有两大特点:①结的厚度小;②P 区和 N 区的杂质浓度都很大。隧道二极管具有频率高,对输入响应快,能在高温条件下工作,并且可靠性高、耗散功率小、噪声较低。

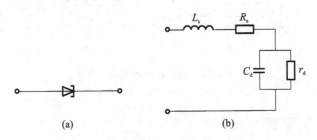

图 5-28 隧道二极管图形符号及其等效电路

(a)隧道二极管的图形符号;(b)隧道二极管的等效电路

电流控制型负阻器件常见的是单结晶体管,图 5-29(a)、(b)所示的是其图形符号和等效电路图。单结晶体管虽是一个三端器件,但其工作原理和双极晶体管完全不同。器件的输入端也叫发射极,在输入电压到达某一值时,输入端的阻值迅速下降,呈现负阻特性。单结晶体管(也叫双基极二极管)由一块轻掺杂的 N 型硅棒和一小片重掺杂的 P 型材料连接而成。P型发射极和 N 型硅棒间形成一个 PN 结,在等效电路中用一个二极管表示。

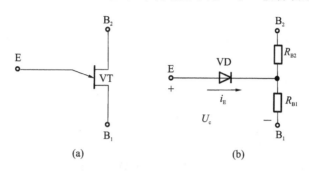

图 5-29　单结晶体管图形符号及其等效电路

(a)单结晶体管的图形符号;(b)单结晶体管的等效电路

负阻振荡器具有结构紧凑、可靠性高等优点。随着半导体器件的迅速发展,负阻振荡器已广泛应用于微波接力通信、卫星通信、雷达、遥控、遥测和微波测试仪表等许多领域。

要使负阻振荡能够建立并达到平衡,必须具备以下几个必要的条件。

(1)建立适当的静态工作点,使负阻器件工作于负阻特性的区段,这是靠正确地设置偏置电路和负载特性来实现的。

(2)必须在负阻器件上作用有交流信号,这样才有可能把从直流电源中吸取的直流能量借助于动态负阻的作用,变换成交流能量,以补充振荡回路中能量的消耗。

(3)为了使振幅保持稳定的平衡,负阻器件与振荡电路必须正确连接,以便当振幅增大(负阻器件提供的能量超过回路的消耗)时,与振荡回路相串联的负阻能自动地减小,或与振荡回路相并联的负阻能自动地增大。

谐振回路和负阻器件有两种连接形式:一种是 L、C 和负阻器件串联;另一种是 L、C 和负阻器件并联,如图 5-30 所示。图 5-30 中,r 表示 LC 回路的损耗。电压控制型负阻振荡电路,要求负阻器件两端的电压具有恒压特性,以保证器件的负阻特性。因此,构成负阻振荡器时应采用并联形式,电流控制型负阻振荡电路应采用串联形式。

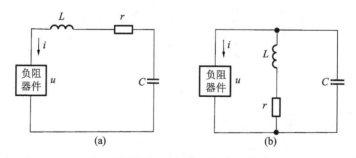

图 5-30　负阻器件与谐振回路的连接方式

(a)串联连接;(b)并联连接

隧道二极管负阻振荡器的实际电路如图 5-31(a)所示,等效电路如图 5-31(b)所示。该电路的振荡频率为

$$f = \frac{1}{2\pi}\sqrt{\frac{1}{L(C+C_d)} - \frac{r^2}{L}} \tag{5-55}$$

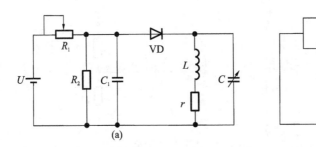

图 5-31 隧道二极管负阻振荡器

(a)实际电路;(b)等效电路

隧道二极管振荡电路虽然很简单,但应用于微波波段时,选择合适的电路结构非常重要。常用谐振腔或带状线作为其谐振回路。它的优点是工作频率最高可达几千兆赫兹,体积小,耗电量低;它的缺点是,输出功率低。近年来,随着微波振荡技术方面其他新型负阻器件的出现,克服了这一缺点,使得负阻振荡器的应用更为广泛。

单结晶体管负阻振荡器的实际电路如图 5-32 所示。该电路的振荡频率为

$$f_0 = \frac{1}{RC\ln\dfrac{1}{1-\eta}} \tag{5-56}$$

式中,$\eta = \dfrac{R_{B1}}{R_{B1}+R_{B2}}$,$R_{B1}$、$R_{B2}$ 为单结晶体管的基极电阻,如图 5-29(b)所示。需要说明的是,为了保证单结晶体管的有效关断和电路正常工作,R 不能太小。

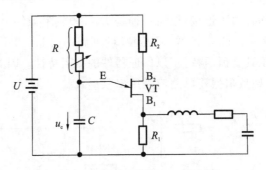

图 5-32 单结晶体管负阻振荡器

5.8 几种特殊的振荡现象

在 LC 振荡器中,有时候会出现一些特殊现象,如间歇振荡、频率拖曳、频率占据,以及振荡器或高频放大器中的寄生振荡。大多数情况下,这些现象是应该避免的。但是在某些情况下,也可以利用它们来完成一些特殊的电路功能。本节分别介绍几种特殊的振荡现象。

5.8.1　间歇振荡

LC 振荡器在建立振荡的过程中,有两个互有联系的暂态过程:一个是回路上高频振荡的建立过程;另一个是偏压的建立过程。回路有储能作用,要建立稳定的振荡,需要有一定的时间。回路的有载 Q 值越低,K_0F 值越大于 1,则振荡建立得越快。由于偏压电路的稳幅作用,上述过程也受偏压变化的影响。偏压的建立,主要由偏压电路的电阻、电容决定(偏压由 i_b、i_c 对电阻、电容充放电而产生),同时也取决于基极激励的强弱。当这两个暂态过程能协调一致进行时,高频振荡和偏压就能趋于一致稳定,从而得到振幅稳定的振荡。当高频振荡建立较快,而偏压电路由于常数过大而变化过慢时,就会产生间歇振荡。图 5-33 所示的是产生间歇振荡时 U_b 和偏压 E_b 的波形。在 $t=0$ 时,由于 K_0F 值很大,振荡电压 U_b 迅速增加,此时因 R_bC_b 或 R_cC_c 值过大,偏压 E_b 开始变化不大。U_b 增加的结果是,晶体管很快工作到截止状态(θ $<180°$),或工作到饱和状态。由于非线性作用,放大量 K_0 下降,使 $K_0F=1$,振荡电压 U_b 开始趋于稳定。随后偏压 E_b 继续变负(它的变化比 U_b 变化要晚一些)。在 $t=t_1$ 至 $t=t_2$ 时间内,振荡器处于平衡状态。由于 E_b 是变化的,故平衡时的 U_b 仍稍有下降。至 $t=t_2$ 时,由于 U_b 的减小导致 K_0 的下降(在 C 类欠压状态,U_b 的下降会使 K_0 下降),使 $K_0F<1$,即不满足振幅平衡条件,于是振荡振幅迅速衰减到零。在此过程中,由于 E_b 的变化跟不上 U_b 的变化,不会出现 $K_0F=$ 1。再经过一段时间,偏压 E_b 恢复到起振时电压,又重复上述过程,形成间歇振荡。

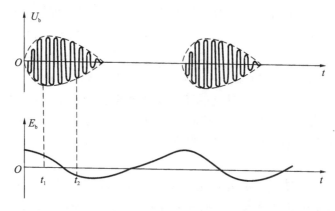

图 5-33　间歇振荡时 U_b 与 E_b 的波形

若偏压电路时间常数(R_bC_b、R_cC_c)不是很大,在 U_b 衰减的过程中仍能维持 $K_0F=1$,就会产生持续的振幅起伏振荡,这也是间歇振荡的一种形式。

当出现间歇振荡时,通常集电极直流电流很小,回路上的高频电压很大,可以用示波器观察间歇振荡的波形。为了保证振荡器正常工作,应防止间歇振荡,除了起振时 K_0F 不要太大外,主要的方法是适当地选取偏压电路中 C_b、C_c 的值。C_b、C_c 应适当选小些,使偏压 E_b 的变化能跟上 U_b 的变化,其具体数值通常由实验决定。附带说明一点,高 Q 值的石英晶体振荡器,通常不会产生间歇振荡现象。

5.8.2　频率拖曳

前面讨论的 LC 振荡器,都以单振荡回路作为晶体管的负载,其振荡频率基本上等于回路谐振频率。有时以耦合振荡回路作为负载,在一定的条件下会产生所谓的频率拖曳现象。图 5-34(a)所示的是一个互感耦合的变压器反馈振荡器。其中,L_1C_1 是与晶体管直接连接的初级回路,L_2C_2 是与它耦合的次级回路。图 5-34(b)所示的是耦合回路的等效电路。

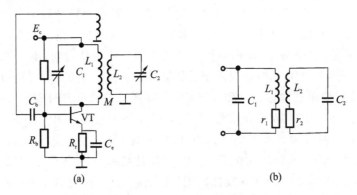

图 5-34 变压器反馈振荡器

(a)实际电路;(b)耦合回路的等效电路

由第 2 章耦合回路的分析可知,当次级回路为高 Q 电路且两回路为紧耦合($k>k_0$)时,初级两端的并联阻抗 Z_L 具有双峰波性质,而其辐角 φ_L 的频率特性上有三个零值点,也可以说,有三个谐振频率 ω_I、ω_{II}、ω_{III},如图 5-35 所示。这三个谐振频率既取决于初级、次级本身的谐振频率 ω_{01}、ω_{02},也取决于两回路间的耦合系数 k。从振荡器的原理可知,若 ω_I、ω_{II} 同时满足振荡的相位平衡和相位稳定条件($\varphi_L=0,\partial\varphi_L/\partial\omega<0$),这种振荡器就可以在 ω_I 和 ω_{II} 的一个频率上产生振荡,至于是在 ω_I 还是在 ω_{II} 上振荡,则取决于振幅平衡条件(由于振荡器中固有的非线性作用,即使 ω_I、ω_{II} 都满足振幅条件,一种振荡已建立后将抑制另一种振荡的建立,因此不会产生两个频率的同时振荡)。当耦合系数 k 和初级谐振频率 ω_{01} 一定时,ω_I、ω_{II}(实际上是 ω_{2I}、ω_{2II})随次级谐振频率 ω_{02} 变化的关系曲线如图 5-36(a)所示。当 k 和 ω_{02} 固定时,ω_I、ω_{II} 与 ω_{01} 也有相同的曲线。由图 5-36 可以看出以下几点。

(1)ω_{II} 始终大于 ω_I,且有 $\omega_{II}>\omega_{01}$,$\omega_I<\omega_{01}$。

(2)当 ω_{02} 远低于 ω_{01} 时,ω_{02} 对 ω_I 影响较大;当 ω_{02} 远大于 ω_{01} 时,ω_{02} 对 ω_{II} 影响较大。

此外,两回路耦合越紧,k 越大,ω_I 与 ω_{II} 相差越大(当 ω_{01}、ω_{02} 一定时)。

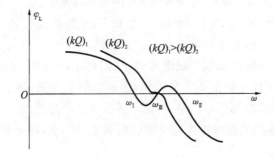

图 5-35 阻抗 Z_L 的辐角 φ_L 的频率特性

频率拖曳现象是指在上述紧耦合回路的振荡器中,当变化一个回路(如次级回路)的谐振频率时,振荡器频率具有非单值的变化。图 5-36(b)就是振荡频率随次级谐振频率 ω_{02} 变化而变化的曲线。振荡频率与一次回路的谐振频率 ω_{01} 之间也有相似的关系曲线。当 ω_{02} 从很低频率增加时,ω_{II} 在频率上满足振幅平衡条件,振荡频率为 ω_{II}。在 $\omega_M<\omega_{02}<\omega_N$ 范围时,虽然在 ω_I 上也能满足振幅平衡条件,但因为原来已在 ω_{II} 上振荡,故将抑制 ω_I 的振荡。当 ω_{02} 增加到 $\omega_{02}>\omega_N$ 时,因 ω_{II} 不再满足振幅平衡条件,而 ω_I 满足振荡条件,所以振荡频率突跳至较低的 ω_I 上,并按 ω_I 的规律变化。以上过程,按图 5-36 所示的 a、b、c、d、e 顺序变化。若 ω_{02} 再从大至小变化,则根据同样的道理,曲线将按图 5-36 所示 e、d、c、b、a 的顺序变化,在 $\omega_{02}=\omega_M$ 时产生向上突跳。这样的频率变化称为频率拖曳现象,并构成一拖曳环。当 ω_{02} 位于 ω_M 与 ω_N 之间,而振荡器开始工作时,振荡器可能在 ω_{II} 工作,也可能在 ω_I 工作,这时的振荡器频率不是唯一确定的,它可能受外部条件的影响而产生频率跳变现象。

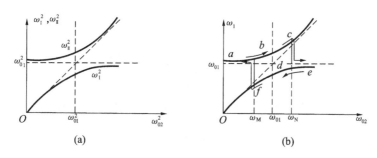

图 5-36　ω_I、ω_{II} 与 ω_{02} 的关系曲线及拖曳环的形成

频率拖曳现象一般应该避免,因为它使振荡器的频率不是单调变化和受回路谐振频率唯一确定。为避免产生频率拖曳现象,应该减小两回路的耦合,或减小次级回路 Q 值。另外,若次级回路频率远离所需的振荡频率范围,也不会产生拖曳现象(振荡频率由 ω_{01} 调节)。但在要求有高效输出的耦合回路振荡器中,拖曳现象通常不能避免,此时应利用以上知识进行调整。在某些微波振荡器(包括一些利用负阻器件的振荡器)中,也可以利用拖曳效应用高 Q 值和高稳定参数的次级回路进行稳频,即让振荡器工作在受 ω_{02} 控制较大的部分(如图 5-36(b)所示的 ω_M 附近的 ω_I 或 ω_N 附近的 ω_{II} 上),这种稳频方法称为牵引稳频,次级回路由稳频腔担任。

5.8.3　频率占据现象

在一般的 LC 振荡器中,若从外部引入一频率为 f_s 的信号,当 f_s 接近振荡器原来的振荡频率 f_1 时,会发生占据现象,表现为当 f_s 接近 f_1 时,振荡器受外加信号影响,振荡频率向接近 f_s 的频率变化;而当 f_s 进一步接近原来的 f_1 时,振荡频率甚至等于外加信号频率 f_s,产生强迫同步。当 f_s 离开原来的 f_1 时,则发生相反的变化。这是因为,当外加信号 $\dot{E}_s$ 频率 f_s 在振荡回路的带宽以内时,外信号的加入会改变振荡器的相位平衡状态,使相位平衡条件在 $f_1'=f_s$ 频率上得到满足,从而发生占据现象。图 5-37(a)所示的为解释占据现象的振荡器线路,其中 $\dot{E}_s$ 为外加信号,现等效到晶体管的基极电路。图 5-37(b)所示的是有占据现象时,振荡频率 f_1' 和信号频率 f_s 之间的频率差与信号频率 f_s 的变化关系。图 5-37(b)所示的 f_A 至 f_B 及 f_C 至 f_D 的范围为开始产生频率牵引的范围,f_B 至 f_C 为占据频率范围,$2\Delta f$ 称为占据带宽。

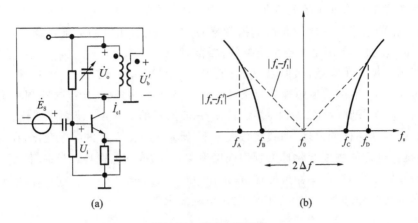

(a)　　　　　　　　　　　　　　(b)

图 5-37　频率占据现象

(a)振荡器线路;(b)频率关系

下面用相量图来分析占据过程。为了简单起见,设无外加信号时的振荡频率 f_1 等于回路谐振频率 f_0,这表示在图 5-37(a)所示的电压、电流($\dot{U}_i$、$\dot{I}_{c1}$、$\dot{U}_o$)及反馈电压 $\dot{U}'_b$ 都同相。现加入 $\dot{E}_S$ 信号,其频率 f_s 处于占据带,并以 $\dot{E}_S$ 作为参考,可以作出振荡器的电压、电流相量图,如图 5-38 所示。

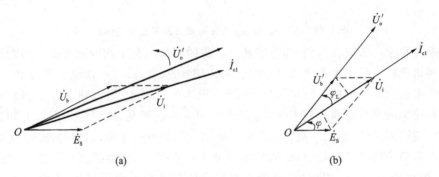

(a)　　　　　　　　　　　　　　(b)

图 5-38　说明频率占据过程的瞬时电压相量图

(a)f_s 小于 f_1;(b)频率占据时的相量

设信号频率 f_s 小于 f_1,若以图 5-38(a)所示 $\dot{E}_S$ 作为基准,则其他电压、电流(频率为 f_1)为逆时针旋转的。现在看一个反馈周期中相量的变化。设有 $\dot{E}_S$ 后,基极输入电压为 $\dot{U}_i$,由图 5-38可见,$\dot{U}_i$ 虽然仍为逆时针旋转,但因 $\dot{U}_i=\dot{U}_b+\dot{E}_S$,显然它的转速要慢,这表示其瞬时频率比 f_1 要低。$\dot{I}'_{c1}$ 为新的电压产生的集电极电流,它与 $\dot{U}_i$ 瞬时同相。由于振荡回路有储能作用,回路上新的 $\dot{U}'_o$ 并不立即取决于 $\dot{I}'_{c1}$,但是可以想象它的瞬时相位要逐渐滞后。如果上述 $\dot{E}_S$ 使振荡电压、电流瞬时频率逐渐降低的过程能一直保持到稳定状态,即最后保持与 $\dot{E}_S$ 有固定的相位关系,则表示频率 $f'_1=f_s$,产生频率占据。若振荡频率有所降低,但始终达不到稳定状态(振荡电压仍以 $2\pi(f'_1-f_s)$ 逆时针旋转),这就相当于 f_A 至 f_B 的牵引状态。

出现频率占据时的电流、电压相量图如图 5-38(b)所示。图上 φ_L 为回路阻抗的辐角。因为此时，$f_1'=f_s$，$f_1'<f_1=f_0$，故 φ_L 为正值。φ 为 $\dot{U}_i$ 超前 $\dot{E}_s$ 的相角。由图 5-38（b）可知，有

$$\dot{U}_i=\dot{U}_b'+\dot{E}_s$$

由上式三个相量构成的平行四边形关系，可得

$$\dot{U}_b\sin|\varphi_L|=E_s\sin|\varphi| \tag{5-57}$$

这表明，在占据时 $\dot{E}_s$ 和 $\dot{U}_i$ 保持相对固定的相移是靠回路失谐产生的 φ_L 来补偿的。因为 φ_L 与回路失谐大小有关，可以由式（5-57）求出占据频带。通常回路失谐不大（失谐很大时振幅条件也不能满足）时，φ_L 也不大，因此有下列近似关系：

$$\sin|\varphi_L|\approx\tan|\varphi_L| \tag{5-58}$$

再考虑并联回路：

$$\tan|\varphi_L|=2Q\frac{|\omega-\omega_0|}{\omega_0}$$

当 E_s 不大时，可以用 U_b 代替 U_b'，式（5-57）可写为

$$\frac{2|\omega_s-\omega_0|}{\omega_0}\approx\frac{E_s}{U_bQ}|\sin\varphi| \tag{5-59}$$

可能得到的最大占据频带 $2\Delta f$ 出现在 $\sin\varphi$ 的最大值 1 处，因此可得相对占据频带为

$$\frac{2\Delta f}{f_0}\approx\frac{E_s}{U_bQ} \tag{5-60}$$

式（5-60）表明，振荡器的占据带宽与 E_s/U_b 成正比，而与有载 Q 值成反比。这从概念上也容易理解，Q 值代表回路保持固有谐振的能力，而 E_s 大小代表外部强制作用的大小。

5.8.4　寄生振荡

在高频放大器或振荡器中，由于某种原因，会产生不需要的振荡信号，这种振荡称为寄生振荡。如第 3 章介绍的小信号放大器稳定性时所说的自激，即属于寄生振荡。

产生寄生振荡的形式和原因是各种各样的，有单级振荡和多级振荡，有工作频率附近的振荡或者远离工作频率的低频或超高频振荡。

在高增益的高频放大器中，晶体管输入、输出电路通常有振荡回路，通过输出、输入电路间的反馈（大多是通过晶体管内部的反馈电容），容易产生工作频率附近的寄生振荡。高频功率放大器及高频振荡器，通常都要用到扼流圈、旁路电容等元件，在某些情况下会产生低频寄生振荡。图 5-39（a）就是一高频功率放大器的实际线路，图中 L_c 为高频扼流圈。当寄生振荡频率远低于工作频率时，由于 C_1 的阻抗很大，可得到如图 5-39（b）所示的等效电路。当 L_c 和 C_{bc} 较大时，可能既满足相位平衡条件又满足振幅平衡条件，就会产生低频寄生振荡。所以要满足振幅平衡，还应考虑两个因素：一个是在低频时晶体管有较大的电流放大系数，另一个是原来的负载电阻对此低频回路并不加载。由于高频功率放大器通常工作在 B 类或 C 类的强非线性状态，低频寄生振荡通常还会产生对高频信号的调制，因此可以观察到如图 5-39（c）所示的调幅波。

远高于工作频率的寄生振荡（可能到超高频范围）通常是由晶体管的极间电容以及外部的引线电感构成振荡回路所形成的。

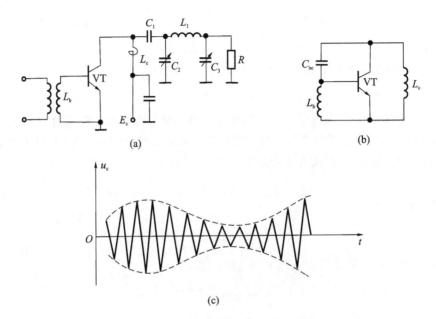

图 5-39 低频寄生振荡的等效电路和波形

(a)高频功率放大器电路；(b)等效电路；(c)调幅波

单级高频功率放大器,还可能因为大的非线性电容 C_{bc} 而产生参量寄生振荡,以及由于晶体管工作到雪崩击穿区而产生的负阻寄生振荡。实践证明,放大器工作于过压状态,也会出现某种负阻现象,由此产生的寄生振荡(高于工作频率)只在放大器激励电压的正半周出现。

产生多级寄生振荡的原因也有多种:一种是公共电源对各级馈电而产生的寄生反馈;一种是每级内部反馈加上各级之间的互相影响,例如,两个虽有内部反馈而不自激的放大器,级联后有可能产生自激振荡;还有一种是各级间的空间电磁耦合。

寄生振荡的防止和消除既涉及正确的电路设计,又涉及线路的实际安装,如导线尽可能短,减小输出电路对输入电路的寄生耦合,接地点尽量靠近等。因此,既需要有关的理论知识,也需要从实际中积累经验。

消除寄生振荡的一般方法为:在观察到寄生振荡后,要判断出哪个频率范围的振荡,是单级振荡还是多级振荡。为此,可能要断开级间连接,或者去掉某级的电源电压。在判断确定是某种寄生振荡后,可以根据有关振荡的原理分析产生寄生振荡的可能原因、参与寄生振荡的元件,并通过试验(更换元件、改变元件数值)等方法来进行验证。对于放大器在工作频率附近的寄生振荡,主要消除方法是,降低放大器的增益,如降低回路阻抗或者射极加小负反馈电阻等。要消除由于扼流圈等引起的低频寄生振荡,可以适当降低扼流圈电感数值和减小它的 Q 值,后者可用电阻和扼流圈串联实现。要消除由公共电源耦合产生的多级寄生振荡,可采用有 LC 或 RC 低通滤波器构成的去耦电路,使后级的高频电流不流入前级。

习　　题

5-1　振荡器的起振条件、平衡条件和稳定条件分别是什么？振荡器输出信号的振幅和频率分别由什么条件决定？

5-2　试从相位条件出发,判断图 5-40 所示的交流等效电路中,哪些可能振荡,哪些不能振荡。若能产生振荡,则请说明属于哪种振荡电路。

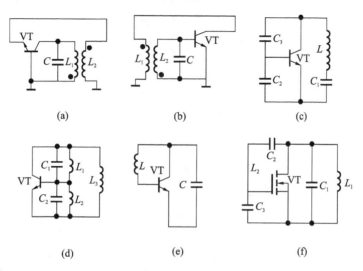

图 5-40　题 5-2 图

5-3　如图 5-41 所示,判断该电路能否产生正弦波振荡。

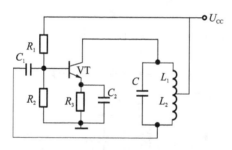

图 5-41　题 5-3 图

5-4　图 5-42 所示的电路为三回路振荡器的交流通路,图中 f_{01}、f_{02}、f_{03} 分别为三回路的谐振频率,试写出它们能满足相位平衡条件的两种关系式,并画出振荡器电路(发射极交流接地)。

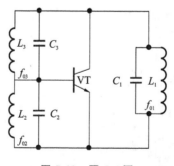

图 5-42　题 5-4 图

5-5　振荡器交流等效电路如图 5-43 所示,工作频率为 10 MHz,试求:(1)计算 C_1、C_2 的取值范围。(2)画出实际电路。

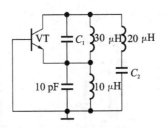

图 5-43　题 5-5 图

5-6　在图 5-44 所示的电容三端式电路中,试求电路振荡频率和维持振荡所必需的最小电压增益。

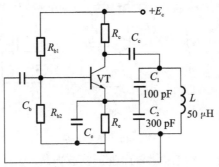

图 5-44　题 5-6 图

5-7　指出图 5-45 所示振荡器的名称,推导其振荡频率的表达式,并说明电路的特点(C_1、$C_2 \ll C_4$,C_1、$C_2 \gg C_3$)

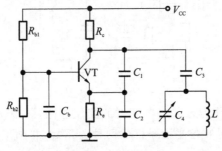

图 5-45　题 5-7 图

5-8　对于图 5-46 所示的各振荡电路:

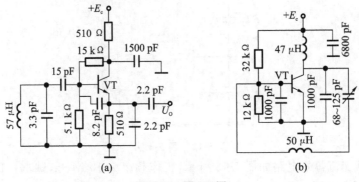

图 5-46　题 5-8 图

(1)画出交流等效电路,并说明振荡器类型;

(2)估算振荡频率和反馈系数。

5-9　克拉泼振荡器和西勒振荡器是如何改进电容反馈振荡器性能的?

5-10　克拉泼振荡器的优点和缺点是什么?

5-11　振荡器的频率稳定度用什么来衡量?引起振荡器频率变化的外界因素有哪些?

5-12　为什么石英晶体振荡器的频率稳定度高?

5-13　泛音石英晶体振荡器和基频石英晶体振荡器有什么区别?在什么场合下应选用泛音石英晶体振荡器?为什么?

5-14　石英晶体振荡电路如图 5-47 所示,若 f_1 为 $L_1 C_1$ 的谐振频率,f_2 为 $L_2 C_2$ 的谐振频率,试分析电路能否产生自激振荡。若能振荡,指出振荡频率与 f_1、f_2 之间的关系。

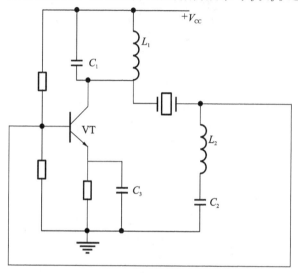

图 5-47　题 5-14 图

5-15　石英晶体振荡电路如图 5-48 所示。(1)石英晶体在电路中的作用是什么?(2)R_{b1}、R_{b2}、C_b 的作用是什么?(3)电路的振荡频率 f_0 如何确定?

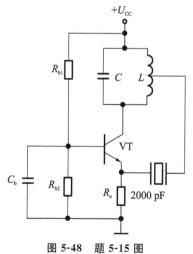

图 5-48　题 5-15 图

5-16 一石英晶体振荡器的实际电路如图 5-49 所示。(1)画出该电路的交流等效电路。(2)该电路属于何种类型的石英晶体振荡器,石英晶体在电路中的作用是什么?

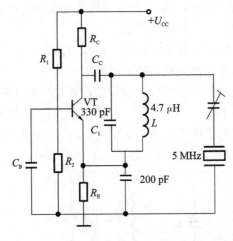

图 5-49 题 5-16 图

5-17 负阻器件有哪两种? 负阻振荡能够建立并达到平衡的条件是什么?

5-18 试比较 LC 振荡器、晶体振荡器以及负阻型振荡器的优缺点。

第6章 振幅调制、解调及混频

6.1 概述

通信的任务是传输信息。根据传输信息的信道不同,通信可分为无线通信和有线通信等两大类。以电磁波形式通过无线信道传输信号的通信方式,称为无线通信;通过有线信道(架空明线、电缆、光缆)传输信号的通信方式,称为有线通信。

对于无线通信方式,由电磁场理论可知,只有天线长度与电信号的波长相比拟时,电信号才能以电磁波形式有效地通过天线向外辐射,这就要求被发送的电信号必须有足够高的频率或采用尺寸足够长的天线。由于要传输的信号多为基带信号,其信号的频率较低,波长较长,所以要求发射的天线尺寸很长。即使这样的天线能够制造出来,但由于各电台几乎都用同样的频率发射,在空间会形成干扰,所以接收端也无法收到需要的信号。为了解决这些问题,需要将低频信号移到不同的高频段。

有线通信虽然可以传输语音之类的低频信号,但一条信道只传输一路信号不经济,利用率也低,所以有线通信需要将各路语音信号移到不同的频段上,以实现多路信号一线传输而又互不干扰的目的。

本章介绍的调制、解调过程就是将低频信号移到高频段或从高频段移到低频段的过程。

调制过程是将要传送的低频信号"加载"到高频振荡信号上,从而实现远距离传播的过程。由原始消息(如声音、文字、图像等)转变成低频或视频信号(基带信号),称为调制信号,用 $u_\Omega(t)$ 表示;未调制的高频振荡信号称为载波信号。高频载波信号是用来携带低频信号的,可以是正弦波,也可以是非正弦波,它们都是周期信号,用 $u_c(t)$ 表示;调制后的高频信号称为已调信号。

一般来说,高频载波电压(电流)可用简谐波来表示,其数学表示式为

$$u_C(t) = U_C\cos\varphi(t) = U_C\cos(\omega_c t + \varphi_0)$$

式中,U_C 是正弦波的振幅;ω_c 是角频率;$\varphi(t)$ 是瞬时相位;φ_0 是初相位。任何一个正弦波都有三个基本参数:幅度、频率和初相位,它们都是常数,本身不包含要传输的任何信息。因此,调制实际上就是用待传输的调制信号去控制某个等幅的载波信号的参数,使该参数按调制信号的规律变化(该参数的变化规律与调制信号呈线性关系)。从而实现低频信号移到高频段,被高频信号携带进行传输的目的。这样,已调波就是一个带有调制信号特征或者包含调制信号信息的高频振荡信号。

解调是在接收端将已调信号从高频段变换到低频段,以恢复原调制信号的过程。它是调制的逆过程。幅度调制的解调简称检波,实现解调的装置称为解调器或检波器。

混频器也是完成频率变换的装置。在通信技术中,把已调信号的载频变成另一个载频的

电路称为混频电路。例如,在超外差接收机中,常将天线接收到的高频调幅信号通过混频器变频,变换成频率为 465 kHz 的中频调幅信号。采用混频器后,接收机的性能将得到提高。

从频谱变换的角度来看,不论是调制、解调还是混频,其实质都是在功能实现的过程中发生频率变换,产生新的频率分量。调制器、解调器和混频器都必须由频谱搬移电路实现。

频谱搬移电路可分为频谱线性搬移电路和频谱非线性搬移电路等两类。从频域上看,在搬移的过程中,输入信号的频谱结构不发生变化,即搬移前后各频率分量的比例关系不变,只在频域上简单地搬移(只允许取其中的一部分),如图 6-1(a)所示,这类搬移电路称为频谱线性搬移电路,振幅调制、解调与混频等电路就属于这一类电路。频谱非线性搬移电路是在频谱的搬移过程中,输入信号的频谱不仅在频域上搬移,而且频谱结构也发生变化,如图 6-1(b)所示。频率调制与解调、相位调制与解调等电路就属于这一类电路。

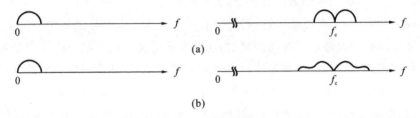

图 6-1　频谱搬移电路

(a)频谱线性搬移电路;(b)频谱非线性搬移电路

对于频谱变换电路,不论频谱如何搬移,输出信号的频率分量总与输入信号的频率分量不尽相同,即有新的频率分量产生,所以频谱搬移过程必须利用非线性器件实现。可见,频谱变换电路属于非线性电路。常见的进行频率变换的非线性器件有二极管、三极管、场效应管及集成模拟相乘器等。

本章讨论频谱线性搬移电路及其应用——振幅调制、解调和混频等电路。第 7 章讨论频谱非线性搬移电路及其应用——频率调制与解调等电路。

6.2　频谱线性搬移电路

振幅调制、解调和混频等电路都属于频谱线性搬移电路,它们都需要采用非线性器件来实现。下面分别介绍不同的非线性器件实现频谱的搬移电路,重点分析二极管电路和集成模拟相乘器。

6.2.1　二极管电路

1. 单二极管电路

单二极管电路的原理电路如图 6-2 所示,其输入信号 u_1 和控制信号 u_2 相加作用在非线性器件二极管上。由于二极管伏安特性非线性的频率变换作用,在流过二极管的电流中产生各种组合分量,用传输函数为 $H(j\omega)$ 的滤波器取出所需的频率分量,就可完成某一频谱的线性搬移功能。下面分析单二极管电路的频谱线性搬移功能。

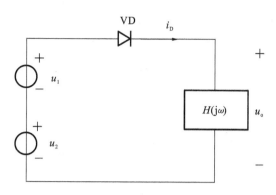

图 6-2　单二极管电路的原理电路

设二极管电路工作在大信号状态。所谓大信号,是指输入的信号电压振幅大于 0.5 V 的信号。u_1 为输入信号或要处理的信号;u_2 是控制信号,为余弦波,$u_2 = U_2 \cos(\omega_2 t)$,其振幅 U_2 远比 u_1 的振幅 U_1 大,即 $U_2 \gg U_1$,且有 $U_2 > 0.5$ V。忽略输出电压 u_o 对回路的反作用,这样,加在二极管两端的电压 u_D 为

$$u_D = u_1 + u_2 \tag{6-1}$$

由于二极管工作在大信号状态,主要工作在截止区和导通区,因此可将二极管的伏安特性用折线近似,如图 6-3 所示。由此可见,当二极管两端的电压 u_D 大于二极管的导通电压 U_p 时,二极管导通,流过二极管的电流 i_D 与加在二极管两端的电压 u_D 成正比;当二极管两端的电压 u_D 小于二极管导通电压 U_p 时,二极管截止,$i_D = 0$。这样,二极管可等效为一个受控开关,控制电压就是 u_D,有

$$i_D = \begin{cases} g_D u_D & (u_D \leqslant U_p) \\ 0 & (u_D > U_p) \end{cases} \tag{6-2}$$

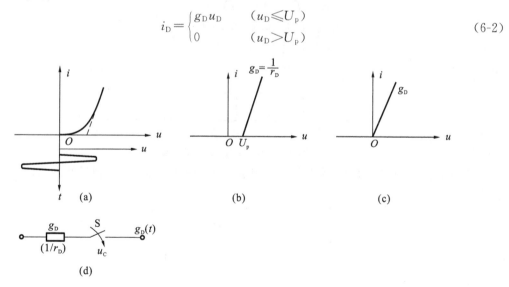

图 6-3　二极管伏安特性的折线近似

由于 $U_2 \gg U_1$,而 $u_D = u_1 + u_2$,可进一步认为二极管的通断主要由 u_2 控制,可得

$$i_D = \begin{cases} g_D u_D & (u_D \geqslant U_p) \\ 0 & (u_D < U_p) \end{cases} \tag{6-3}$$

一般情况下，U_p较小，有$U_2 \gg U_p$，可令$U_p = 0$（也可在电路中加一固定偏置电压E_o，用于抵消U_p，这种情况下，$u_D = E_o + u_1 + u_2$），式(6-3)可进一步写为

$$i_D = \begin{cases} g_D u_D & (u_2 \geq 0) \\ 0 & (u_2 < 0) \end{cases} \tag{6-4}$$

由于$u_2 = U_2 \cos(\omega_2 t)$，则$u_2 \geq 0$对应于$2n\pi - \pi/2 \leq \omega_2 t \leq 2n\pi + \pi/2$ $(n = 0, 1, 2, \cdots)$，故有

$$i_D = \begin{cases} g_D u_D & \left(2n\pi - \dfrac{\pi}{2} \leq \omega_2 t < 2n\pi + \dfrac{\pi}{2}\right) \\ 0 & \left(2n\pi + \dfrac{\pi}{2} \leq \omega_2 t < 2n\pi + \dfrac{3\pi}{2}\right) \end{cases} \tag{6-5}$$

式(6-5)也可以合并写成

$$i_D = g(t) u_D = g_D K(\omega_2 t) u_D \tag{6-6}$$

式中，$g(t)$为时变电导，受u_2的控制；$K(\omega_2 t)$为开关函数，它在u_2的正半周时等于1，在负半周时为0，即

$$K(\omega_2 t) = \begin{cases} 1 & \left(2n\pi - \dfrac{\pi}{2} \leq \omega_2 t < 2n\pi + \dfrac{\pi}{2}\right) \\ 0 & \left(2n\pi + \dfrac{\pi}{2} \leq \omega_2 t < 2n\pi + \dfrac{3\pi}{2}\right) \end{cases} \tag{6-7}$$

如图6-4所示，这是一个单向开关函数。由此可见，在前面的假设条件下，二极管电路可等效为线性时变电路，其时变电导$g(t)$为

$$g(t) = g_D K(\omega_2 t) \tag{6-8}$$

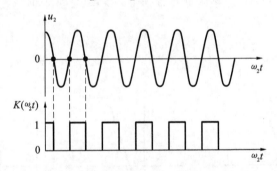

图6-4 u_2与$K(\omega_2 t)$的波形图

$K(\omega_2 t)$是一周期性函数，其周期与控制信号u_2的周期相同，可用傅里叶级数展开，其展开式为

$$K(\omega_2 t) = \frac{1}{2} + \frac{2}{\pi} \cos(\omega_2 t) - \frac{2}{3\pi} \cos(3\omega_2 t) + \frac{2}{5\pi} \cos(5\omega_2 t) - \cdots$$

$$+ (-1)^{n+1} \frac{2}{(2n-1)\pi} \cos[(2n-1)\omega_2 t] + \cdots \tag{6-9}$$

代入式(6-8)，有

$$i_D = g_D \left[\frac{1}{2} + \frac{2}{\pi} \cos(\omega_2 t) - \frac{2}{3\pi} \cos(3\omega_2 t) + \frac{2}{5\pi} \cos(5\omega_2 t) - \cdots\right] u_D \tag{6-10}$$

若$u_1 = U_1 \cos(\omega_1 t)$，为单一频率信号，代入式(6-10)，有

$$i_D = \frac{g_D}{\pi}U_2 + \frac{g_D}{2}U_1\cos(\omega_1 t) + \frac{g_D}{2}U_2\cos(\omega_2 t) + \frac{2}{3\pi}g_D U_2\cos(2\omega_2 t)$$

$$- \frac{2}{5\pi}g_D U_2\cos(4\omega_2 t) + \cdots + \frac{2}{\pi}g_D U_1\cos[(\omega_2-\omega_1)t]$$

$$+ \frac{2}{\pi}g_D U_1\cos[(\omega_2+\omega_1)t] - \frac{2}{3\pi}g_D U_1\cos[(3\omega_2-\omega_1)t]$$

$$- \frac{2}{3\pi}g_D U_1\cos[(3\omega_2+\omega_1)t] + \frac{2}{5\pi}g_D U_1\cos[(5\omega_2-\omega_1)t]$$

$$+ \frac{2}{5\pi}g_D U_1\cos[(5\omega_2-\omega_1)t] + \cdots \tag{6-11}$$

由式(6-11)可以看出,流过二极管的电流 i_D 中的频率分量有如下几种。

(1)输入信号 u_1 和控制信号 u_2 的频率分量 ω_1 和 ω_2;

(2)控制信号 u_2 的频率 ω_2 的偶次谐波分量;

(3)输入信号 u_1 的频率 ω_1 与控制信号 u_2 的奇次谐波分量的组合频率分量 $(2n+1)\omega_2 \pm \omega_1$ $(n=0,1,2,\cdots)$。

通过以上分析可知,当两个信号 u_1 和 u_2 作用于非线性器件二极管时, u_1 为输入信号, u_2 为控制信号,通过非线性器件的作用,输出电流中不仅有两个输入电压的分量,而且存在很多二者组合的分量。由本章后面的分析可知,完成振幅调制、解调和混频功能的频谱线性搬移电路,关键在于两个信号的乘积项 $(u_1 u_2)$,其作用就是将输入信号频谱线性搬移到参考信号的两边,即两个频率相加减 $\omega_2 \pm \omega_1$,或者说,输入信号频谱向左、右搬移参考信号频率的数值。滤波器则是取出有用分量,抑制无用分量的电路。

由二极管和滤波器组成的频谱搬移电路是将二极管等效为一个受控开关,受大信号 u_2 的控制,使二极管电路等效为线性时变电路。为了正常工作,除了要求输入信号 u_1 足够小外,还要求控制信号 u_2 足够大,二极管特性可以用在原点处转折的两段折线逼近,通常将这种状态称为开关工作状态。从所输出的频率可以看出, $K(\omega_2 t)$ 的基波与输入信号 u_1 的相乘项是有用项,可以实现频谱搬移功能,其余为无用项。而无用频率分量与所需的有用频率分量 $\omega_2 \pm \omega_1$ 之间的频率间隔很大,所以可以用滤波器滤除无用频率分量,取出有用频率分量。

若 $U_2 \gg U_1$ 不满足,则电路不能等效为线性时变电路,但仍然是非线性电路,可以用幂级数展开的非线性电路分析方法来分析,仍然可以实现频谱搬移的功能。

2. 二极管平衡电路

单二极管电路由于工作在线性时变工作状态,其产生的频率分量中,仍然有不少不必要的频率分量,因此有必要进一步减少一些频率分量,二极管平衡电路就可以满足这一要求。

由二极管组成的平衡混频器和环形混频器,有组合频率少、动态范围大、噪声小、本振电压无反向辐射等优点,其缺点是变频增益小于1。

1)电路

图 6-5 是二极管平衡电路的原理电路,它是由两个性能一致的二极管及中心抽头变压器 T_1、T_2 接成的平衡电路。图 6-5 中,A、A′ 的上半部与下半部完全一样。控制电压 u_2 加于变压器的 A、A′ 两端。输出变压器 T_2 接滤波器,用于滤除无用的频率分量。从 T_2 次级向右看的负

载电阻为 R_L。为了分析方便,设变压器线圈匝数比为 $N_1 : N_2 = 1 : 1$,因此加给 VD_1、VD_2 两个二极管的输入电压均为 u_1,其大小相等,但方向相反;而 u_2 是同相加到两个二极管上的。该电路可等效成图 6-5 (b)所示的原理电路。

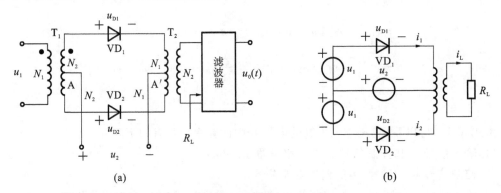

图 6-5　二极管平衡电路的原理电路

2)工作原理

与单二极管电路的条件相同,二极管处于大信号工作状态,即 $U_2 > 0.5\ \text{V}$。这样,二极管主要工作在截止区和线性区,二极管的伏安特性可用折线近似。若 $U_2 \gg U_1$,则二极管开关主要受 u_2 控制。若忽略输出电压的反作用,则加到两个二极管的电压 u_{D1}、u_{D2} 分别为

$$u_{D1} = u_2 + u_1 \tag{6-12}$$

$$u_{D2} = u_2 - u_1 \tag{6-13}$$

由于加到两个二极管上的控制电压 u_2 是同相的,因此两个二极管的导通、截止时间是相同的,其时变电导也是相同的。由此可得流过两个二极管的电流 i_1、i_2 分别为

$$i_1 = g_1(t)u_{D1} = g_D K(\omega_2 t)(u_2 + u_1) \tag{6-14}$$

$$i_2 = g_1(t)u_{D2} = g_D K(\omega_2 t)(u_2 - u_1) \tag{6-15}$$

i_1、i_2 在 T_2 次级产生的电流分别为

$$i_{L1} = \frac{N_1}{N_2} i_1 = i_1 \tag{6-16}$$

$$i_{L2} = \frac{N_1}{N_2} i_2 = i_2 \tag{6-17}$$

但两电流流过 T_2 的方向相反,在 T_2 中产生的磁通相抵消,故次级总电流 i_L 应为

$$i_L = i_{L1} - i_{L2} = i_1 - i_2 \tag{6-18}$$

将式(6-14)、式(6-15)代入上式,有

$$i_L = 2g_D K(\omega_2 t)u_1 \tag{6-19}$$

考虑 $u_1 = U_1 \cos(\omega_1 t)$,代入上式可得

$$i_L = g_D U_1 \cos(\omega_1 t) + \frac{2}{\pi} g_D U_1 \cos[(\omega_2 + \omega_1)t] + \frac{2}{\pi} g_D U_1 \cos[(\omega_2 - \omega_1)t]$$
$$- \frac{2}{3\pi} g_D U_1 \cos[(3\omega_2 + \omega_1)t] - \frac{2}{3\pi} g_D U_1 \cos[(3\omega_2 - \omega_1)t] + \cdots \tag{6-20}$$

由上式可以看出,输出电流 i_L 中的频率分量有:

(1)输入信号的频率分量 ω_1;

（2）控制信号 u_2 的奇次谐波分量与输入信号 u_1 的频率 ω_1 的组合分量 $(2n+1)\omega_2 \pm \omega_1$（$n=0,1,2,\cdots$）。

可见，输出电压中仅包含 ω_1、$(2n+1)\omega_2 \pm \omega_1$ 频率分量。当平衡二极管电路工作在开关状态时，它比单二极管调幅产生的频率分量少得多，且幅度高 1 倍。这是因为控制电压 u_2 是同相加于 VD_1、VD_2 的两端的，当电路完全对称时，采用开关工作状态和平衡抵消电路的结果，在次级上不再有 ω_2 及其谐波分量。

在实际电路中要做到电路完全对称是很困难的，例如，管子特性完全一样，变压器要在中心处抽头并且分布参数都要对称，若有不对称，就要产生载漏，且有其他无用的频率分量。为了改善二极管平衡电路的特性，首先要选用特性相同的二极管，用小电阻与二极管串接，使二极管等效正、反向电阻彼此接近，但串接电阻会使电流减小，所以阻值不能太大，一般为几十欧姆至上百欧姆。二极管开关特性要好，可以选用如热载流子二极管。二极管要求工作在理想开关状态，它的通断只取决于控制电压 u_2，而与输入电压 u_1 无关，控制电压要远大于输入电压，一般要大 10 倍以上。其次，变压器中心抽头要准确对称，分布电容及漏感要对称，这可以采用双线并绕法绕制变压器，并在中心抽头处加平衡电阻。同时，还要注意两线圈对地分布电容的对称性。

为了提高二极管平衡电路的性能，通常采用二极管桥式电路，其电路如图 6-6(a) 所示。图 6-6 所示电路中，4 个二极管接成桥形，控制电压 u_2 直接加到二极管上。当 $u_2>0$ 时，4 个二极管同时截止，u_1 直接加到 T_2 上；当 $u_2<0$ 时，4 个二极管导通，A、B 两点短路，无输出。所以有

$$u_{AB}=K(\omega_2 t)u_1 \tag{6-21}$$

由于 4 个二极管接成桥形，若二极管特性完全一致，则 A、B 端无 u_2 的泄漏。这是平衡电路的另一种形式，这种电路应用较多，因为它不需要有中心抽头的变压器。

图 6-6(b) 是一个实际桥式电路，其工作原理同上，只是电桥输出加至晶体管的基极上，经放大及回路滤波后输出所需频率分量，从而完成特定的频谱搬移功能。

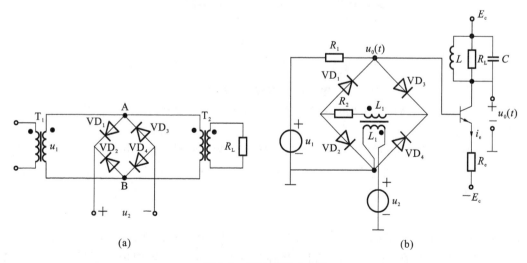

(a)　　　　　　　　　　(b)

图 6-6　二极管桥式电路

(a)桥式电路；(b)实际桥式电路

3. 二极管环形电路

1) 基本电路

图 6-7(a) 为二极管环形电路的基本电路。与二极管平衡电路相比，只是多接了 2 只二极管 VD_3 和 VD_4，4 只二极管方向一致，组成一个环路，因此称为二极管环形电路。图中，T_1、T_2 分别为带有中心抽头的输入、输出变压器（抽头上下完全对称）。控制电压 u_2 正向加入 VD_1、VD_2 两端，反向加入 VD_3、VD_4 两端，随控制电压 u_2 的正负变化而变化，两组二极管交替导通和截止。当 $u_2 \geqslant 0$ 时，u_2 与 VD_1、VD_2 的正方向一致，而与 VD_3、VD_4 的正方向相反。因此，VD_1、VD_2 导通，VD_3、VD_4 截止，VD_1、VD_2 组成一个单平衡电路，如图 6-7(b) 所示；当 $u_2 < 0$ 时，VD_1、VD_2 截止，VD_3、VD_4 导通。VD_3、VD_4 组成一个单平衡电路，如图 6-7(c) 所示。因此，二极管环形电路由两个平衡电路组成：VD_1 与 VD_2 组成平衡电路 1，VD_3 与 VD_4 组成平衡电路 2。理想情况下，它们互不影响，因此，二极管环形电路又称为二极管双平衡电路。

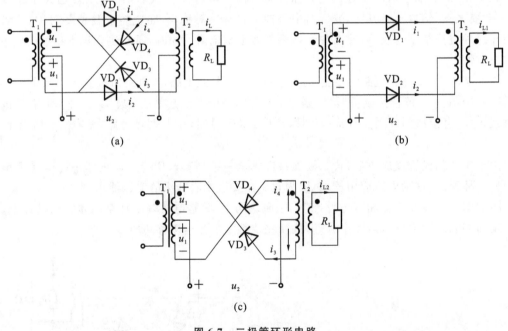

(a)   (b)

(c)

图 6-7　二极管环形电路

(a)二极管环形电路的基本电路；(b)VD_1、VD_2 单平衡电路；(c)VD_3、VD_4 单平衡电路

2) 工作原理

二极管环形电路的分析条件与单二极管电路和二极管平衡电路的相同。平衡电路 1 与前面分析的电路完全相同。根据图 6-7(a) 所示电流的方向，平衡电路 1 和平衡电路 2 在负载 R_L 上产生的总电流为

$$i_L = i_{L1} + i_{L2} = (i_1 - i_2) + (i_3 - i_4) \tag{6-22}$$

式中，i_{L1} 为平衡电路 1 在负载 R_L 上产生的电流，前面已得 $i_{L1} = 2g_D K(\omega_2 t) u_1$；$i_{L2}$ 为平衡电路 2 在负载 R_L 上产生的电流。由于 VD_3、VD_4 是在控制信号 u_2 的负半周内导通的，其开关函数与 $K(\omega_2 t)$ 相差 $T_2/2 (T_2 = 2\pi/\omega_2)$。又因 VD_3 上所加的输入电压 u_1 与 VD_1 上的极性相反，VD_4 上所加的输入电压 u_1 与 VD_2 上的极性相反，所以 i_{L2} 的表示式为

$$i_{L2} = -2g_{\mathrm{D}} K\left[\omega_2\left(t - \frac{T_2}{2}\right)\right] u_1 = -2g_{\mathrm{D}} K(\omega_2 t - \pi) u_1 \tag{6-23}$$

式(6-23)代入式(6-22)，输出总电流 i_{L} 为

$$i_{\mathrm{L}} = 2g_{\mathrm{D}}\left[K(\omega_2 t) - K(\omega_2 t - \pi)\right] u_1 = 2g_{\mathrm{D}} K'(\omega_2 t) u_1 \tag{6-24}$$

图 6-8 所示的是 $K(\omega_2 t)$、$K(\omega_2 t - \pi)$ 及 $K'(\omega_2 t)$ 的波形。

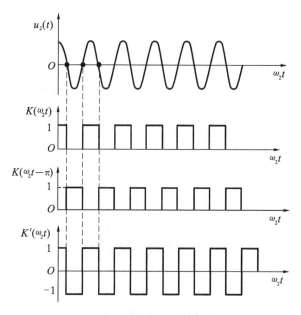

图 6-8　环形电路的开关函数波形图

由图 6-8 可见，$K(\omega_2 t)$、$K(\omega_2 t - \pi)$ 为单向开关函数，$K'(\omega_2 t)$ 为双向开关函数，且有

$$K'(\omega_2 t) = K(\omega_2 t) - K(\omega_2 t - \pi) = \begin{cases} 1 & (u_2 \geqslant 0) \\ -1 & (u_2 < 0) \end{cases} \tag{6-25}$$

和

$$K(\omega_2 t) + K(\omega_2 t - \pi) = 1 \tag{6-26}$$

由此可得 $K(\omega_2 t - \pi)$、$K'(\omega_2 t)$ 的傅里叶级数为

$$\begin{aligned}
K(\omega_2 t - \pi) &= 1 - K(\omega_2 t) \\
&= \frac{1}{2} - \frac{2}{\pi}\cos(\omega_2 t) + \frac{2}{3\pi}\cos(3\omega_2 t) - \frac{2}{5\pi}\cos(5\omega_2 t) + \cdots \\
&\quad + (-1)^{n+1}\frac{2}{(2n+1)\pi}\cos\left[(2n+1)\omega_2 t\right] + \cdots
\end{aligned} \tag{6-27}$$

$$\begin{aligned}
K'(\omega_2 t) &= \frac{4}{\pi}\cos(\omega_2 t) - \frac{4}{3\pi}\cos(3\omega_2 t) + \frac{4}{5\pi}\cos(5\omega_2 t) + \cdots \\
&\quad + (-1)^{n+1}\frac{4}{(2n+1)\pi}\cos\left[(2n+1)\omega_2 t\right] + \cdots
\end{aligned} \tag{6-28}$$

当 $u_1 = U_1\cos(\omega_1 t)$ 时，有

$$i_{\mathrm{L}} = \frac{4}{\pi}g_{\mathrm{D}} U_1 \cos\left[(\omega_2 + \omega_1)t\right] + \frac{4}{\pi}g_{\mathrm{D}} U_1 \cos\left[(\omega_2 - \omega_1)t\right]$$

$$-\frac{4}{3\pi}g_DU_1\cos\left[(3\omega_2+\omega_1)t\right]-\frac{4}{3\pi}g_DU_1\cos\left[(3\omega_2-\omega_1)t\right] \qquad (6\text{-}29)$$

$$+\frac{4}{5\pi}g_DU_1\cos\left[(5\omega_2+\omega_1)t\right]+\frac{4}{5\pi}g_DU_1\cos\left[(5\omega_2-\omega_1)t\right]+\cdots$$

由上式可以看出,二极管环形电流等于输入信号和双向开关函数的乘积,所得到的输出电流 i_L 只有控制信号 u_2 的基波分量和奇次谐波分量与输入信号 u_1 的频率 ω_1 的组合频率分量 $(2n+1)\omega_2\pm\omega_1$ $(n=0,1,2,\cdots)$,而且很容易滤除无用分量。与二极管平衡电路相比,二极管环形电路进一步抑制了低频信号 ω_1 分量,且各分量振幅比二极管平衡电路的提高了 1 倍,它的实际功能接近理想相乘器,因而获得了广泛应用。

二极管环形电路同样难以做到完全对称,容易存在载漏现象。为了解决二极管特性参差性问题,可将每臂用两个二极管并联。同时采用串联小电阻的方法,使二极管等效正、反向电阻彼此接近。其实际改进电路如图 6-9 所示。

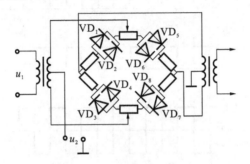

图 6-9　实际的环形电路

二极管环形电路组件称为双平衡混频器组件或环形混频器组件,图 6-10 是这种组件的外形和内部电路图。图 6-10 所示电路中的 4 个二极管特性一致,由精密配对的肖特基二极管组成,传输线变压器中心抽头完全对称,内部元件用硅胶黏结,外部用小型金属壳屏蔽装配而成。混频器有 3 个端口(本振、射频和中频),分别以 LO、RF 和 IF 来表示。双平衡混频器组件的 3 个端口均有极宽的频带,它的动态范围大,损耗小,频谱纯,隔离度高,还有一个非常突出的特点,即在其工作频率范围内,从任意 2 个端口输入 u_1 和 u_2,就可在第 3 个端口得到所需的输出信息。

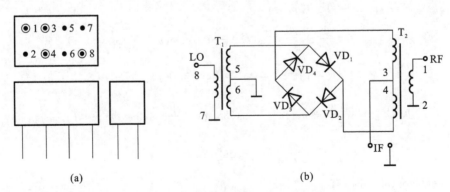

图 6-10　环形电路组件外形和内部电路图

双平衡混频器组件是超外差接收机的重要组成部分,能够提高整机性能,简化整机维修等,广泛应用于短波和微波通信。双平衡混频器组件应用领域广泛,除用作混频器外,还可用作相位检波器、脉冲或振幅调制器、2PSK 调制器、电流控制衰减器和 2 倍频器等。

6.2.2 三极管电路

晶体三极管频谱线性搬移电路如图 6-11 所示。图 6-11 所示电路中,u_1 是输入信号,u_2 是控制信号,且 u_2 的振幅 U_2 远远大于 u_1 的振幅 U_1,即 $U_2 \gg U_1$。由图 6-11 可以看出,u_1 与 u_2 都加到三极管的 be 结上,利用其非线性特性,可以产生 u_1 和 u_2 的频率组合分量,再经集电极的输出选频回路,选出所需的频率分量,从而达到频谱线性搬移的目的。

当频率不太高时,晶体管集电极电流 i_c 是 u_{be} 及 u_{ce} 的函数。若忽略输出电压的反作用,则 i_c 可以近似表示为 u_{be} 的函数,即 $i_c = f(u_{be}, u_{ce}) \approx f(u_{be})$。

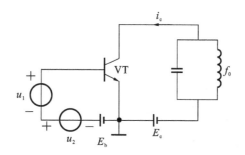

图 6-11 晶体三极管频谱搬移原理电路

从图 6-11 可以看出,$u_{be} = u_1 + u_2 + E_b$,其中,E_b 为直流工作点电压。现将 $E_b + u_2 = E_b(t)$ 看成三极管频谱线性搬移电路的静态工作点电压(即无信号时的偏压),由于工作点随时间的变化而变化,所以称为时变工作点,即 $E_b(t)$(实质上是 u_2)使三极管的工作点沿转移特性来回移动。因此,可将 i_c 表示为

$$i_c = f(u_{be}) = f(u_1 + u_2 + E_b) = f[E_b(t) + u_1] \tag{6-30}$$

在时变工作点处,将上式对 u_1 展开成泰勒级数,有

$$i_c = f[E_b(t)] + f'[E_b(t)]u_1 + \frac{1}{2}f''[E_b(t)]u_1^2$$

$$+ \frac{1}{3!}f'''[E_b(t)]u_1^3 + \cdots + \frac{1}{n!}f^{(n)}[E_b(t)]u_1^n + \cdots \tag{6-31}$$

式中,各项系数的含义如下:

$$f[E_b(t)] = f(u_{be})\big|_{u = E_b(t)} = I_{c0}(t) \tag{6-32}$$

表示时变工作点处的电流,或者称为静态工作点电流,它随参考信号 u_2 周期性变化而变化。当 u_2 瞬时值最大时,三极管工作点为 Q_1,$I_{c0}(t)$ 为最大值;当 u_2 瞬时值最小时,三极管工作点为 Q_2,$I_{c0}(t)$ 为最小值。图 6-12(a)给出了 $i_c \sim u_{be}$ 的曲线,同时画出了 $I_{c0}(t)$ 的波形,其表示式为

$$I_{c0}(t) = I_{c00} + I_{c01}\cos(\omega_2 t) + I_{c02}\cos(2\omega_2 t) + \cdots \tag{6-33}$$

$$f'[E_b(t)] = \frac{\mathrm{d}i_c}{\mathrm{d}u_{be}}\bigg|_{u_{be} = E_b(t)} = \frac{\mathrm{d}f(u_{be})}{\mathrm{d}u_{be}}\bigg|_{u_{be} = E_b(t)} \tag{6-34}$$

这里,$\mathrm{d}i_c/\mathrm{d}u_{be}$ 是晶体管的跨导;$f'[E_b(t)]$ 就是在 $E_b(t)$ 作用下晶体管的正向传输电导 $g_m(t)$。

$g_m(t)$随u_2周期性变化而变化,称为时变跨导。由于$g_m(t)$是u_2的函数,而u_2是周期性变化的,其角频率为ω_2,因此$g_m(t)$也是以角频率ω_2周期性变化的函数,用傅里叶级数展开,可得

$$g_m(t) = g_{m0} + g_{m1}\cos(\omega_2 t) + g_{m2}\cos(2\omega_2 t) + \cdots \tag{6-35}$$

式中,g_{m0}是$g_m(t)$的平均分量(直流分量),但不一定是直流工作点E_b处的跨导;g_{m1}是$g_m(t)$中角频率为ω_2分量的振幅——时变跨导的基波分量振幅。

$$\frac{1}{n!}f^{(n)}[E_b(t)] = \left.\frac{\mathrm{d}^n i_c}{\mathrm{d}u_{be}^n}\right|_{u_{be}=E_b(t)} \quad (n=1,2,3,\cdots) \tag{6-36}$$

也是u_2的函数,同样是角频率为ω_2的周期性函数,可以用傅里叶级数展开为

$$f^{(n)}[E_b(t)] = C_{n0} + C_{n1}\cos(\omega_2 t) + C_{n2}\cos(2\omega_2 t) + \cdots \quad (n=1,2,3,\cdots) \tag{6-37}$$

同样包含平均分量、基波分量和各次谐波分量。

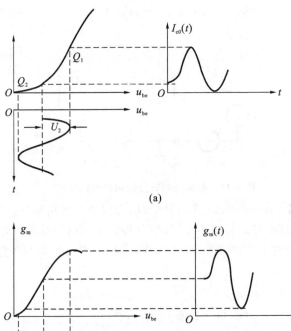

图 6-12　三极管电路中的时变电流和时变跨导

$$i_c = I_{c0}(t) + g_m(t)u_1 + \frac{1}{2}f'[E_b(t)]u_1^2 + \cdots + \frac{1}{n!}f^{(n)}[E_b(t)]u_1^n + \cdots$$

$$= I_{c00} + I_{c01}\cos(\omega_2 t) + I_{c02}\cos(2\omega_2 t) + \cdots$$

$$+ [g_{m0} + g_{m1}\cos(\omega_2 t) + g_{m2}\cos(2\omega_2 t) + \cdots]U_1\cos(\omega_1 t) + \cdots \tag{6-38}$$

$$+ \frac{1}{n!}[C_{n0} + C_{n1}\cos(\omega_2 t) + C_{n2}\cos(2\omega_2 t) + \cdots]U_1^n\cos^n(\omega_1 t) + \cdots$$

利用三角公式：

$$\cos^n x = \begin{cases} \dfrac{1}{2^n}\left[C_n^{n/2} + \displaystyle\sum_{k=0}^{\frac{n}{2}-1} C_n^k \cos\left[(n-2k)x\right] \right] & (n\text{ 为偶数}) \\[4mm] \dfrac{1}{2^{n-1}} \displaystyle\sum_{k=0}^{\frac{1}{2}(n-1)} C_n^k \cos\left[(n-2k)x\right] & (n\text{ 为奇数}) \end{cases}$$

将上式代入式(6-38)，可以看出，i_c 的频率分量包含 ω_1 和 ω_2 的各次谐波分量，以及 ω_1 和 ω_2 的各次组合频率分量：

$$\omega_{p,q} = |\pm p\omega_2 \pm q\omega_1| \quad (p,q = 0,1,2,\cdots) \tag{6-39}$$

用晶体管组成的频谱线性搬移电路，其集电极电流包含各种频率成分，用滤波器选出所需频率分量，就可完成所要求的频谱线性搬移功能。

一般情况下，由于 $U_1 \ll U_2$，通常可以不考虑高次项，式(6-38)化简得

$$i_c = I_{c0}(t) + g_m(t)u_1 \tag{6-40}$$

等效为线性时变电路，其组合频率也大大减少，只有 ω_2 的各次谐波分量及其与 ω_1 的组合频率分量 $n\omega_2 \pm \omega_1 (n=0,1,2,\cdots)$。

6.2.3　集成模拟相乘器

集成模拟相乘器(模拟乘法器)是实现两个模拟信号瞬时值相乘功能的电路或器件，它有两个输入端(常称 X 输入和 Y 输入)和一个输出端(常称 Z 输出)，是一个三端口网络，电路图形符号如图 6-13 所示。图中输入信号分别用 u_X、u_Y 表示，输出信号用 u_o 表示，模拟相乘器的理想输出特性为

$$u_o = K u_X u_Y \tag{6-41}$$

式中，K 为比例系数，称为模拟相乘器的增益系数，又称相乘增益、相乘因子或标度因子，单位为 V^{-1} 或 $\dfrac{1}{V}$。K 的数值与相乘器的电路参数有关。

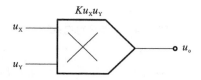

图 6-13　集成模拟相乘器符号

频谱搬移电路的主要运算功能是实现相乘运算，如果将两个输入信号 $u_X = U_1\cos(\omega_1 t)$，$u_Y = U_2\cos(\omega_2 t)$ 分别加于模拟相乘器的两个输入端，则相乘后的输出电压为

$$\begin{aligned} u_o &= K u_X u_Y = K U_1 U_2 \cos(\omega_1 t)\cos(\omega_2 t) \\ &= \frac{K}{2}U_1 U_2 \cos\left[(\omega_1+\omega_2)t\right]\cos\left[(\omega_1-\omega_2)t\right] \end{aligned} \tag{6-42}$$

由此可见，相乘器是一个非线性器件，可组成一个理想的线性频谱搬移电路，其输出电压只含两个输入信号频率的组合分量，即 $\omega_1 \pm \omega_2$。振幅调制、同步检波、混频、倍频、鉴频、鉴相等过程，均可视为两个信号相乘或包含相乘的过程，采用集成模拟相乘器实现上述功能比采用

分离器件要简单得多,而且性能优越。因此,目前在无线通信、广播电视等方面应用较多。

模拟相乘器的基本构成电路是差分对电路,一般情况下,干扰和噪声都是以共模方式输入的,而信号可以人为控制以差模方式输入,所以差分放大器输出端的信噪比优于其他放大器的。实现两个电压相乘的方案有很多种,下面主要讨论两种。

1. 单差分对电路

1)电路组成

单差分对电路如图 6-14 所示,它是一个具有恒流源的单差分放大器。图 6-14 所示中,两个晶体管 VT_1、VT_2 组成差分对放大器。恒流源 I_0 为晶体管提供发射极电流。两个晶体管静态工作电流相等,有

$$I_{e1} = I_{e2} = I_0/2 \tag{6-43}$$

当输入端加有电压(差模电压)u 时,若 $u > 0$,则 VT_1 晶体管发射极电流增加 ΔI,VT_2 晶体管发射极电流减小 ΔI,但仍保持如下关系:

$$i_{c1} + i_{c2} = \left(\frac{I_0}{2} + \Delta I\right) + \left(\frac{I_0}{2} - \Delta I\right) = I_0 \tag{6-44}$$

这时两个晶体管的电流不平衡。输出方式可采用单端输出,也可采用双端输出。

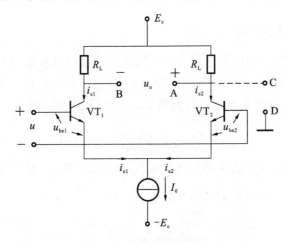

图 6-14 单差分对电路图

2)传输特性

设 VT_1、VT_2 晶体管的 $\alpha \approx 1$,则有 $i_{c1} \approx i_{e1}$,$i_{c2} \approx i_{e2}$,可得晶体管的集电极电流与基极发射极电压 u_{be} 的关系为

$$i_{c1} = I_s e^{\frac{q}{kT} u_{be1}} = I_s e^{\frac{u_{be1}}{U_T}} \tag{6-45}$$

$$i_{c2} = I_s e^{\frac{q}{kT} u_{be2}} = I_s e^{\frac{u_{be2}}{U_T}} \tag{6-46}$$

由式(6-44),有

$$I_0 = i_{c1} + i_{c2} = I_s e^{\frac{u_{be1}}{U_T}} + I_s e^{\frac{u_{be2}}{U_T}} = i_{c2}\left[1 + e^{\frac{1}{U_T}(u_{be1} - u_{be2})}\right]$$

$$= i_{c2}(1 + e^{\frac{u}{U_T}}) \tag{6-47}$$

故有

$$i_{c2} = \frac{I_0}{1 + e^{\frac{u}{U_T}}} \tag{6-48}$$

式(6-47)中,设 $u = u_{be1} - u_{be2}$,类似可得

$$i_{c1} = \frac{I_0}{1 + e^{-\frac{u}{U_T}}} \tag{6-49}$$

为了观察 i_{c1}、i_{c2} 随输入电压 u 变化而变化的规律,将式(6-49)减去静态工作电流 $I_0/2$,可得

$$i_{c1} - \frac{I_0}{2} = \frac{I_0}{2}\left(\frac{2}{1+e^{-\frac{u}{U_T}}}\right) - \frac{I_0}{2} = \frac{I_0}{2}\tanh\left(\frac{u}{U_T}\right) \tag{6-50}$$

因此

$$i_{c1} = \frac{I_0}{2} + \frac{I_0}{2}\tanh\left(\frac{u}{2U_T}\right) \tag{6-51}$$

$$i_{c2} = \frac{I_0}{2} - \frac{I_0}{2}\tanh\left(\frac{u}{2U_T}\right) \tag{6-52}$$

双端输出的情况下,有

$$u_o = u_{c2} - u_{c1} = (E_c - i_{c2}R_L) - (E_c - i_{c1}R_L)$$

$$= R_L(i_{c1} - i_{c2}) = R_L I_0 \tanh\left(\frac{u}{2U_T}\right) \tag{6-53}$$

可得等效的差动输出电流 i_o 与输入电压 u 的关系式为

$$i_o = I_0 \tanh\left(\frac{u}{2U_T}\right) \tag{6-54}$$

式(6-51)、式(6-52)及式(6-54)分别描述了集电极电流 i_{c1}、i_{c2} 和差动输出电流 i_o 与输入电压 u 的关系,这些关系就称为传输特性。图 6-15 给出了这些传输特性的曲线。

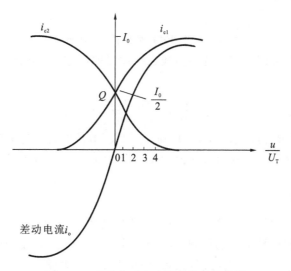

图 6-15　单差分对电路传输特性的曲线

由上面的分析可知,i_{c1}、i_{c2} 和 i_o 与差模输入电压 u 是非线性关系——双曲正切函数关系,与恒流源 I_0 是线性关系。双端输出时,直流抵消,交流输出加倍。输入电压 u 很小时,传输特性近似为线性的,即工作在线性放大区。这是因为当 $|x| < 1$ 时,$\tanh(x/2) \approx x/2$,即当 $|u| <$

$U_T = 26$ mV 时，$u/2U_T < 0.5$，$i_o = I_0 \tanh\left(\dfrac{u}{2U_T}\right) = \dfrac{I_0 u}{2U_T}$。若输入电压很大，为 $|u| > 100$ mV，电路呈限幅状态，两晶体管接近开关状态，因此，该电路可作为高速开关、限幅放大器等电路。当输入差模电压 $u = U_1\cos(\omega_1 t)$ 时，由传输特性可得 i_o 波形，如图 6-16 所示。其所含频率分量可由 $\tanh(u/2U_T)$ 的傅里叶级数展开式求得，即

$$i_o(t) = I_0[\beta_1(x)\cos(\omega_1 t) + \beta_3(x)\cos(3\omega_1 t) + \beta_5(x)\cos(5\omega_1 t) + \cdots]$$

$$= I_0\sum_{n=1}^{+\infty}\beta_{2n-1}(x)\cos[(2n-1)\omega_1 t] \tag{6-55}$$

式中，傅里叶系数为

$$\beta_{2n-1}(x) = \frac{1}{\pi}\int_{-\pi}^{\pi}\tanh\left[\frac{x}{2}\cos(\omega_1 t)\right]\cos[(2n-1)\omega_1 t]\,d\omega_1 t \tag{6-56}$$

其中，$x = U_1/U_T$。

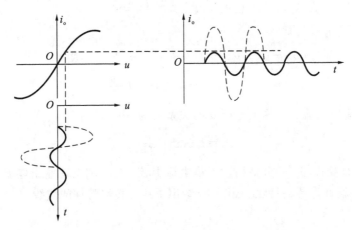

图 6-16 差分对进行放大时 i_o 的输出波形

小信号运用时的跨导即为传输特性曲线在线性区的斜率，它表示电路在放大区输出时的放大能力，即

$$g_m = \frac{\partial i_o}{\partial u}\bigg|_{u=0} = \frac{I_0}{2U_T} \approx 20 I_0 \tag{6-57}$$

式(6-57)表明，g_m 与 I_0 成正比，I_0 增加，则 g_m 加大，增益提高。若 I_0 随时间的变化而变化，则 g_m 也随时间的变化而变化，成为时变跨导 $g_m(t)$。因此，可用控制 I_0 的办法组成线性时变电路。

3）单差分对频谱搬移电路

单差分对放大电路的可控通道有两个：一个为输入差模电压，另一个为电流源 I_0。因此，可采用输入信号和控制信号来分别控制这两个可控通道。由于输出电流 i_o 与 I_0 呈线性关系，所以将控制电流源的这个通道称为线性通道；输出电流 i_o 与差模输入电压 u 呈非线性关系，所以将差模输入通道称为非线性通道。如果用 u_A 作为输入信号，u_B 控制尾电流源并呈线性变换，则差分对放大器可构成一个简单的相乘器，差分对频谱搬移电路的原理如图 6-17 所示。图 6-17 中，恒流源 I_0 由尾管 VT_3 提供，而 VT_3 发射极接有大电阻 R_e。R_e 则可起削弱 VT_3 对发射结非线性电阻的作用。集电极负载为滤波回路，滤波回路（或滤波器）的种类和参数可根

据提供的不同功能进行设计,而输出频率分量呈现的阻抗为 R_L。为了使电路正常工作,u_B 必须保证三极管处于导通状态。

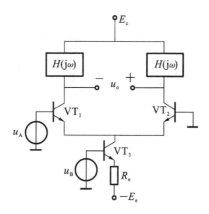

图 6-17　差分对原理电路

由图 6-17 可看出:

$$u_A = u_{be3} + i_{e3} R_e - E_e \qquad (6\text{-}58)$$

当忽略 u_{be3} 后,可得到

$$I_0(t) = i_{e3} = \frac{E_e}{R_e} + \frac{u_B}{R_e} = I_0 \left(1 + \frac{u_B}{E_e} \right) \qquad (6\text{-}59)$$

而 $I_0 = \dfrac{E_e}{R_e}$,由此可得输出电流为

$$i_o(t) = I_0(t) \tanh\left(\frac{u_A}{2U_T} \right) = I_0 \left(1 + \frac{u_B}{E_e} \right) \tanh\left(\frac{u_A}{2U_T} \right) \qquad (6\text{-}60)$$

当 $|u_A| < 26 \text{ mV}$ 时,有

$$i_o(t) \approx I_0 \left(1 + \frac{u_B}{E_e} \right) \frac{u_A}{2U_T} \qquad (6\text{-}61)$$

式(6-61)有两个输入信号的乘积项,因此,可以构成频谱线性搬移电路。与晶体二极管不同,差分对电路是由多个非线性器件组成的平衡式电路,输入信号和控制信号分别加在不同器件的输入端,以实现相乘的特性。当工作在线性时变状态时,可以不必将 u_B 限制在很小的数值内,只要保证 I_0 受 u_B 的控制是线性的就可以了。

2. 双差分对电路

双差分对频谱搬移电路如图 6-18 所示。它由三个基本的差分对管组成,VT_5、VT_6 组成的差分对管是为上面双差分对管 VT_1、VT_2 和 VT_3、VT_4 提供偏置的,其尾电流由电流源 I_0 提供。双差分对电路也可看成是由两个单差分对电路组成的。VT_1、VT_2、VT_5 组成差分对电路 Ⅰ,VT_3、VT_4、VT_6 组成差分对电路 Ⅱ,两个差分对电路的输出端交叉耦合。输入电压 u_A 同时加在 VT_1、VT_2 和 VT_3、VT_4 的输入端,输入电压 u_B 则加到 VT_5 和 VT_6 组成的差分对管输入端,三个差分对管都是差模输入的。双差分对电路每边的输出电流 $i_Ⅰ$ 和 $i_Ⅱ$ 为两差分对管相应边的输出电流之和,因此,双端输出时,它的差动输出电流为

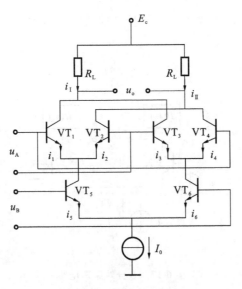

图 6-18 双差分对电路

$$i_o = i_I - i_{II} = (i_1 + i_3) - (i_2 + i_4)$$
$$= (i_1 - i_2) - (i_4 - i_3) \tag{6-62}$$

式中,$(i_1 - i_2)$ 是左边差分对管的差动输出电流;$(i_4 - i_3)$ 是右边差分对管的差动输出电流。有

$$i_1 - i_2 = i_5 \tanh\left(\frac{u_A}{2U_T}\right) \tag{6-63}$$

$$i_4 - i_3 = i_6 \tanh\left(\frac{u_A}{2U_T}\right) \tag{6-64}$$

由此可得

$$i_o = (i_5 - i_6) \tanh\left(\frac{u_A}{2U_T}\right) \tag{6-65}$$

式(6-65)中,$(i_5 - i_6)$ 是 VT_5 和 VT_6 差分对管的差动输出电流,即

$$i_5 - i_6 = I_0 \tanh\left(\frac{u_B}{2U_T}\right) \tag{6-66}$$

代入式(6-65),有

$$i_o = I_0 \tanh\left(\frac{u_A}{2U_T}\right) \tanh\left(\frac{u_B}{2U_T}\right) \tag{6-67}$$

由此可见,双差分对的差动输出电流 i_o 与两个输入电压 u_A、u_B 之间均为非线性关系。用作频谱搬移电路时,输入信号 u_1 和控制信号 u_2 可以任意加在两个非线性通道中;而单差分对电路的输出频率分量与这两个信号所加的位置是有关的。将 $u_1 = U_1 \cos(\omega_1 t)$,$u_2 = U_2 \cos(\omega_2 t)$ 代入式(6-67),有

$$i_o = I_0 \sum_{m=0}^{+\infty} \sum_{n=0}^{+\infty} \beta_{2m-1}(x_1) \cos[(2m-1)\omega_1 t] \cos[(2n-1)\omega_2 t] \tag{6-68}$$

式中,$x_1 = U_1/U_T$,$x_2 = U_2/U_T$。有 ω_1 与 ω_2 的各级奇次谐波分量的组合分量,其中包括两个信号乘积项,但不能等效为理想相乘器。若 U_1、$U_2 < 26$ mV,非线性关系可近似为线性关系,式(6-67)变为

$$i_o = I_0 \frac{u_1}{2U_T} \frac{u_2}{2U_T} = \frac{I_0}{2U_T^2} u_1 u_2 \tag{6-69}$$

为了扩大 u_B 的动态范围,可以在 VT_5 和 VT_6 的发射极上接入负反馈电阻 R_{e2},如图 6-19 所示。当 R_{e2} 的滑动点处于中间值时,忽略 VT_5、VT_6 三极管的 $r_{bb}{}'$,可得

$$u_B = u_{be5} + \frac{1}{2} i_{e5} R_{e2} - u_{be6} - \frac{1}{2} i_{e6} R_{e2} \tag{6-70}$$

式中,$u_{be5} - u_{be6} = U_T \ln(i_{e5}/i_{e6})$,因此式(6-70)可表示为

$$u_B = U_T \ln \frac{i_{e5}}{i_{e6}} + \frac{1}{2}(i_{e5} - i_{e6}) R_{e2} \tag{6-71}$$

若 R_{e2} 足够大,满足深反馈条件,则

$$\frac{1}{2}(i_{e5} - i_{e6}) R_{e2} \gg U_T \ln \frac{i_{e5}}{i_{e6}} \tag{6-72}$$

式(6-71)可简化为

$$u_B \approx \frac{1}{2}(i_{e5} - i_{e6}) R_{e2} \approx \frac{1}{2}(i_5 - i_6) R_{e2} \tag{6-73}$$

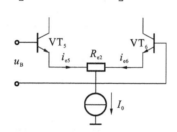

图 6-19　接入负反馈时的差分对电路

式(6-73)表明,接入负反馈电阻,且满足式(6-72)时,差分对管 VT_5 和 VT_6 的差动输出电流近似与 u_B 成正比,而与 I_0 的大小无关。应该指出,这个结论必须在两管均工作于放大区条件下才成立。工作在放大区内,可近似认为 i_{e5} 和 i_{e6} 均大于零。考虑到 $i_{e5} + i_{e6} = I_0$,则由式(6-73)可知,为了保证 i_{e5} 和 i_{e6} 大于零,u_B 的最大动态范围为

$$-\frac{I_0}{2} \leqslant \frac{u_B}{R_{e2}} \leqslant \frac{I_0}{2} \tag{6-74}$$

将式(6-73)代入式(6-67),双差分对的差动输出电流可近似为

$$i_o \approx \frac{2u_B}{R_{e2}} \tanh\left(\frac{u_A}{2U_T}\right) \tag{6-75}$$

上式表明,双差分对工作在线性时变状态。若 u_A 足够小,则结论与式(6-69)类似。如果 u_A 足够大,工作到传输特性的平坦区,则式(6-75)可进一步表示为开关工作状态,即

$$i_o \approx \frac{2}{R_{e2}} K(\omega_A t) u_B \tag{6-76}$$

由上可知,增加负反馈电阻,扩展双差分对电路的输入信号动态范围,适合用于频谱搬移电路。

由以上分析可知,差分对电路作为频谱线性搬移电路时,为六端网络。两个输入电压中,一个用来改变工作点,使跨导变为时变跨导;另一个则作为输入信号,以时变跨导进行放大,因此称为时变跨导放大器。利用线性时变工作状态,可实现两个输入信号相乘的功能。在这种

相乘器中,双差分电路具有动态范围广、易于集成等优点。集成模拟相乘器常由双差分电路组成,双差分电路是集成模拟相乘器的核心。集成模拟相乘器广泛应用于各种通信系统中,具有抗干扰能力强,工作频带宽,体积小,而且容易调整,输入信号动态范围较大,端口间隔离度高等优点。图 6-20 所示的为 Motorola MC1596 内部电路图,它是以双差分电路为基础的,在 y 通道加入了反馈电阻,故 y 通道输入电压动态范围较大,x 通道输入电压动态范围很小。

图 6-20 中,与 500 Ω 串接的二极管 VD_9 组成的电路是作为镜像电流源电路集——基极短接三极管的参考支路。端 5 与地之间的外接 6.8 kΩ 电阻用来设定电流源 VT_7、VT_8 的电流 $I_0/2$,端 2 与端 3 之间的外接电阻 R_y 用来扩展 u_y 的动态范围,端 6 和端 12 之间的外接 3.9 kΩ 电阻为两输出端的负载电阻。MC1596 工作频率高,常用于调制、解调和混频电路。

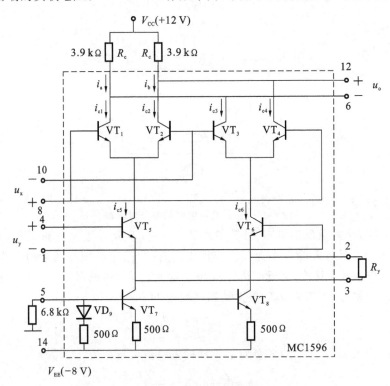

图 6-20 MC1596 的内部电路

6.3 振幅调制

所谓调制,就是按调制信号(也称基带信号)去控制高频载波的某个参数的过程。未受调制的高频振荡信号称为载波信号。受调制后的振荡波称为已调波,它具有调制信号的特征。调制的基本模型如图 6-21 所示。

振幅调制是由调制信号去控制载波的振幅,使之按调制信号的变化规律而变化的技术。从频谱搬移的角度看,凡是能实现将调制信号频谱搬移到载波一侧或两侧的过程,称为振幅调制。经过振幅调制的载波称为调幅波或已调幅波。通常讨论普通调幅(AM)、双边带调幅(DSB)和单边带调幅(SSB)三种方式。其中,普通调幅是最基本的,因此又称标准调幅。三种方式的主要区别在于产生的方法不同、频谱结构不同。

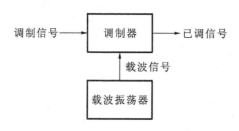

图 6-21　调制的基本模型示意图

6.3.1　振幅调制原理

1. 振幅调制

1)表达式及波形

振幅调制就是用调制信号 u_Ω(声音或图像等)控制高频振荡 u_C(载波)的振幅,使高频振荡的振幅按调制信号的变化规律而变化的技术。设调制信号为

$$u_\Omega = U_\Omega \cos(\Omega t) \tag{6-77}$$

高频载波为

$$u_C = U_C \cos(\omega_c t) \tag{6-78}$$

通常满足 $\omega_c \gg \Omega$,根据调幅的定义,调制信号 u_Ω 对高频载波 u_C 进行振幅调制,已调信号的幅度变化量应和调制信号成正比,其包络线函数(即瞬时振幅)$U_M(t)$ 可表示为

$$U_M(t) = U_C + \Delta U_C(t) = U_C + k_a U_\Omega \cos(\Omega t)$$
$$= U_C[1 + m\cos(\Omega t)] \tag{6-79}$$

式中,$\Delta U_C(t)$ 与调制信号 u_Ω 成正比,代表已调波振幅的变化量;k_a 为比例常数,又称为调制灵敏度,由调制电路确定;m 代表载波振幅在调制过程中的变化强度,它是调幅波振幅最大变化量 $\Delta U_C = k_a U_\Omega$ 与载波振幅 U_C 的比值,称为调幅度(调幅指数),

$$m = \frac{\Delta U_C}{U_C} = \frac{k_a U_\Omega}{U_C} \tag{6-80}$$

通常要求 $0 \leqslant m \leqslant 1$,此时高频振荡波的振幅包络线与调制信号的变化规律完全一致,它包含调制信号的有用信息。当 $m = 1$ 时,称为临界调幅;当 $m > 1$ 时,称为过调幅,此时调幅信号的包络线不能按调制信号 u_Ω 的变化规律而变化,产生了失真。图 6-22 所示的为调制过程中信号的波形,其中图 6-22(a)、(b)所示分别为调制信号、载波信号的波形,图 6-22(c)、(d)和(e)所示分别为 $m < 1$、$m = 1$ 和 $m > 1$ 时的调幅波波形;当 $m > 1$ 时,产生严重的失真,这是应该避免的。

在调幅过程中,由于载波的频率保持不变,故普通调幅波信号的表达式为

$$u_{AM}(t) = U_M(t)\cos(\omega_c t) \tag{6-81}$$
$$= U_C[1 + m\cos(\Omega t)]\cos(\omega_c t)$$

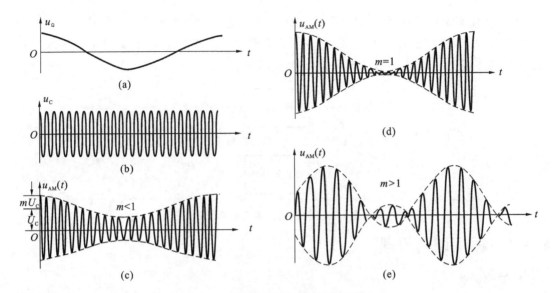

图 6-22　振幅调制过程中的信号波形

实际上,调制信号往往是由许多频率分量组成的非正弦波信号。如图 6-23(a)所示,如果调制信号无失真,那么已调波波形如图 6-23(b)所示,已调波的包络线波形应当与调制信号的波形完全相似。

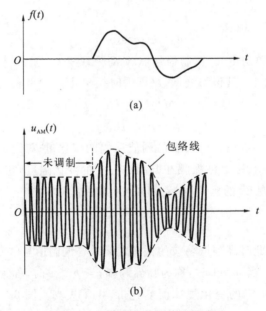

图 6-23　实际调制信号的调幅波形

2)振幅调制的电路模型

由式(6-81)可以看出,要完成振幅调制,可用图 6-24 所示电路模型来完成。u_Ω 为无直流分量的调制信号,u_Ω 为叠加直流分量后再与载波相乘(见图 6-24(a)),则输出的信号就是调幅信号。或者调制信号 u_Ω 先与载波相乘,然后与载波相加,输出的信号也是调幅信号,如图 6-24(b)所示。

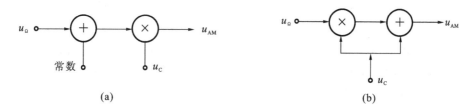

图 6-24　调幅信号的电路模型

(a)先相加再相乘；(b)先相乘再相加

3）调幅波的频谱

为了分析调幅信号所包含的频率成分，可将式(6-81)用三角公式展开，得

$$u_{AM}(t)=U_C[1+m\cos(\Omega t)]\cos(\omega_c t)$$
$$=U_C\cos(\omega_c t)+mU_C\cos(\Omega t)\cos(\omega_c t)$$
$$=U_C\cos(\omega_c t)+\frac{m}{2}U_C\cos[(\omega_c-\Omega)t]+\frac{m}{2}U_C\cos[(\omega_c+\Omega)t] \tag{6-82}$$

上式表明，单音信号调制的调幅波包含三个频率分量，即载波分量 ω_c、上边频分量 $\omega_c+\Omega$ 和下边频分量 $\omega_c-\Omega$，其频谱如图 6-25 所示。

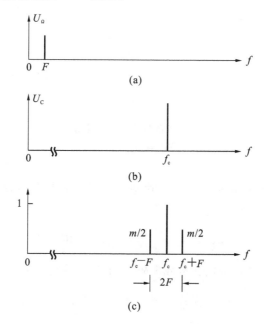

图 6-25　单音信号调制时已调波的频谱

(a)调制信号频谱；(b)载波信号频谱；(c)调幅信号频谱

由图 6-25 可知：频谱的中心分量就是载波分量，载波分量并不包含信息；两个边频分量 $\omega_c+\Omega$ 和 $\omega_c-\Omega$ 以载频为中心对称分布，两个边频幅度相等并与调制信号幅度成正比；边频相对于载频的位置仅取决于调制信号的频率，这说明调制信号的幅度及频率消息只包含于边频分量中。

实际上，调制信号包含多个频率比较复杂的信号。各个低频频率分量所引起的边频对组成了上、下两个边带，例如，语音信号的频率范围为 300～3400 Hz，对语音信号进行调幅，这时

151

调幅波的频谱如图 6-26 所示。由图 6-26 可知,调幅信号的频谱是调制信号频谱的线性搬移,调制的作用在这里是将基带信号频谱搬移到载波频率 ω_c 和$(-\omega_c)$的位置上,因而,调幅是一种线性调制方式,而调幅电路则属于频谱的线性搬移电路。调幅信号的频谱是由载频分量和上、下两个边带组成的。调幅信号的频谱中,$|f|>f_c$ 的部分称为上边带,$|f|<f_c$ 的部分称为下边带。上边带的频谱与原调制信号的频谱结构相同,下边带是上边带的镜像。显然,无论是上边带还是下边带,都含有原调制信号的完整信息,故调幅信号是带有载波的双边带信号,它的带宽为基带信号带宽的 2 倍,即

$$B_{AM} = 2B_m = 2F_H \tag{6-83}$$

式中,$B_m = F_H$ 为调制信号 u_Ω 的带宽;F_H 为调制信号的最高频率。

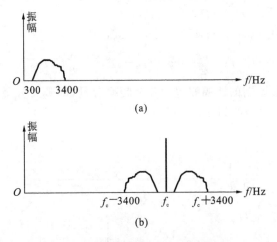

图 6-26　多音频调制的调幅波频谱

(a)多音频信号频谱;(b)已调信号频谱

4)调幅波的功率

调幅波的幅度是变化的,因此存在几种功率。为了分清楚调幅波中各频率分量的功率关系,通常将调幅波电压加在电阻 R_L 两端。单频调制时,在负载电阻 R_L 上消耗的载波功率为

$$P_c = \frac{1}{2\pi} \int_{-\pi}^{\pi} \frac{u_C^2}{R_L} d(\omega_c t) = \frac{U_C^2}{2R_L} \tag{6-84}$$

调幅信号电压一个载波周期内在负载电阻 R_L 上消耗的功率为

$$P(t) = \frac{1}{2\pi} \int_{-\pi}^{\pi} \frac{u_{AM}^2(t)}{R_L} d(\omega_c t) = \frac{1}{2R_L} U_C^2 [1 + m\cos(\Omega t)]^2 \tag{6-85}$$

$$= P_c [1 + m\cos(\Omega t)]^2$$

上式表明,$P(t)$是时间的函数,当 $\Omega t = 0$ 时,$P(t)$最大,$P_{max} = P_c(1+m)^2$;当 $\Omega t = \pi$ 时,$P(t)$最小,$P_{min} = P_c(1-m)^2$。

因为调幅波有三个频率成分,各频率成分单独作用在负载上产生的功率分别为载波功率、上边频功率和下边频功率,其中上、下边频功率相同。

上、下边频功率为

$$P_{上边频} = P_{下边频} = \frac{1}{2R_L}\left(\frac{mU_c}{2}\right)^2 = \frac{m^2}{4} P_c \tag{6-86}$$

调幅波在调制信号一个周期内的平均功率为

$$P_{av} = \frac{1}{2\pi}\int_{-\pi}^{\pi} P(t)\mathrm{d}(\Omega t) = P_c\left(1 + \frac{m^2}{2}\right) \tag{6-87}$$

综上所述,调幅信号的总功率包括载波功率和边频功率两部分。其中只有边频功率才与调制信号有关,载波功率并不携带信息,所以边频功率为有用功率,有

$$\frac{边频功率}{载波功率} = \frac{m^2}{2} \tag{6-88}$$

当 100% 调制($m=1$)时,边频功率为载波功率的 1/2,即不携带调制信号分量的载频占去了 2/3 以上的功率,而带有信息的边频功率不到总功率的 1/3,从能量的观点看,这是一种很大的浪费。当 m 值减小时,边频功率所占比重更小,其能量浪费就更大。

在普通的调幅发射机中,载波功率与边频功率一起发送,能量利用率很低,其主要优点是设备简单,特别是调幅波解调很简单,便于接收,而且与其他调制方式(如调频)相比,调幅占用的频带窄。

2. 抑制载波的双边带调制

载波本身并不包含信息,而且还占有较大的功率,为了减小不必要的功率浪费,在调制过程中,载波抑制就形成双边带抑制载波,记为 DSB-SC,简称双边带。

1)双边带调幅波的数学表达式和电路模型

双边带信号可以由载波与调制信号直接相乘得到,其数学表示式为

$$u_{DSB}(t) = k f(t) u_C \tag{6-89}$$

在单一正弦信号,$u_\Omega = U_\Omega \cos(\Omega t)$ 时,

$$u_{DSB}(t) = k U_C U_\Omega \cos(\Omega t)\cos(\omega_c t)$$

$$= \frac{1}{2} k U_C U_\Omega \left\{\cos\left[(\omega_c + \Omega)t\right] + \cos\left[(\omega_c - \Omega)t\right]\right\} \tag{6-90}$$

式中,k 为调幅电路决定的比例系数。从双边带信号的表达式可以看出,双边带信号实质上就是基带信号与载波直接相乘,产生双边带信号调制的电路组成模型如图 6-27 所示。

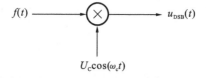

$f(t) \longrightarrow \times \longrightarrow u_{DSB}(t)$

$U_C\cos(\omega_c t)$

图 6-27 双边带信号调制的电路组成模型

在实际电路中,为了得到双边带信号,应在相乘器后加一级中心频率为 f_c、带宽略大于 $2F(F = \Omega/2\pi)$ 的带通滤波器,用于从众多频率分量中提取双边带信号。

2)双边带波形与频谱

由式(6-90)可知,双边带信号的频谱中无载频分量,只有上下边带,双边带调幅单频调制时的双边带信号的波形和频谱如图 6-28 所示。

由图 6-28 和式(6-90)可得如下结论。

(1)在调制信号 u_Ω 的过零点处,双边带信号波形的包络线(图 6-28 中的虚线所示)也出现零点,并且在此零点的两边,高频载波相位有 180° 的突变。因此,双边带信号的包络线不再与

调制信号 u_Ω 的变化规律一致,而是按 $|u_\Omega|$ 的变化规律而变化,严格来说,双边带信号已经非单纯的调幅信号,而是既调幅又调相的信号。

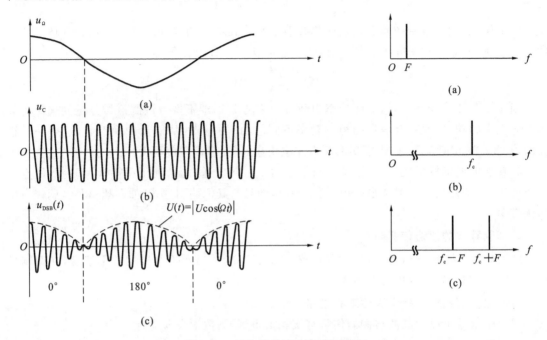

图 6-28　双边带信号的波形和频谱

（2）双边带信号的频谱是通过调制信号 u_Ω 的频谱的线性搬移得到的,边频的结构仍与调制信号的频谱相同,因而抑制载波的双边带调制是一种线性调制。除不含有载频分量离散谱外,双边带信号的频谱与调幅信号的频谱完全相同,仍由上、下对称的两个边带组成。故双边带信号是不带载波的双边带信号,它的带宽与调幅信号相同,也为基带信号带宽的 2 倍,即

$$B_{DSB}=B_{AM}=2B_m=2f_H \tag{6-91}$$

式中,f_H 为调制信号的最高频率。

由于双边带信号不含载波,它的全部功率为边带占有,所以发送的全部功率都载有消息,功率利用率高于调幅信号。

3. 单边带调幅

由于上、下边带都反映了调制信号的频谱结构,且都含有调制信号的全部信息,因此,从有效传输消息的角度看,可以抑制一个边带,而用另一个边带来传输信息,我们将这种调制方式称为单边带调幅。显然,单边带调幅既可充分利用发射机的功率,以提高功率利用率;又可节省占有频带,以提高频带利用率。但是,实现这种调幅方式的调制和解调技术比较复杂。

单边带（SSB）信号是由双边带信号经边带滤波器滤除一个边带或在调制过程中,直接将一个边带抵消而成。单频调制时,双边带信号为 $u_{DSB}(t)=ku_\Omega u_c$。当取上边带时,

$$u_{SSB}(t)=U\cos[(\omega_c+\Omega)t] \tag{6-92}$$

当取下边带时,

$$u_{SSB}(t)=U\cos[(\omega_c-\Omega)t] \tag{6-93}$$

从式(6-92)与式(6-93)可以看出,单频调制时的单边带信号仍是等幅波,但它与原载波电压是不同的。单边带信号的振幅与调制信号的幅度成正比,它的频率随调制信号频率的不同而不同,因此它包含消息特征。单边带信号的包络线与调制信号的包络线的形状相同。单频调制时,它们的包络线都是一常数。图 6-29 所示的为单边带信号的波形,图 6-30 所示的为调制过程中的信号频谱。

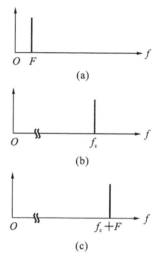

(a)

(b)

(c)

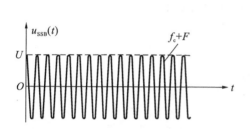

图 6-29　单音调制的单边带信号波形

图 6-30　单边带调制时的频谱搬移

产生单边带信号的方法有很多种,其中用滤波法实现单边带调制的电路模型如图 6-31 所示,让双边带信号通过一个单边带滤波器,保留所需要的一个边带,滤除不要的边带,即可得到单边带信号,这就是滤波法。

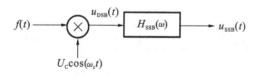

图 6-31　用滤波法实现单边带信号电路模型

由此可见,只需将滤波器 $H_{SSB}(\omega)$ 设计成如图 6-32 所示的理想高通特性 $H_{USB}(\omega)$ 或理想低通特性 $H_{LSB}(\omega)$ 的滤波器,就可以分别得到上边带和下边带。

因此,$H_{SSB}(\omega)$ 单边带滤波器的传递函数有两种形式,即上边带滤波器传递函数和下边带滤波器传递函数,分别为

$$H_{SSB}(\omega)=H_{USB}(\omega)=\begin{cases}1 & (|\omega|>\omega_c)\\0 & (|\omega|\leqslant\omega_c)\end{cases} \tag{6-94}$$

$$H_{SSB}(\omega)=H_{LSB}(\omega)=\begin{cases}1 & (|\omega|<\omega_c)\\0 & (|\omega|\geqslant\omega_c)\end{cases} \tag{6-95}$$

显然,单边带信号的频谱可表示为

$$S_{SSB}(\omega)=S_{DSB}(\omega)H_{SSB}(\omega)=\frac{1}{2}\left[F(\omega-\omega_c)+F(\omega+\omega_c)\right]H_{SSB}(\omega) \tag{6-96}$$

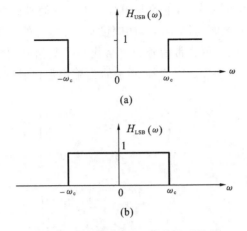

(a)

(b)

图 6-32 形成单边带信号的滤波特性

滤波法的频谱变换关系如图 6-33 所示。

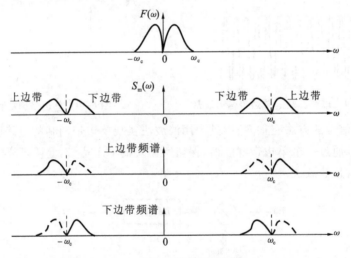

图 6-33 单边带信号的频谱

下边带 SSB 信号可以由一个双边带信号通过理想低通滤波器获得。因此,下边带信号可以表示为

$$S_{SSB}(\omega) = S_{DSB}(\omega) H_{LSB}(\omega) = \frac{1}{2} [F(\omega+\omega_c) + F(\omega-\omega_c)] H_{LSB}(\omega) \tag{6-97}$$

式中,

$$H_{LSB}(\omega) = \frac{1}{2} [\text{sgn}(\omega+\omega_c) - \text{sgn}(\omega-\omega_c)] \tag{6-98}$$

它就是图 6-32(b)所示的滤波器的特性。

式(6-98)中,

$$\text{sgn}\omega = \begin{cases} 1 & (\omega>0) \\ -1 & (\omega<0) \end{cases} \tag{6-99}$$

将式(6-98)代入式(6-97),可得

$$S_{SSB}(\omega) = \frac{1}{4} \left[F(\omega+\omega_c) + F(\omega-\omega_c) \right]$$

$$+ \frac{1}{4} \left[F(\omega+\omega_c) \operatorname{sgn}(\omega+\omega_c) - F(\omega-\omega_c) \operatorname{sgn}(\omega-\omega_c) \right]$$

(6-100)

由于

$$\frac{1}{4} \left[F(\omega+\omega_c) + F(\omega-\omega_c) \right] \Leftrightarrow \frac{1}{2} f(t) \cos(\omega_c t)$$

$$\frac{1}{4} \left[F(\omega+\omega_c) \operatorname{sgn}(\omega+\omega_c) - F(\omega-\omega_c) \operatorname{sgn}(\omega-\omega_c) \right] \Leftrightarrow \frac{1}{2} \hat{f}(t) \sin(\omega_c t)$$

式中,$\hat{f}(t)$ 是 $f(t)$ 的希尔伯特变换,它是将 $f(t)$ 的所有频率分量都移相 $-\pi/2$ 得到的。若 $F(\omega)$ 是 $f(t)$ 的傅里叶变换,则

$$\hat{F}(\omega) = F(\omega) \cdot \left[-j \operatorname{sgn} \omega \right] \tag{6-101}$$

式(6-101)中的 $\left[-j\operatorname{sgn}\omega \right]$ 可以看成是希尔伯特滤波器的传递函数,即

$$H_h(\omega) = \hat{F}(\omega)/F(\omega) = -j\operatorname{sgn}\omega \tag{6-102}$$

希尔伯特滤波器变换网络及其传递函数如图 6-34 所示。

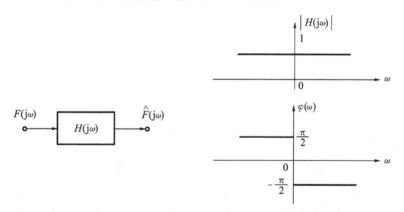

图 6-34 希尔伯特滤波器变换网络及其传递函数

故可得下边带单边带(SSB)信号的时域表示式为

$$u_{SSB}(t) = \frac{1}{2} f(t) \cos(\omega_c t) + \frac{1}{2} \hat{f}(t) \sin(\omega_c t) \tag{6-103}$$

同理,可得上边带单边带(SSB)信号的时域表示式为

$$u_{SSB}(t) = \frac{1}{2} f(t) \cos(\omega_c t) - \frac{1}{2} \hat{f}(t) \sin(\omega_c t) \tag{6-104}$$

因此,可将单边带(SSB)信号的表达式统一写成

$$u_{SSB} = \frac{1}{2} f(t) \cos(\omega_c t) \pm \frac{1}{2} \hat{f}(t) \sin(\omega_c t) \tag{6-105}$$

从本质上说,单边带调制是幅度和频率都随调制信号改变的调制方式。但是,由于它产生的已调信号频率与调制信号频率间只是一个线性变换关系(由 Ω 变至 $\omega_c+\Omega$ 或 $\omega_c-\Omega$ 的线性搬移),这一点与调幅信号及双边带信号相似,因此通常把它归于振幅调制。单边带调制方式在传送信息时,不但功率利用率高,而且它所占用频带仅为调幅信号、双边带信号的一半,频带利用充分,目前已成为短波通信中一种重要的调制方式。

6.3.2 振幅调制电路

由上述分析可知,调幅、双边带和单边带三种信号在时域内都有一个调制信号和载波的相乘项,在频域上都将调制信号的频谱搬移到载频上,且频谱结构不发生变化,因此均为线性调制(频谱的线性搬移)。获得调制信号与载波的相乘项后,要通过合适的滤波器选出所需成分,而相乘项的获得必须采用非线性电路才能实现。本节将讨论调幅波的常用产生电路。一般来说,不论采用哪一种调幅方式,都要求调幅电路的调制效率高,调制线性范围大,失真度小。

振幅调制的方法按功率电平的高低可分为高电平调幅电路和低电平调幅电路等两类。前者是在发射机的最后一级直接产生达到输出功率要求的调幅波的电路;后者多在发射机的前级产生小功率的调幅波,再经线性放大器放大,达到所需的发射功率。

普通的调幅波产生电路多采用高电平调幅电路。它的优点是,不需要采用效率低的线性功率放大器,有利于提高整机效率,但必须兼顾输出功率、效率和调制线性的要求。低电平调制电路的优点是,调幅器的功率小,电路简单,由于其输出功率小,因此常用在双边带调制和低电平输出系统中。

1. 高电平调幅

由于高电平调幅可直接产生调幅信号,因此在调幅发射机中,一般采用高电平调幅电路。高电平调幅过程是在发射机高电平级即功率放大器末级或末前级中进行的,由于其电平较高,故称为高电平调幅。高电平调幅电路是以高频功率放大器为基础构成的,实际上它就是一个输出电压振幅受调制信号控制的高频功率放大器,能同时实现调制和功率放大,将功率放大器和调制电路合二为一。高电平调幅电路的优点是,采用高效率的丙类功率放大器来实现高电平调幅,这对提高发射机整机效率有利,并且它在调幅的同时还具有一定的功率增益。但它也必须兼顾输出功率、效率和调制线性的要求。根据调制信号控制电极的不同,高电平调幅电路可分为基极调幅、集电极调幅和发射极调幅等三种。为了保证调制的线性特性,根据丙类功率放大器的调制特性要求:基极调幅应工作在欠压区,集电极调幅应工作在过压区。下面主要介绍基极调幅和集电极调幅两种方式。总的来说,高电平调幅采用的方法是,通过改变某一电极(基极或集电极)的直流电压来控制集电极高频电流振幅。或者说,高电平调幅电路就是一个输出电压振幅受调制信号控制的调谐功率放大器。

1)集电极调幅

集电极调幅是利用调制电压去控制晶体管的集电极电压,通过集电极电压的变化,集电极高频电流的基波分量随调制信号的变化而变化,从而实现调幅的方法。实际上,它是一个集电极电源受调制信号控制的高频功率放大器。集电极调幅电路如图 6-35 所示,其中 T_1、T_3 为高频变压器,T_2 为低频变压器。等幅高频载波通过高频变压器 T_1 输入到基极,调制信号 u_Ω 通过低频变压器 T_2 加到集电极回路且与电源电压相串联,此时,$E_c = E_{c0} + u_\Omega$,即集电极电源电压随调制信号的变化而变化,所以,集电极调幅电路就可看成是具有缓慢变化电源的谐振功率放大器。它与高频功率放大器的区别在于集电极电源随调制信号的变化而变化。

图 6-35 所示电路中,电容 C_b、C_c 是高频旁路电容,C_c 的作用是避免高频电流通过调制变压器 T_2 的次级线圈及直流电源,因此,它对于高频相当于短路,而对于调制信号频率相当于开路。调幅电路基极回路采用的是串联馈电方式,并且其基极偏置为自给基极偏置,R_b 上得到负偏压。集电极回路采用的也是串联馈电方式,LC 谐振回路相当于带通滤波器,应保证回路调谐于 ω_c,通带为 2Ω。这样,集电极回路的输出电压就是调幅电压。

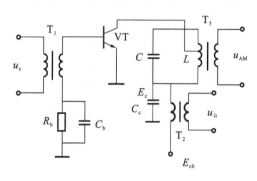

图 6-35　集电极调幅电路

由功率放大器的分析可知,当功率放大器工作于过压状态时,集电极电流的基波分量与集电极偏置电压呈线性关系。因此,要实现集电极调幅,放大器应工作在过压状态。图 6-36 给出了集电极电流基波振幅 I_{c1} 随 E_c 变化而变化的曲线——集电极调幅时的静态调制特性,由图 6-36 可知:若 E_c 较大,则放大器工作在欠压状态,集电极高频电流的基波分量 I_{c1} 随 E_c 变化(实际是调制信号 u_Ω 的变化)而变化很小,集电极电流脉冲在欠压区可近似认为不变;若 E_c 较小,则放大器工作在过压状态,I_{c1} 随着 E_c 的变化而变化比较明显(近似呈线性关系),这时集电极余弦电流脉冲的高度和凹陷程度均随 u_Ω 的变化而变化。所以,在调制过程中,只有放大器工作在过压状态,集电极有效电源电压对集电极电流才有较强的控制作用,其电压的变化才会引起集电极电流脉冲幅度和输出电压幅度的明显变化,经过集电极谐振回路的滤波作用后,在放大器输出端即可获得已调波信号,从而实现集电极调幅作用。因此,集电极调幅时,放大器应工作在过压状态,这时集电极电流的基波分量与集电极偏置电压呈线性关系。

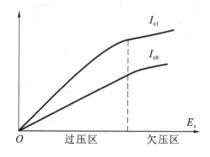

图 6-36　集电极电流基波振幅 I_{c1} 随 E_c 变化的曲线

图 6-37 给出了集电极调幅电路工作在过压状态时,集电极电流 i_c 的变化波形以及经过选频后的输出电压波形。图 6-37(a)中,为了保证调幅电路具有较高的效率,同时调幅波的包络线无失真,集电极调幅电路中的直流电源 E_c 应位于过压区直线段的中央;图 6-37(b)表示集电

极余弦电流脉冲 i_c 随调制信号 u_Ω 变化而变化的波形。可见,集电极基波电流幅值正好反映调制信号的波形变化。当将变化的 i_c 信号通过一个中心频率为 f_c 的带通滤波器时,放大器的输出端就能得到如图 6-37 所示的普通调幅波。

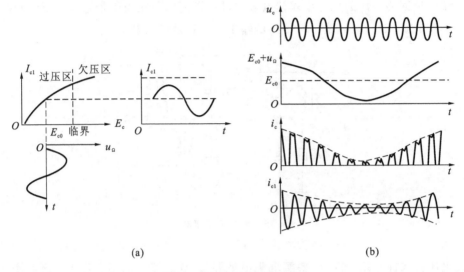

(a)   (b)

图 6-37　集电极调幅的波形

(a)直流电源 E_c 位于过压区直线段的中央;(b)集电极余弦电流脉冲 i_c 随调制信号 u_Ω 变化的波形

2)基极调幅

图 6-38 所示的是基极调幅电路。图 6-38 所示电路中,L_{B1} 为高频扼流圈,L_B 为低频扼流圈,C_1、C_3、C_5 为低频旁路电容,C_2、C_4、C_6 为高频旁路电容。调制过程中,载波和调制信号都串接在放大器的基极回路中,电路中调制信号 u_Ω(相当于一个缓慢变化的偏压)和基极偏压叠加作为基极的时变偏压,其值随调制信号的变化规律而变化。基极调幅与高频谐振功率放大器的区别是,基极偏压随调制电压变化而变化。

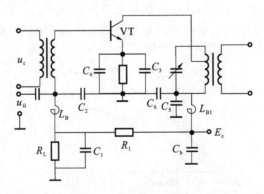

图 6-38　基极调幅电路

分析高频功率放大器的基极调制特性时已得出集电极电流基波分量振幅 I_c 随 E_b 变化的曲线,这条曲线就是基极调幅的静态调制特性,如图 6-39 所示。由图 6-39 可见,调制特性曲线如果 E_b 随 u_Ω 变化而变化,I_{c1} 将随之变化,从而得到已调幅信号。从调制特性来看,为了使

I_{c1} 受 E_b 的控制，放大器明显应工作在欠压状态。

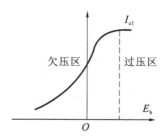

图 6-39　基极调幅的静态调制特性曲线

　　基极调幅的波形如图 6-40 所示。由图 6-40 可知，在调制过程中，当基极偏压变化（实际是调制信号 u_Ω 变化）时，基极回路电压 u_{be} 随之变化，引起放大器的集电极余弦脉冲峰值 i_{cmax} 和导通角 θ_c 也随调制信号的变化而变化。当 u_Ω 正向增大时，i_{cmax} 和 θ_c 随调制信号的增大而增大；当 u_Ω 负向减小时，i_{cmax} 和 θ_c 随调制信号的减小而减小，故输出电压幅值正好反映调制信号的波形变化。如果 i_c 信号通过一个中心频率为 f_c 的带通滤波器，则放大器的输出端就能得到普通调幅波。可见，为了实现调幅，基极调幅电路必须工作在欠压状态。

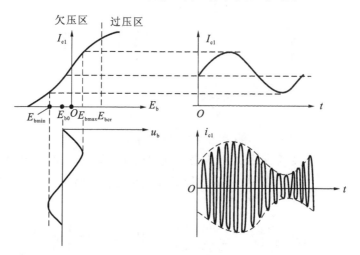

图 6-40　基极调幅的波形

　　基极调幅的主要优点：由于调制信号接在基极回路，因而基极电流小，消耗功率也小；同时，调制信号经过功率放大器后再输出，因而基极只需注入较小的调制信号功率，就能获得较大的已调波功率，这样，调制信号的放大电路就比较简单，对调制器的小型化有利。基极调幅的缺点：由于欠压状态功率放大器效率较低，因此基极调幅效率较低，且调制线性不如集电极调幅的，其输出波形较差。

2. 低电平调幅

　　低电平调幅就是将调制和功率放大器分开，调制后的信号电平较低，需经功率放大后达到一定的发射功率再发送出去，即先在发射机前级产生小功率的已调波，再经过线性功率放大后得到所需发射功率电平的调幅波，简单来说，就是先调制后功率放大器。这种组成结构的最大特点：调制电路与高频功率放大器分开，调制的实现比较方便，可以保证调制的良好线性性。但由于调制在功率放大之前进行，因此功率放大器的工作效率较低，且调制器容易对振荡源产生影响。对于低电平调幅而言，调幅、双边带调幅、单边带调幅这三种调制方式都适用，但低电平调幅电路主要用于双边带调幅、单边带调幅信号的产生。常用的低电平调幅方法有：平衡调幅、环形调幅和模拟相乘器调幅等。下面分别介绍调幅信号、双边带信号和单边带信号的低电平调幅电路。

1）调幅电路

（1）单二极管调幅电路。用单二极管电路可以产生调制信号，图 6-41 所示的为单二极管调幅电路。图 6-41 中，为了减少不需要的频率成分，让二极管工作在开关状态，要求一个电压足够大，另一个电压小，则二极管的导通与截止完全受大电压控制，此时将依靠二极管的导通和截止来实现频率变换。为了分析方便，可将二极管当成一个理想的开关来处理。若取载波为大电压，调制信号为小电压，并且满足 $U_c \gg U_\Omega$ 条件，则二极管处在受载波 u_c 控制的开关状态。此时二极管相当于一个按照载频重复通断的开关。

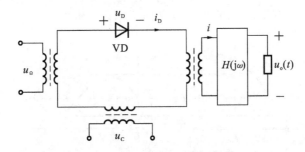

图 6-41　单二极管调幅电路

根据非线性电路的开关函数分析法，在忽略输出电压对回路的反作用的情况下，加在二极管两端的电压为 $u_D = u_C + u_\Omega$，因为二极管的导通与截止完全受载波电压 u_C 的控制，故二极管的电流为

$$i_D = \begin{cases} g_D u_D & (u_C \geqslant 0) \\ 0 & (u_C < 0) \end{cases} \qquad \text{且} \quad g_D = \frac{1}{r_D + R_L} \qquad (6\text{-}106)$$

式中，g_D 为回路电导，它是二极管导通电阻 r_D 和负载电阻 R_L 反射到输出变压器初级的反射电阻相串联后的等效电导。单向开关函数受控于载波，可表示为

$$K(\omega_c t) = \begin{cases} 1 & (\cos(\omega_c t) \geqslant 0) \\ 0 & (\cos(\omega_c t) < 0) \end{cases} \qquad (6\text{-}107)$$

综合式（6-106）和式（6-107），有

$$i_D = g_D K(\omega_c t) u_D = g(t) u_D$$

因此，流过二极管的电流 i_D 为

$$i_D = \frac{g_D}{\pi} U_C + \frac{g_D}{2} U_\Omega \cos(\Omega t) + \frac{g_D}{2} U_C \cos(\omega_c t)$$

$$+ \frac{g_D}{\pi} U_\Omega \cos[(\omega_c - \Omega)t] + \frac{g_D}{\pi} U_\Omega \cos[(\omega_c + \Omega)t] + \cdots \qquad (6\text{-}108)$$

即二极管的电流 i_D 中的频率分量有:输入信号 ω_c、Ω,载波的偶次谐波分量 $2n\omega_c(n=1,2,\cdots)$,载波的奇次谐波和调制信号基波的组合频率 $2n\omega_c\pm\Omega$(其中 $n=1,2,\cdots$)以及直流分量。在输出端,用中心频率为 ω_c、带宽为 2Ω 的带通滤波器 $H(j\omega)$,取出频率分量为 ω_c、$\omega_c+\Omega$ 和 $\omega_c-\Omega$ 成分,输出信号是调制信号,从而实现普通调幅。

可见,单二极管调幅电路只可以产生普通调幅波。在单二极管调幅中,大信号开关式调幅输出有载波成分,若要抑制载波,得到双边带信号,则可采用平衡调幅方式实现。

(2)模拟相乘器实现普通调幅。随着集成电路的快速发展,模拟相乘器大量应用在振幅调制、同步检波、混频、倍频、鉴频、鉴相等过程中。模拟相乘器是低电平调幅电路中的常用器件,其体积小、性能优越,既可以实现普通调幅,也可以实现双边带调幅及单边带调幅;既可以用单片集成模拟相乘器来组成调幅电路,也可以采用含有模拟相乘器的专用集成调幅电路来实现调幅。单片集成模拟相乘器种类较多,目前市场上常见的产品有美国生产的 LM1496、LM1595、LM1596,Motorola 公司生产的 MC1496/1596(国内同类型号是 XFC1596)、MC1495/1595(国内同类型号是 BG314)及我国生产的产品 CF1496/1596 等。下面介绍采用模拟相乘器实现的调幅电路。

普通调幅波含有载波分量,故要在调制信号上叠加一直流电压,然后再将它们一同加入模拟相乘器的输入端并与载波相乘,这样就可得到调幅波的输出。图 6-42 所示的为用模拟相乘器构成的普通调幅电路框图,其中,U_d 为直流电压。模拟相乘器前级为反向求和运算放大器。

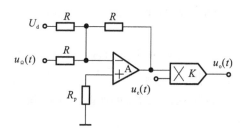

图 6-42　模拟相乘器构成的普通调幅电路框图

假设调制信号为 $u_\Omega=U_\Omega\cos(\Omega t)$,载波信号为 $u_c=U_c\cos(\omega_c t)$,根据图 6-42 可写出其数学表达式为

$$u_o(t)=-KU_c[U_d+U_\Omega\cos(\Omega t)]\cos(\omega_c t)=-KU_cU_d\left[1+\frac{U_\Omega}{U_d}\cos(\Omega t)\right]\cos(\omega_c t)$$

$$=-KU_cU_d[1+m_a\cos(\Omega t)]\cos(\omega_c t) \tag{6-109}$$

式中,$m_a=U_\Omega/U_d$,为调幅系数。欲使 $m_a\leqslant1$,则必须保证调制信号的振幅不大于直流电压的值及 $U_\Omega\leqslant U_d$;否则会产生过调失真。

图 6-43 所示的是用 MC1596G 产生调制信号的电路。该电路的输入/输出均采用单端不平衡连接方式。X 通道两输入端 8、10 脚直流电位约为 6 V,可作为载波输入通道;Y 通道两输入端 1、4 脚之间外接有调零电路,调节 51 kΩ 电位器可使 1 脚直流电位比 4 脚高 U_Y(相当于给输出载波分量提供一个合适的值),外加调制信号 $u_\Omega=U_\Omega\cos(\Omega t)$ 与直流电压叠加后输

入 Y 通道。图 6-43 所示电路中 51 Ω 的可调电阻可以用来改变调幅指数 m_a,保证调制信号达到最大时不会出现过调的线性,避免失真。输出端 6、12 脚外应接调谐于载频的带通滤波器。

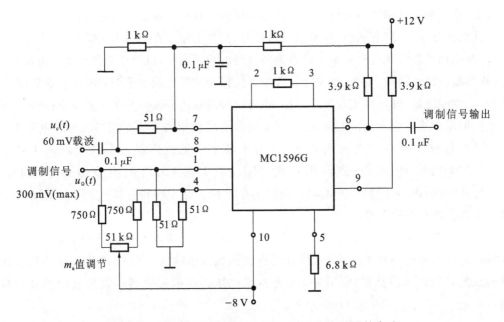

图 6-43 利用模拟相乘器 MC1596G 产生调制信号的电路

2)双边带调幅电路

(1)二极管平衡调幅电路。最常用的双边带调幅电路是二极管平衡调幅电路,其原理电路如图 6-44 所示,它由两个性能一致的二极管及具有中心抽头的变压器 T_1、T_2 接成平衡电路。T_2 输出端接有中心频率 $f_o = f_c$ 的带通滤波器,可滤除无用的频率分量。从 T_2 次级向右看的负载电阻为 R_L,为了分析方便,设 $N_1 = N_2$。

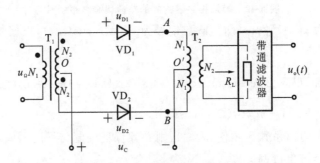

图 6-44 二极管平衡调幅电路

二极管平衡调幅电路中,设调制信号为 $u_\Omega = U_\Omega \cos(\Omega t)$,载波信号为 $u_c = U_C \cos(\omega_c t)$,为了提高调制的线性性,通常使 $U_C \gg U_\Omega$,工作于大信号状态。二极管平衡调幅电路可以看成是两个单二极管开关调幅电路对称组合而成的,从而减少了不需要的谐波成分,二极管工作在开关状态,受控于载波信号 u_c,这种情况下的二极管平衡调幅电路也称为二极管平衡斩波调幅电路。由二极管平衡电路输出电流的表达式式(6-19),在 $u_1 = u_\Omega$、$u_2 = u_c$ 的情况下,得输出变压器的次级电流 i_L 为

$$i_L = 2g_D K(\omega_c t) u_\Omega$$

$$= g_D U_\Omega \cos(\Omega t) + \frac{2}{\pi} g_D U_\Omega \cos[(\omega_c + \Omega)t] + \frac{2}{\pi} g_D U_\Omega \cos[(\omega_c - \Omega)t]$$

$$- \frac{2}{3\pi} g_D U_\Omega \cos[(3\omega_c + \Omega)t] - \frac{2}{3\pi} g_D U_\Omega \cos[(3\omega_c - \Omega)t] + \cdots \qquad (6\text{-}110)$$

式(6-110)表明,输出电流中无载频及倍频分量,i_L 只包含输入信号 Ω 分量和 $(2n+1)\omega_c \pm \Omega$ ($n = 0,1,2,\cdots$)分量,若输出滤波器的中心频率为 ω_c,带宽为 2Ω,谐振阻抗为 R_L,则输出电压为

$$u_o(t) = R_L \frac{2}{\pi} g_D U_\Omega \cos[(\omega_c + \Omega)t] + R_L \frac{2}{\pi} g_D U_\Omega \cos[(\omega_c - \Omega)t]$$

$$= 4U_\Omega \frac{R_L g_D}{\pi} \cos(\Omega t) \cos(\omega_c t) \qquad (6\text{-}111)$$

二极管平衡调幅器采用平衡方式,将载波抑制掉,从而获得抑制载波的双边带信号。同样,若电路工作在小信号状态,则用幂级数分析方法仍然可以实现双边带调幅。对于平衡调幅器而言,不论工作在何种状态,只要两个二极管特性相同、电路完全对称,载波成分就会因对称而被抵消,但在输出电压中,只有上边带和下边带,而没有载波,即输出的是双边带信号。

(2)二极管环形调幅电路。为了进一步减少无用组合频率分量,可在平衡调幅器基础上再增加两个二极管 VD_3、VD_4,电路中四个二极管首尾相接构成环形,这就构成了二极管环形调幅器。通常,其载波幅值很强,使二极管工作在开关状态,电路采用斩波分析方式。所以,环形调幅电路又称环形斩波调幅电路,其电路原理如图 6-45 所示。这四个二极管的导通与截止也完全由载波电压 $u_c = U_c \cos(\omega_c t)$ 决定,当 u_c 为正半周时,VD_1、VD_2 导通,VD_3、VD_4 截止;当 u_c 为负半周时,VD_1、VD_2 截止,VD_3、VD_4 导通。因此,环形调幅器可以认为是由两个平衡调幅器组成的。由二极管双平衡电路输出电流的表达式式(6-24),在 $u_1 = u_\Omega$、$u_2 = u_c$ 的情况下,该式可表示为

$$i_L = 2g_D K'(\omega_c t) u_\Omega$$

$$= 2g_D \left[\frac{4}{\pi} \cos(\omega_c t) - \frac{4}{3\pi} \cos(3\omega_c t) + \cdots \right] U_\Omega \cos(\Omega t) \qquad (6\text{-}112)$$

经滤波后,有

$$u_o = \frac{8}{\pi} R_L g_D U_\Omega \cos(\Omega t) \cos(\omega_c t) \qquad (6\text{-}113)$$

从而可得双边带信号,其波形如图 6-46 所示。

由此可见,环形调幅器输出电压是输入调制信号与双向开关函数的乘积,体现了斩波的作用,所得到的频谱只含有 $(2n+1)\omega_c \pm \Omega$ ($n = 0,1,2,\cdots$)频率分量,且很容易滤除无用分量,从而得到载频的上边带、下边带,所以其为抑制载波调幅电路。与平衡调幅器相比,环形调幅器进一步抑制了低频分量,且各分量振幅比平衡调幅器的提高了 1 倍,调幅效率也提高了 1 倍,

它的实际功能接近相乘器。因此获得了广泛应用。

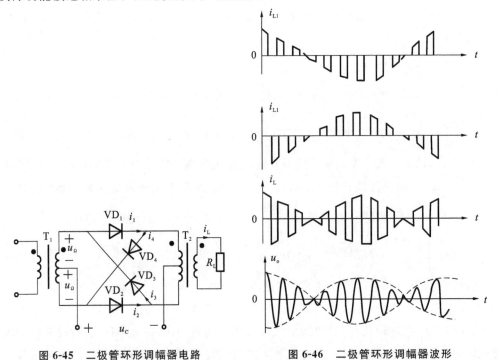

图 6-45　二极管环形调幅器电路　　　　　图 6-46　二极管环形调幅器波形

（3）模拟相乘器实现双边带调幅。模拟相乘器构成的抑制载波的双边带调幅电路方框图如图 6-47 所示。将调制信号和载波信号分别加到模拟相乘器的两个输入端,其输出端就得到两个信号的相乘信号,也就是抑制载波双边带调幅波。输出电压为

$$u_o(t) = KU_\Omega U_C \cos(\Omega t)\cos(\omega_c t) \tag{6-114}$$

用三角函数展开上式,就是双边带信号的表示式。

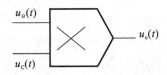

图 6-47　双边带调幅电路方框图

3）单边带调幅电路

单边带调幅在短波通信中应用广泛,它具有节约频带,节省发射功率,抗选择性衰减能力强等优点;缺点是单边带通信系统的设备较复杂、造价高,而且其收发信端需要很高的频率稳定度和其他技术手段来保证系统的有效通信。

产生单边带调幅信号的方法主要有滤波法和移相法等两种,前面已经对滤波法的原理进行了简单介绍。

（1）滤波法。滤波法将双边带信号滤除一个边带形成的单边带信号。用滤波法形成单边带信号,原理简单、直观,但存在一个重要问题是单边带滤波器不易制作。这是因为,理想特性

的滤波器是不可能做到的,实际滤波器从通带到阻带总有一个过渡带。而一般调制信号都具有丰富的低频成分,经过调制后得到的双边带信号的上边带、下边带之间的间隔很窄,要想通过一个边带而滤除另一个,要求单边带滤波器在 f_c 附近具有陡峭的截止特性,即很小的过渡带。设语音信号的最低频率为 300 Hz,调制器产生的上边带和下边带之差为 600 Hz,若要求对无用边带的抑制度为 40 dB,则要求滤波器在 600 Hz 过渡带内衰减变化 40 dB 以上。图 6-48 就是要求的理想边带滤波器的衰减频率特性。除了过渡特性外,还要求在通带内衰减要小。这就使得滤波器的设计与制作很困难,有时甚至难以实现。为此,实际中往往采用多级调制的办法,即在低频上形成单边带信号,然后通过变频将频谱搬移到更高的载频上。

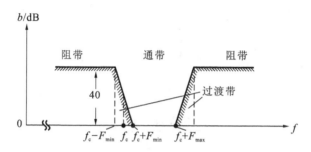

图 6-48　理想边带滤波器的衰减频率特性

在发射机中,单边带调制器的位置与调幅调制器的位置不同,应放在前级,这是为了很好地抑制无用的边带,边带滤波器需要具有陡峭的衰减特性,这需要在固定的低载频(几百千赫磁到几兆赫磁)上产生单边带信号;其次,调制信号的幅度增加会引起调制器的非线性失真增加,即单边带信号还应在低电平上产生,故单边带调制器应放在发射机的前端。

图 6-49 所示的是采用滤波法产生单边带信号的发射机框图。该机可以同时发送两路语音信号,语音信号经过调制器(平衡或环形调制器)产生双边带信号,然后经边带滤波器就可得到所需的单边带(上边带或下边带)信号。再通过几次混频,将频谱搬移到更高的载频上。

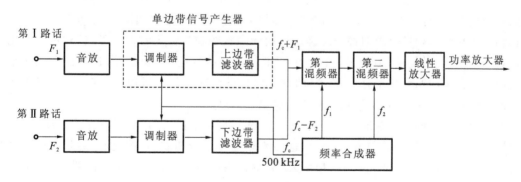

图 6-49　滤波法产生单边带信号的发射机框图

(2)移相法。移相法是利用移相网络,对载波和调制信号进行适当的相移,以便在相加过程中将其中的一个边带抵消而获得单边带信号的技术。在单边带信号分析中,可以得到

$$u_{SSB}(t) = f(t)\cos(\omega_c t) \pm \hat{f}(t)\sin(\omega_c t) \tag{6-115}$$

由式(6-115)可知,可用两个90°移相器分别将调制信号和载波移相90°,成为 $\hat{f}(t)$ 和 $\sin(\omega_c t)$;然后进行相乘运算和相加(减)运算,就可以实现单边带调幅信号。欲取上边带"和频",则将以上两式相减;欲取下边带"差频",则将以上两式相加。图 6-50 所示的为移相法单边带调幅电路原理图。

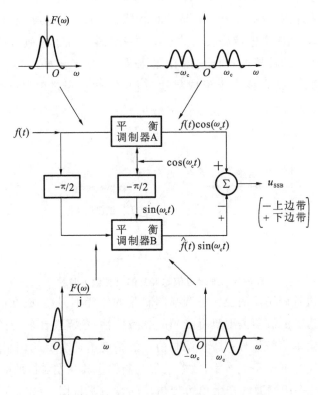

图 6-50 移相法单边带调幅电路原理图

由图 6-50 可见,用两个90°移相器分别将调制信号及载波移相90°后再进行相乘、合并,就可实现单边带调幅。这种方法的优点是,可在较高载波上实现单边带调幅,原则上能把相距很近的两个边频分开,而不需要任何滤波器。移相法实现的关键是移相器,要求调制信号和载波的移相网络在整个频带范围内都能准确地移相90°,且幅频特性为常数。显然,对单频调制信号进行90°移相比较简单,但对于具有一定频带的调制信号进行90°移相,且要保证在整个频带范围内对其中的每个频率分量都准确地移相90°是很困难的。所以,此方法一般只用于对单频调制信号的调幅,这就是移相法单边带调幅的缺点。

为了提高移相网络的精度,可以采用两个 $\pi/4$ 移相网络供给两个调制器:一个为 $+\pi/4$ 移相,另一个为 $-\pi/4$ 移相。图 6-51(a)为这种移相法单边带调制器的框图。经过 $\pm\pi/4$ 移相后,两路音频信号相差 $\pi/2$。载频由频率为 $4f_0$ 的振荡器经四次数字分频器得到。载频的 $\pi/2$ 相差也由分频器来保证。各点波形如图 6-51(b)所示。

移相法对调制器的载漏抑制要求较高。由于不采用边带滤波器,所以载波的抑制就只能靠调制器来完成。由于不采用边带滤波器,所以载频的选择受到的限制较小,因此可以在较高的频率上形成单边带信号。

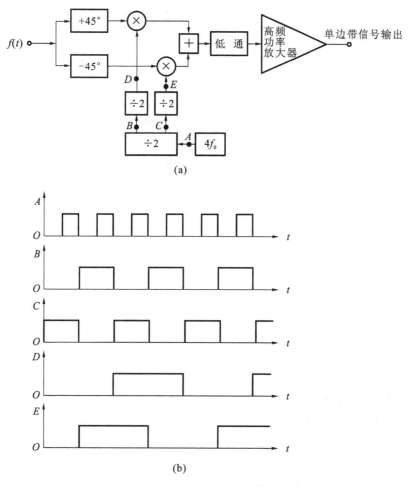

图 6-51 移相法的另一种单边带调制器

6.4 调制信号的解调

6.4.1 振幅解调的方法

在通信系统的接收端,从高频已调信号中不失真地恢复原调制信号的过程称为解调,解调是调制的逆过程。对调幅波的解调称为振幅解调或振幅检波,简称检波。检波是把高频调幅信号变换成低频信号的过程。

1. 检波电路的组成

从频谱上看,检波就是将已调幅波的边带信号频谱不失真地从载频附近搬移到零频附近的一种频谱搬移过程,其搬移过程正好与调幅的过程相反,但也要由非线性器件完成。检波电路同样要用相乘器来实现频谱搬移,因而所有的线性频谱搬移电路都可以用于解调。

检波过程中,高频调幅波信号经过非线性元件的作用,在检波电路中产生许多频率分量,为了从中取出低频调制信号,滤除不需要的频率成分,检波器应使用低通滤波特性的负载(由 R、C 组成),即允许低频信号通过的负载。因此,检波器的组成应包括两个部分:非线性器件和 RC 低通滤波器。

2. 振幅解调的方法

根据输入调幅信号的不同特点,振幅解调的方法可分为包络检波和同步检波两大类。包络检波只对普通调幅波进行检波,同步检波可以对任何调幅波进行检波。

1)包络检波

包络检波也叫非相干检波,是一种解调输出电压与输入已调波的包络成正比的检波方法。由于调制信号的包络线与调制信号呈线性关系,因此包络检波只适用于调幅波的解调。包络检波的原理框图及输入、输出信号波形和频谱如图 6-52 所示。由非线性器件产生新的频率分量,用低通滤波器选出所需分量。包络检波的特点是:非相干解调、电路简单、检波性能较差。对于双边带信号和单边带信号,由于其包络线不能直接反映调制信号的变换规律,所以不能用包络检波,必须使用同步检波。

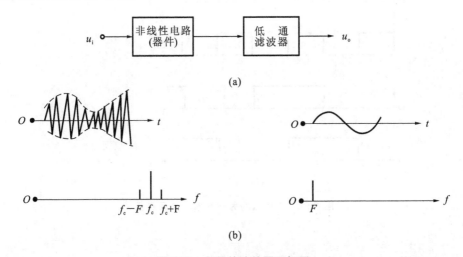

图 6-52 包络检波的原理框图

2)同步检波

除输入已调幅波外,再加入一个与发射端载波同频同相(或固定相位差)的同步信号(相干载波信号或本地载波信号),借助相乘的方法,进行检波,从而解调出原来调制信号的过程称为同步检波,也称相干检波,同步检波的框图及输入、输出信号频谱如图 6-53 所示。它主要用于双边带信号和单边带信号的解调,也可实现调幅信号的解调,但是因为它比包络检波器复杂,所以很少采用。

同步检波又可以分为乘积型(见图 6-54(a))和叠加型(见图 6-54(b))等两类。它们的结构虽然不同,但都需要用恢复的载波信号 u_r 进行解调。同步检波的特点是,相干解调,电路较复杂,检波性能好。

170

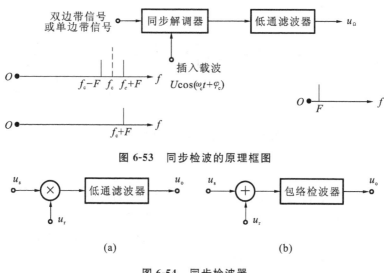

图 6-53　同步检波的原理框图

图 6-54　同步检波器

（a）乘积型；（b）叠加型

6.4.2　包络检波器

普通调幅信号的解调通常采用二极管作为非线性器件来实现,根据输入信号的大小,这种解调器又分为大信号包络检波器(峰值包络检波器)和小信号平方律检波器等两类。其中,应用最广泛的是二极管大信号包络检波器。

当输入检波器的调幅波信号较大(大于 0.5 V)时,调幅波的一个包络线进入二极管伏安特性的线性区域,使检波输出电流与输入调幅信号电压的包络线呈线性关系,故称为大信号包络检波。本节将重点讨论大信号包络检波电路。

1. 包络检波器的电路组成

图 6-55 所示的是二极管峰值包络检波器的原理电路。它是由输入回路、二极管 VD 和 RC 低通滤波器组成的。在电路中,信号源、二极管和 RC 网络三者是串联连接的,故又称为串联二极管检波器。输入回路提供信号源,在超外差接收机中,检波器的输入回路通常就是末级中频放大器的输出回路。检波二极管 VD 一般选用导通电压小、正向电阻 r_D 小的锗管,利用其单向导电性进行检波。RC 电路有两个作用:一是作为检波器的负载,可使解调后的输出信号通过;二是起到高频电流的旁路作用,滤除高频分量。为了达到此目的,RC 网络必须满足:

$$\frac{1}{\omega_c C} \ll R \qquad \frac{1}{\Omega C} \gg R \tag{6-116}$$

式中,ω_c 为输入信号的载频,在超外差接收机中则为中频 ω_I;Ω 为调制信号的频率。理想情况下,RC 网络的阻抗 Z 为

$$Z(\omega_c) = 0, \qquad Z(\Omega) = R \tag{6-117}$$

即对高频短路;对直流及低频,电容 C 为开路,此时负载为 R。

二极管峰值包络检波器工作于大信号状态,输入信号电压要大于 0.5 V,通常为 1 V 左右。所以,这种检波器的全称为二极管串联型大信号峰值包络检波器。

171

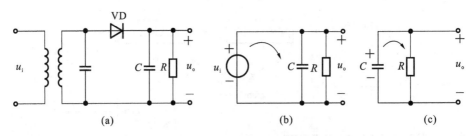

图 6-55　二极管峰值包络检波器

(a)原理电路;(b)二极管导通;(c)二极管截止

2. 工作原理

下面讨论检波过程,检波过程可用图 6-56 所示曲线进行说明。

设输入信号 u_i 为等幅高频电压(载波状态),检波二极管为理想二极管,且加电压前图 6-55 所示电容 C 上的电荷为零,当 u_i 从零开始增大时,由于电容 C 的高频阻抗很小,所以 u_i 几乎全部加到二极管 VD 两端,VD 导通,C 被充电。因正向电阻 r_D 很小,充电电流很大,又因充电时常数 $r_D C$ 很小,电容上的电压建立得很快,所以 u_i 又反向加于二极管上,此时 VD 上的电压为信号源 u_i 与电容电压 u_C 之差,即 $u_D = u_C - u_i$。当 u_C 达到 U_1 值(见图 6-56)时,$u_D = u_C - u_i = 0$,VD 开始截止。随着 u_i 的继续下降,VD 存在一段截止时间,在此期间内电容 C 把导通期间存储的电荷通过 R 放电。因放电时间常数 RC 较大,所以放电较慢,在 u_C 值下降不多时,u_i 的下一个正半周已到来。当 $u_i > u_C$(见图 6-56 的 U_2 值)时,VD 再次导通,电容 C 在原有积累电荷量的基础上又得到补充,u_C 值进一步提高。然后,继续上述放电、充电过程,直至 VD 导通时 C 的充电电荷量等于 VD 截止时 C 的放电电荷量,达到动态平衡状态——稳定工作状态。如图 6-56 中 U_4 以后所示的情况,此时,U_4 已接近输入电压峰值。下面的研究只考虑稳态过程,因为暂态过程是很短暂的瞬间过程。

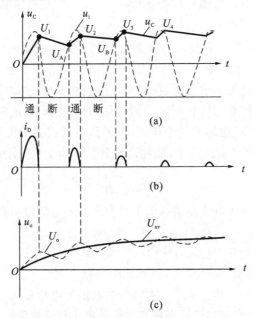

图 6-56　加入等幅波时检波器的工作过程

通过分析包络检波的工作过程,可以得到以下几点结论。

(1)检波过程就是信号源通过二极管给电容充电和电容对电阻 R 放电的交替重复过程。若忽略 r_D,则二极管 VD 导通与截止期间的检波器等效电路如图 6-55(b)、(c)所示。

(2)由于 RC 时间常数远大于输入电压载波周期,所以放电慢,使得二极管负极永远处于较高的正电位(输出电压接近于高频正弦波的峰值,即 $U_o \approx U_m$)。该电压对 VD 形成一个大的负电压,使二极管只在输入电压的峰值附近才导通。导通时间很短,电流导通角 θ 很小,二极管电流是一窄脉冲序列,如图 6-57(b)所示,这也是峰值包络检波名称的由来。

(3)二极管电流 i_D 为余弦脉冲序列,它包含直流分量(平均分量)I_{av} 及各种高频分量。其中,I_{av} 流经电阻 R 形成平均电压 U_{av}(当等幅载波输入时,$U_{av} = U_{dc}$),它是检波器的有用输出电压;而高频电流主要被旁路电容 C 旁路,在其上可产生很小的残余高频电压 Δu,所以检波器输出电压 $u_o = u_C = U_{av} + \Delta u$,其波形如图 6-56(c)所示。实际上,当电路元件选择正确时,高频波纹电压很小,可以忽略,这时检波器输出电压为 $u_o = U_{av}$。直流输出电压 U_{dc} 接近于但小于输入电压峰值 U_m。

根据上面的讨论,可以画出大信号检波器在稳定状态下的二极管工作特性,如图 6-57 所示。其中,二极管的伏安特性用通过原点的折线来近似。二极管两端电压 u_D 在大部分时间里为负值,只在输入电压峰值附近才为正值,$u_D = -U_o + u_i$。

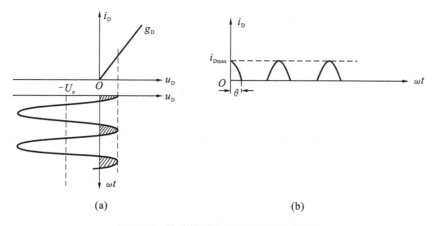

图 6-57　检波器稳态时的电流电压波形

当输入调幅信号时,检波的过程与等幅信号类似,其描述检波过程的波形如图 6-58 所示。为了使检波输出电压 u_o($u_o = u_C(t)$ 即电容两端的电压)反映输入调幅信号的包络线,要求检波器的放电时间常数 RC 远大于输入调幅信号的载波周期,但同时又必须小于输入调幅信号包络线变化的周期,即远小于调幅信号的周期。那么,电容 C 上的电压变化速率将远大于包络线变化的速率,而远小于高频载波变化的速率。因此,当输入信号的幅度增大或减小时,检波器输出电压也将随之近似成比例升高或降低。另外,在二极管截止期间,输出电压 u_o 不会跟随载波的变化而变化,而是缓慢地按指数规律下降。当下降到重新满足 $u_D > 0$ 时,二极管又导通,电容又被充电到 u_{AM} 的幅值;当再次出现 $u_D < 0$ 时,二极管再次截止,电容又通过电阻放电。这样充、放电反复进行,输出电压 u_o 的大小就随调幅波的包络线变化而变化,在电容和电阻两端可得到一个幅度接近输入信号峰值且包络线和调制信号相同的锯齿状电压。它包含低

频分量和直流分量,同时叠加有频率为载频的纹波。经过低通滤波器的滤波,可去掉高频纹波,得到输出电压 $U_o(t)$,它与输入信号包络线形状相同,包含直流及低频调制分量,即 $U_o(t)$ $=U_{av}=U_{dc}+u_\Omega$,其波形如图 6-58(b)所示。若再经过隔直流耦合电容、隔除直流分量,就可获得调制信号,从而完成检波作用。

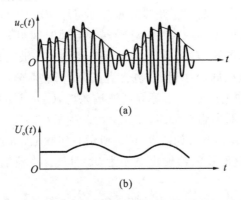

(a)

(b)

图 6-58　输入为调幅信号时检波器的输出波形图

通过以上的讨论可知,大信号检波器的工作原理主要是利用二极管的单向导电特性和检波负载 RC 的充、放电过程来完成调制信号的提取。

实际中,根据要求的不同,可采用图 6-59 所示的不同电路。如果只需输出调制频率电压,则可在原电路上增加隔直电容 C_g 和负载电阻 R_g,如图 6-59(a)所示。若需要检波器提供与载波电压大小成比例的直流电压,例如,在自动增益控制(AGC)电路中,需要检查接收到的信号强度,即调幅信号的载波幅度,则可用低通滤波器 $R_\varphi C_\varphi$ 取出直流分量,该直流大小反映了载波的幅度大小,如图 6-59(b)所示。其中,C_φ 对调制分量短路。

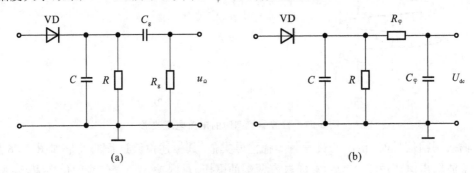

(a)   (b)

图 6-59　包络检波器的输出电路

3.性能分析

包络检波器的主要性能指标有非线性失真、输入阻抗及传输系数 K_d。这里主要讨论后两项,后面再专门分析失真问题。

1)传输系数 K_d

检波器传输系数 K_d 或称检波系数、检波效率,是用来描述检波器对输入已调信号的解调能力或效率的一个物理量。一条良好的检波电路,要求尽量减小信号在检波过程中的损耗,即检波效率要高。若输入载波电压振幅为 U_m,输出直流电压为 U_o,则 K_d 定义为

$$K_d = \frac{U_o}{U_m} \tag{6-118}$$

对于调幅信号,其定义为检波器输出低频电压振幅与输入高频已调波包络线振幅之比,即

$$K_d = \frac{U_\Omega}{mU_c} \tag{6-119}$$

这两个定义是一致的。

若输入大信号,峰值包络检波的二极管在检波过程中处于开关状态,则其伏安特性曲线可用折线近似。若输入高频等幅波 $u_i = U_m \cos(\omega_i t)$,则检波输出电压 $u_o = U_o$,二极管端电压 $u_D = u_i - u_o$。若采用理想的高频滤波器,并以通过原点的折线表示二极管特性(忽略二极管的导通电压 U_P),由图 6-57 可见,则二极管的电流 i_D 表示为

$$i_D = \begin{cases} g_D u_D & (u_D \geqslant 0) \\ 0 & (u_D < 0) \end{cases} \tag{6-120}$$

$$i_{Dmax} = g_D(U_m - U_o) = g_D U_m(1 - \cos\theta) \tag{6-121}$$

式中,$g_D = 1/r_D$,为二极管导通电导(即折线斜率);θ 为电流导通角;i_D 为周期性余弦脉冲,其平均分量 I_0 为

$$I_0 = i_{Dmax}\alpha_0(\theta) = \frac{g_D U_m}{\pi}(\sin\theta - \theta\cos\theta) \tag{6-122}$$

其基频分量为

$$I_1 = i_{Dmax}\alpha_1(\theta) = \frac{g_D U_m}{\pi}(\theta - \sin\theta\cos\theta) \tag{6-123}$$

式中,$\alpha_0(\theta)$、$\alpha_1(\theta)$ 为电流分解系数。

由式(6-118)和图 6-57 可得电压传输系数为

$$K_d = \frac{U_o}{U_m} = \cos\theta \tag{6-124}$$

由此可见,检波系数 K_d 是检波器电流 i_D 的导通角 θ 的函数,求出 θ 后,就可得 K_d。

由式(6-122)和 $U_o = I_0 R$,有

$$\frac{U_o}{U_m} = \frac{I_0 R}{U_m} = \frac{g_D R}{\pi}(\sin\theta - \theta\cos\theta) = \cos\theta \tag{6-125}$$

等式两边各除以 $\cos\theta$,可得

$$\tan\theta - \theta = \frac{\pi}{g_D R} \tag{6-126}$$

当 $g_D R$ 很大,如 $g_D R \geqslant 50$ 时,$\tan\theta \approx \theta - \theta^3/3$,代入式(6-126),有

$$\theta = \sqrt[3]{\frac{3\pi}{g_D R}} \tag{6-127}$$

由以上分析可以得出如下结论。

(1)当电路一定(管子与 R 一定)时,在大信号检波器中 θ 是恒定的,它与输入信号大小无关。其原因是负载电阻 R 的反作用,使电路具有自动调节作用而维持 θ 不变。例如,当输入电压增加时,引起 θ 增大,导致 I_0、U_o 增大,负载电压加大,加到二极管上的反偏电压增大,导致 θ 下降。因 θ 一定,$K_d = \cos\theta$,检波效率与输入信号大小无关。所以,检波器输出、输入之间呈线

性关系——线性检波。当输入调幅信号时,输出电压 $u_o=K_d U_m[1+m\cos(\Omega t)]$。

(2)θ 越小,K_d 越大,并趋近于 1。θ 和 K_d 都取决于 $g_D R$,θ 随 $g_D R$ 的增大而减小,因此,K_d 随 $g_D R$ 的增大而增大。图 6-60 就是 $K_d \sim g_D R$ 的关系曲线图。由图 6-60 可知,当 $g_D R > 50$ 时,K_d 变化不大,且 $K_d > 0.9$。

实际上,理想滤波条件是做不到的,因此,输出平均电压还是要小些。实际传输特性与电容 C 的容量有关,如图 6-61 所示。图 6-61 中,$\omega RC = +\infty$ 为理想滤波条件,$\omega RC = 0$ 是无电容 C 时的情况。

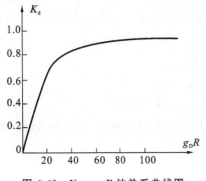

图 6-60　$K_d \sim g_D R$ 的关系曲线图　　　　图 6-61　滤波电路对 K_d 的影响

2)输入电阻 R_i

检波器的输入阻抗包括输入电阻 R_i 及输入电容 C_i,如图 6-62 所示。输入电阻是输入载波电压的振幅 U_m 与检波器电流的基频分量振幅 I_1 之比,即

$$R_i \approx \frac{U_m}{I_1} \tag{6-128}$$

检波器输入电容 C_i 包括检波二极管结电容 C_j 和二极管引线对地分布电容 C_f,$C_i \approx C_j + C_f$。C_i 可以看成是输入回路的一部分。

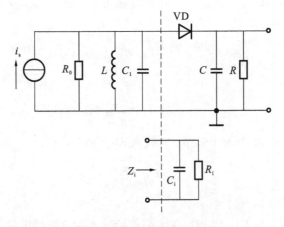

图 6-62　检波器的输入阻抗

检波器的前端是高频谐振回路,输入电阻是前级的负载,它直接并入输入回路,影响谐振回路的有效 Q 值及回路阻抗。若回路的损耗增大,则有载 Q 值下降,这也是峰值包络检波器的主要缺点。由式(6-123),有

$$R_i \approx \frac{\pi}{g_D(\theta - \sin\theta\cos\theta)} \tag{6-129}$$

当 $g_D R \geqslant 50$ 时，θ 很小，$\sin\theta \approx \theta - \theta^3/6$，$\cos\theta \approx 1 - \theta^2/2$，代入式(6-129)，可得

$$R_i \approx \frac{R}{2} \tag{6-130}$$

由此可见，在大信号情况下，串联二极管峰值包络检波器的输入电阻与二极管检波器负载电阻 R 有关。当 θ 较小时，R_i 近似为负载电阻 R 的一半。R 越大，R_i 越大，对前级的影响就越小。

式(6-130)这个结论还可以用能量转换的观点来分析。检波器是一个能量转换器，它将从前级电路得来的高频功率（即 R_i 从前级吸收的高频功率）经过二极管进行分配，一部分在二极管上消耗，另一部分转化为检波器输出的直流功率和低频功率。当 $g_D R \geqslant 50$ 时，检波电流的导通角 θ 很小，则二极管的损耗功率很小。根据能量守恒原则，可近似认为输入到检波器的高频功率全部转换为负载电阻上消耗的功率。设输入信号为等幅载波信号 $u_i = U_m\cos(\omega_i t)$，则检波器输入的高频功率 $U_m^2/(2R_i)$ 全部转换为输出的平均功率 $U_o^2/(2R)$，即

$$\frac{U_o^2}{2R_i} \approx \frac{U_C^2}{R} \tag{6-131}$$

则

$$R_i \approx \frac{R}{2} \tag{6-132}$$

这里 $K_d \approx 1$。

4. 检波器的失真

由于二极管特性曲线的非线性性及元件参数选择不当等，使检波器的输出波形与输入调幅波包络线的形状存在差异，因而产生了检波失真。在二极管峰值包络检波器中，存在两种特有的失真——惰性失真和底部切割失真。下面分析这两种失真形成的原因和不产生失真的条件。

1) 惰性失真

在二极管截止期间，电容 C 两端电压 u_C 下降的速度取决于 RC 时间常数。若 RC 数值很大，则下降速度很慢，将会使得输入电压的下一个正峰值来到时仍小于 u_C，也就是说，输入调幅信号包络线下降的速度大于电容器两端电压下降的速度，因而二极管负偏压大于信号电压，致使二极管在其后的若干高频周期内不导通。因此，检波器输出电压就按 RC 放电规律的变化而变化，形成如图 6-63 所示的情况，输出波形不随包络线形状的变化而变化，产生了失真。由于这种失真是由电容放电的惰性引起的，故称惰性失真。

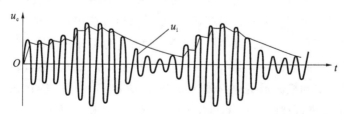

图 6-63　惰性失真的波形

从图 6-63 可以看出,惰性失真总是起始于输入电压的负斜率的包络线上,调幅度越大,调幅频率越高,惰性失真越易出现,因为此时包络线斜率的绝对值增大。

为了避免产生惰性失真,在任何一个高频周期内,电容 C 通过 R 放电的速度必须大于或等于包络线的下降速度,即

$$\left|\frac{\partial u_C}{\partial t}\right| \geqslant \left|\frac{\partial U(t)}{\partial t}\right| \tag{6-133}$$

如果输入信号为单音调幅的调幅波,输入调幅信号的包络线为 $U(t)=U_m[1+m\cos(\Omega t)]$,则在 t_1 时刻其包络线的变化速度为

$$\frac{\partial U(t)}{\partial t}\bigg|_{t=t_1} = -mU_m\Omega\sin(\Omega t_1) \tag{6-134}$$

二极管停止导通的瞬间,电容两端的电压 u_C 近似为输入电压包络线值,即 $u_C = U_m[1+m\cos(\Omega t)]$。从 t_1 时刻开始通过 R 放电的速度为

$$\frac{\partial u_C}{\partial t}\bigg|_{t=t_1} = \frac{\partial}{\partial t}\left[u_{C1}e^{-\frac{t-t_1}{RC}}\right] = -\frac{1}{RC}U_m[1+m\cos(\Omega t_1)]e^{-\frac{t-t_1}{RC}} \tag{6-135}$$

于是,式(6-133)可表示为

$$A = \frac{\partial U(t)}{\partial t}\bigg|_{t=t_1} \bigg/ \frac{\partial u_C}{\partial t}\bigg|_{t=t_1} = \sqrt{\frac{RC\Omega m\sin(\Omega t_1)}{1+m\cos(\Omega t_1)}} \leqslant 1 \tag{6-136}$$

实际上,不同的 t_1 值,$U(t)$ 和 u_C 的下降速度不同。因此,避免产生惰性失真的充要条件是 A 出现最大值时刻仍能保证其值小于或等于 1。为此,取 A 对 t_1 的导数,并令它等于零,求得 A 为最大值时所应满足的条件为

$$\cos(\Omega t_1) = -m \tag{6-137}$$

代入式(6-136),即可求得单音调制时不产生惰性失真的充要条件为

$$RC \leqslant \frac{\sqrt{1-m^2}}{\Omega m} \tag{6-138}$$

由此可见,m 和 Ω 越大,包络线的下降速度就越快,不产生惰性失真所要求的 RC 值就越小。在多音调制时,作为工程估算,设计中,m 和 Ω 应取其中的最大值,检验有无惰性失真公式为

$$RC \leqslant \frac{\sqrt{1-m_{max}^2}}{\Omega_{max}m_{max}} \tag{6-139}$$

2)底部切割失真

实际检波电路中,检波器与下级电路级联工作,检波输出信号要送到下级电路进行处理。下级电路往往只取用检波器输出的交流电压,同时,为了不影响下级电路的静态工作点,需要将检波器输出电压中的直流量去除。因此,在检波器输出端应串接一个大容值的耦合隔直电容 C_g(一般为 $5\sim10~\mu F$)。通常,下级电路是低频放大器,为了分析方便,将低频放大器的输入电阻等效并联于检波器的输出端,用 R_g 来表示,作为检波器的实际负载,R_g 的电压就是解调出来的低频调制信号。实际检波器的电路如图 6-64(a)所示。由于 C_g 的存在,所以检波器的直流负载电阻是 R;而交流负载电阻是 R 和 R_g 的并联值,记为 $R_\approx=RR_g/(R+R_g)$。因为 $R_= \neq R_\approx$,将引起底部失真。

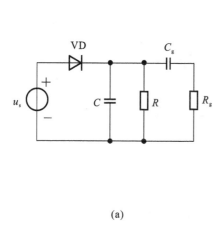

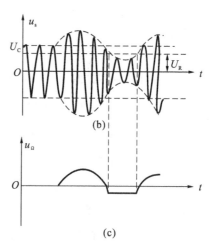

图 6-64　底部切割失真

因为 C_g 的容值很大,所以可认为它对调制频率 Ω 交流短路,但检波器输出的直流分量几乎全部降落在 C_g 上。当检波器稳定工作时,音频周期内 C_g 两端的直流电压基本保持不变。若 $K_d \approx 1$,则其大小接近输入信号的载波振幅值 U_c,可以把它看成一个直流电源。假定二极管截止,C_g 将通过 R 和 R_g 缓慢放电,电压 U_c 将在电阻上产生分压。直流负载电阻 R 上分得的直流电压为

$$U_R = \frac{R}{R+R_g} U_C \tag{6-140}$$

此直流电压对二极管相当于反向偏压,使 R 上的电压不低于 U_R(固定值)。若输入调幅波小于 U_R,则二极管截止,使输出电压波形的底部被切割而产生失真,所以这种非线性失真叫负峰切割失真或底部切割失真。产生负峰切割失真的根本原因是,耦合电容 C_g 的存在,导致检波电路的交流负载电阻和直流负载电阻不同。图 6-64(b)和(c)给出了负峰切割失真时的输入和输出波形,由图 6-64 可以看出,要避免底部切割失真,应满足输入调幅波的最小幅度 $U_c(1-m)$ 大于或等于 U_R 的电平值,即

$$U_C(1-m) \geqslant \frac{R}{R+R_g} U_C \tag{6-141}$$

有

$$m \leqslant \frac{R_g}{R+R_g} = \frac{R//R_g}{R} = \frac{R_\approx}{R_=} \tag{6-142}$$

这一结果表明,为防止底部切割失真,检波器交流负载与直流负载之比应大于调幅波的调幅度 m。因此,必须限制交、直流负载的差别。若交、直流负载越接近,则满足条件的 m 的取值范围越大。在工程上,减小检波器交、直流负载的差别常采用以下两种措施。

(1)将 R 分成 R_1 和 R_2,并通过隔直电容将 R_g 并接在 R_2 两端,如图 6-65(a)所示。由图可见,$R_= = R_1+R_2$,$R_\approx = R_1+R_2//R_g$,当 $R = R_1+R_2$ 维持一定时,R_1 越大,交、直流负载电阻值的差别就越小,输出音频电压也越小。为了折中解决这个矛盾,实用电路中,常取 $R_1/R_2 = 0.1 \sim 0.2$。电路中 R_2 还并接了电容 C_2,用来进一步滤除高频分量,以提高检波器的高频滤波能力。

（2）在检波器与下一级低放级之间插入高输入阻抗的射极跟随器，如图 6-65（b）所示，以提高交流负载电阻。在电视接收机的视频检波器和视频放大器之间大多就是这样做的。

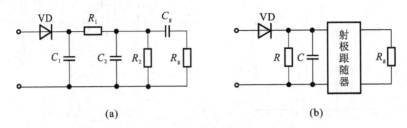

(a)　　　　　　　　　　　　(b)

图 6-65　减小底部切割失真的电路

5. 实际电路及元件选择

综上所述，设计二极管包络检波器的关键在于：正确选用晶体二极管，合理选取 R、C 等数值，保证检波器提供尽可能大的输入电阻，同时满足不失真的要求。

1）晶体二极管的选择

为了提高检波电压传输系数，检波二极管应选用正向导通电阻 r_D 和极间电容 C_j 小（或工作频率高）的晶体二极管。一般选用点触型锗二极管作为检波二极管 2AP，为了克服受导通电压的影响，一般都需要外加正向偏置电压，提供 $20\sim50\ \mu A$ 的静态工作点电流，具体数值由实际情况确定。

2）R、C 的选择

（1）从提高检波电压传输系数和高频滤波能力考虑，RC 应尽可能大。工程上，要求它的最小值满足

$$RC > \frac{5\sim10}{\omega_c}$$

（2）电阻 R 的选择。　主要考虑输入电阻，同时要考虑对 K_d 的影响。应使 $R \gg r_D$、$R_1 + R_2 \geqslant 2R_i$，R_1/R_2 的比值一般选在 $0.1\sim0.2$ 范围，R_1 值太大将导致 R_1 上压降大，使 K_d 下降。广播收音机及通信接收机检波器中，R 的数值通常为几千欧姆（如 $5\sim10\ k\Omega$）。

（3）从避免惰性失真考虑，允许 RC 的最大值满足

$$RC < \frac{\sqrt{1 - m_{max}^2}}{\Omega_{max} m_{max}}$$

（4）为了避免负峰切割失真，电阻 R 应满足

$$m \leqslant \frac{R_g}{R + R_g} = \frac{R//R_g}{R} = \frac{R_\approx}{R_=}$$

（5）电容 C 的选择。C 一般取 $0.01\ \mu F$，$C_1 = C_2 = C/2$。

图 6-66 给出了广播收音机中检波器的实用电路。图中，$-6\ V$ 电源除通过 R_4 为中频放大器提供基极偏置电压外，还通过 R_3、R_2、R_1 为二极管提供合适的正向偏置电流，其值由电位器 R_3 调整。R_3 和 C_3 组成低通滤波器，滤除 R_2 两端的输出平均电压中的音频分量，而将直流分量加到前面中频放大器的基极上，以控制该管的集电极电流，控制该级增益，实现增益的自动控制。R_2 电位器用于改变输出电压大小，称为音量控制电位器。

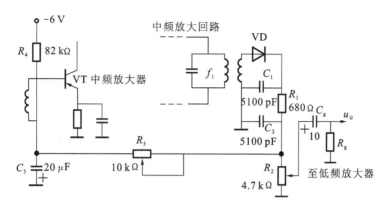

图 6-66　广播收音机中检波器的实用电路

6.4.3　同步检波器

同步检波器又称相干检波器,它将调幅信号与本地载波信号相乘,以恢复原调制信号分量。这个本地载波信号是在接收设备内产生的,并且与调幅信号中的载波同步。同步检波器可以对任何类型的调幅波进行解调,但主要用于对双边带信号和单边带信号进行解调。同步检波电路比包络检波电路复杂,而且必须外加同步信号,但它的检波线性性好,且不存在惰性失真和底部切割失真问题。同步检波器可分为乘积型同步检波器和叠加型同步检波器等两种,其原理框图分别如图 6-67(a)和(b)所示。

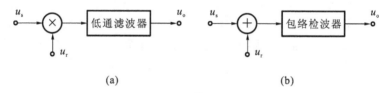

(a)　　　　　　　　　　(b)

图 6-67　同步检波原理框图

1. 乘积型同步检波

乘积型同步检波可由相乘器和低通滤波器实现。若设输入已调幅波双边带信号为 $u_s = U_s\cos(\Omega t)\cos(\omega_c t)$,本地恢复载波 $u_r = U_r\cos(\omega_r t + \varphi)$,这两个信号相乘,得

$$u_s u_r = U_s U_r \cos(\Omega t)\cos(\omega_c t)\cos(\omega_r t + \varphi)$$

$$= \frac{1}{2}U_s U_r \cos(\Omega t)\{\cos[(\omega_r - \omega_c)t + \varphi] + \cos[(\omega_r + \omega_c)t + \varphi]\} \quad (6\text{-}143)$$

经过低通滤波器的输出,且考虑 $\omega_r - \omega_c = \Delta\omega_c$ 在低通滤波器频带内,有

$$u_o = U_o\cos(\Delta\omega_c t + \varphi)\cos\Omega t \quad (6\text{-}144)$$

由式(6-144)可得以下结论。

(1)当恢复载波与发射载波同频同相,即 $\omega_r = \omega_c$、$\varphi = 0$ 时,有

$$u_o = U_o\cos(\Omega t) \quad (6\text{-}145)$$

即可无失真地将调制信号恢复出来。

(2)若恢复载波与发射载频有一定的频差,即 $\omega_r = \omega_c + \Delta\omega_c$ 但 $\varphi = 0$,则有

$$u_o = U_o\cos(\Delta\omega_c t)\cos(\Omega t) \quad (6\text{-}146)$$

很明显,输出电压是载频为 $\Delta\omega_c$ 的调幅波,因此在收端得到的是一个强弱有缓慢变化的角调信号,通常称这种现象为差拍现象。这时的输出信号存在频率失真,以及由不同频引起振幅失真。此情况下是无法有效进行检波的。

(3)若本地载波与发射端载波同频但不同相,则存在相位差,即 $\varphi\neq0$,但 $\Delta\omega_c=0$ 时,输出电压为

$$u_o=U_o\cos\varphi\cos(\Omega t) \tag{6-147}$$

可见,输出电压引入了一个振幅的衰减因子 $\cos\varphi$,使得输出电压的幅度随着 $\cos\varphi$ 的变化而变化,引起输出幅度的下降,甚至为零。并且当输入信号的相位随时间的变化而变化时,输出电压的幅度也随时间的变化而变化,从而产生振幅失真。这种情况可称为乘积检波,同步检波是它的一种特例,但为了得到较理想的调制信号,还是应当尽量做到同频同相下的同步检波。

若调幅波为单边带信号,当本地载波与发射端的载波完全同步时,检波输出信号同样就是恢复的无失真的调制信号。当本地载波与发射端的载波同频但不同相时,φ 的存在将引起输出电压相位失真;当本地载波与发射端的载波同相但不同频时,将造成频率失真。

类似的分析也可以用于调幅波。这种解调方式关键在于获得两个信号的乘积,因此,第6.2节介绍的频谱线性搬移电路均可用于乘积型同步检波。

2. 叠加型同步检波

叠加型同步检波是在双边带信号或单边带信号上加入与发射端载频同频同相的本地载波信号,两信号叠加之后成为或近似成为调幅信号,然后利用包络检波器将原调制信号恢复出来的技术,其原理框图如图 6-67(b)所示。对于双边带信号,只要加入的本地载波电压与发射端载波同步,且在数值上满足一定的关系,就可得到一个不失真的调幅波。进而通过包络检波器实现检波。图 6-68 就是一个叠加型同步检波器的原理电路。下面分析单边带信号的叠加型同步检波的过程。

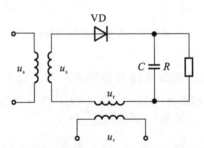

图 6-68 叠加型同步检波器的原理电路

设单频调制的单边带信号(上边带)为

$$u_s=U_s\cos[(\omega_c+\Omega)t]=U_s\cos(\Omega t)\cos(\omega_c t)-U_s\sin(\Omega t)\sin(\omega_c t) \tag{6-148}$$

恢复载波为

$$u_r=U_r\cos(\omega_r t)=U_r\cos\omega_c \tag{6-149}$$

$$u_s+u_r=[U_s\cos(\Omega t)+U_r]\cos(\omega_c t)-U_s\sin(\Omega t)\sin(\omega_c t)$$
$$=U_m(t)\cos[\omega_c t+\varphi(t)] \tag{6-150}$$

式(6-150)中,

$$U_m(t)=\sqrt{[U_r+U_s\cos(\Omega t)]^2+U_s^2\sin^2(\Omega t)} \tag{6-151}$$

$$\varphi(t) = \arctan \frac{U_s \sin(\Omega t)}{U_r + U_s \cos(\Omega t)} \tag{6-152}$$

由于后面接包络检波器,而包络检波器对相位不敏感,只关心包络的变化,故有

$$U_m(t) = \sqrt{U_r^2 + U_s^2 + 2U_r U_s \cos(\Omega t)} = U_r \sqrt{1 + \left(\frac{U_s}{U_r}\right)^2 + 2\frac{U_s}{U_r}\cos(\Omega t)}$$

$$= U_r \sqrt{1 + m^2 + 2m\cos(\Omega t)} \tag{6-153}$$

式中,$m = U_s/U_r$。当 $m \ll 1$,即 $U_r \gg U_s$ 时,式(6-153)可近似为

$$U_m(t) = U_r \sqrt{1 + 2m\cos(\Omega t)} \approx U_r[1 + m\cos(\Omega t)] \tag{6-154}$$

式中用到 $\sqrt{1+x} \approx 1 + x/2, |x| < 1$。经包络检波器后,输出电压为

$$u_o = K_d U_m(t) = K_d U_r[1 + m\cos(\Omega t)] \tag{6-155}$$

经隔直后,就可将调制信号恢复出来。

对于调幅波来说,同步信号可直接从信号中提取。调幅波通过限幅器就能去除其包络线变化,得到等幅载波信号,这就是同频同相的恢复载波。而对于双边带信号,将其取平方,从中取出角频率为 $2\omega_c$ 的分量,再经二分频器,就可得到角频率为 ω_c 的恢复载波。对于单边带信号,恢复载波无法从信号中直接提取。这种情况下,为了产生恢复载波,往往在发射机发射单边带信号的同时,附带发射一个载波信号,称为导频信号,它的功率远低于单边带信号的功率。接收端就可用高选择性的窄带滤波器从输入信号中取出该导频信号,导频信号经放大后就可作为恢复载波信号。如果发射机不附带发射导频信号,接收机就只能采用高稳定度晶体振荡器产生指定频率的恢复载波,显然,这种情况下,要使恢复载波与发送端载波信号严格同步是不可能的,而只能要求频率和相位的不同步量限制在允许的范围内。

6.5　混频

6.5.1　混频原理

混频又称变频,是一种典型的频谱线性搬移过程,其基本作用是在参考信号的参与下,把输入信号的频率变换为另一个新的频率。在此过程中,要求调制类型(如调幅、调频等)及调制参数(如调制频率、调制指数等)不变,也就是原调制规律不变,频谱结构不变。所用参考信号又称本机振荡信号,简称本振信号,为单一频率的等幅高频振荡信号。完成混频功能的电路称为混频器或变频器,它既可以用在接收机中,也可以用在发射机中。

1. 混频器的作用

在通信接收机中,混频器位于高频谐振放大器和中频放大器之间,其功能相当于变频的作用。混频器可将输入的不同载频的高频已调信号不失真地变换为固定载频(称为中频,用 f_I 表示)的高频已调信号,而保持其调制规律不变。这样可以提高接收机的灵敏度和邻道选择性,从而提高接收机的性能和接收信号的质量。它有两个输入电压,即输入信号 u_s 和本地振荡信号 u_L,其工作频率分别为 f_c 和 f_L;输出中频信号为 u_I,其频率是 f_c 与 f_L 的差频或和频,即 $f_I = f_L \pm f_c$(同时也可采用谐波的差频或和频)。由此可见,混频器在频域上起着减(加)法

器的作用。

在超外差接收机中,混频器将已调信号 u_s(其载频可在波段中变化,如 HF 波段为 2~30 MHz,VHF 波段为 30~90 MHz 等)在频率为 f_L 的本振信号 u_L 参与下,变换为以固定中频 f_I 为载频的已调信号 u_I。输出的中频信号与原输入信号的包络线形状完全相同,频谱结构也完全相同,唯一的差别是输入信号载波频率变换成固定的中频频率。表现在波形上,中频输出信号与输入信号的包络线形状相同,只是填充频率不同(内部波形疏密程度不同)。图 6-69 表示了这一变换过程。也就是说,理想的混频器(只有和频或差频的混频)能将输入已调信号不失真地变换为中频信号。

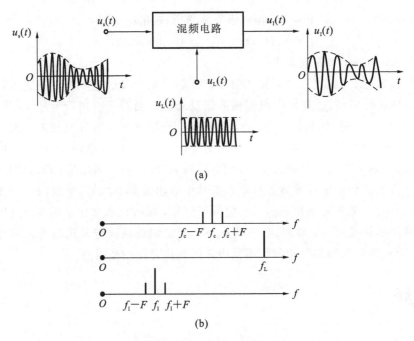

图 6-69 混频器的功能示意图

中频 f_I 与 f_c、f_L 的关系有几种情况:当混频器输出取差频时,有 $f_I = f_L - f_c$ 或 $f_I = f_c - f_L$;当混频器输出取和频时,有 $f_I = f_L + f_c$。当 $f_I < f_c$ 时,称为向下变频,输出低中频;当 $f_I > f_c$ 时,称为向上变频,输出高中频。虽然高中频比此时输入的高频信号的频率还要高,但仍将其称为中频。通常,调幅收音机的中频为 465(455)kHz,调频收音机的中频为 10.7 MHz,广播电视图像系统的中频为 38 MHz,电视伴音系统的中频为 31.5 MHz。另外,微波接收机及卫星接收机的中频为 70 MHz 或 140 MHz。

振幅调制、解调、混频电路均属于频谱线性搬移电路,且频谱结构不变。它们的基本原理在于实现信号的相乘,所以它们的实现模型相同,都需要由非线性器件实现相乘功能,并通过滤波器来提取出所需信号,从而实现相应功能。

振幅调制、解调、混频三种类型电路的不同点:目的不同,实现功能不同。从实现电路看,输入、输出信号不同。振幅调制电路的输入信号是调制信号 u_Ω、载波 u_C,输出为载波参数受调的已调波;解调电路的输入信号是已调信号 u_s、本地同步载波 u_r,输出为恢复的调制信号 u_Ω;而混频电路的输入信号是已调信号 u_s、本地振荡信号 u_L,输出是中频信号 u_I。这三个信号都是高频信号。从频谱搬移看,振幅调制是将低频信号 u_Ω 线性地搬移到载频的位置(搬移过程中只允许取一部分);解调是将已调信号的频谱从载频(或中频)线性搬移到低频端;而混频是将位于载频的已调信号频谱线性搬移到中频 f_I 处。这三种频谱的线性搬移过程如图 6-70 所示。

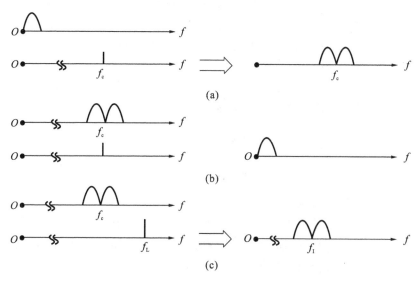

图 6-70　三种频谱线性搬移功能

(a)调制;(b)解调;(c)混频

2. 混频器的组成模型与基本原理

混频的过程与调幅、检波一样,也是频谱的线性搬移过程。由前面的分析可知,完成频谱的线性搬移功能的关键是要获得两个输入信号的乘积,能找到这个乘积项,就可完成所需的线性搬移功能。设输入混频器中的输入已调信号 u_s 和本振电压 u_L 分别为

$$u_s = U_s \cos(\Omega t) \cos(\omega_c t) \tag{6-156}$$

$$u_L = U_L \cos(\omega_L t) \tag{6-157}$$

这两个信号的乘积为

$$u_s u_L = U_s U_L \cos(\Omega t) \cos(\omega_c t) \cos(\omega_L t)$$
$$= \frac{1}{2} U_s U_L \cos(\Omega t) \{\cos[(\omega_L + \omega_c)t] + \cos[(\omega_L - \omega_c)t]\} \tag{6-158}$$

若中频 $f_I = f_L - f_c$,式(6-158)经带通滤波器取出所需边带,可得中频电压为

$$u_I = U_I \cos(\Omega t) \cos(\omega_I t) \tag{6-159}$$

由此可得实现混频功能的电路模型如图 6-71 所示,可见混频器是一个三端口(六端)网络。频谱线性搬移必须用非线性器件来完成相乘功能,实现频率变换。因此,混频电路包括由非线性器件(如二极管、三极管、场效应管及模拟相乘器等)和带通滤波器(中频滤波器)组成,通常电路中还包括本地振荡器(本机振荡器)。

由图 6-71 可知,输入调幅信号 u_s 和本地振荡信号 u_L 的工作频率分别为 f_c 和 f_L。两信号经相乘器后得到的乘积经带通滤波器输出中频信号 u_I,其频率 f_I 是 f_c 与 f_L 的差频或和频,即 $f_I = f_L \pm f_c$。习惯上选择差频作为中频,如常见的超外差式接收机就是这样。

图 6-71 混频器的组成模型

下面从频域看混频过程。设 u_s、u_L 对应的频谱为 $F_s(\omega)$、$F_L(\omega)$，它们是 u_s、u_L 的傅里叶变换。由信号分析可知，时域的乘积对应于频域的卷积，输出频谱 $F_o(\omega)$ 可用 $F_s(\omega)$ 与 $F_L(\omega)$ 的卷积得到。本振为单一频率信号，其频谱为

$$F_L(\omega) = \pi[\delta(\omega - \omega_c) + \delta(\omega + \omega_c)] \tag{6-160}$$

若输入信号为已调波，其频谱为 $F_s(\omega)$，则

$$F_o(\omega) = \frac{1}{2\pi} F_s(\omega) * F_L(\omega) = \frac{1}{2} F_s * [\delta(\omega - \omega_c) + \delta(\omega + \omega_c)]$$

$$= \frac{1}{2}[F_s(\omega - \omega_c) + F_s(\omega + \omega_c)] \tag{6-161}$$

图 6-72 展示了 $F_s(\omega)$、$F_L(\omega)$ 和 $F_o(\omega)$ 的关系。若输入信号也是等幅波，则 $F_o(\omega)$ 将只有 $\pm(\omega_L - \omega_c)$ 和 $\pm(\omega_L + \omega_c)$ 分量。式(6-161)中，$F_s(\omega)$ 和 $F_o(\omega)$ 都是双边(正、负频率)的复数频谱，因而 $F_s(\omega)$ 和 $F_o(\omega)$ 不但保持幅度间的比例关系，而且 $F_o(\omega)$ 的相位中也包括 $F_s(\omega)$ 的相位。用带通滤波器取出所需分量，就完成了混频功能。

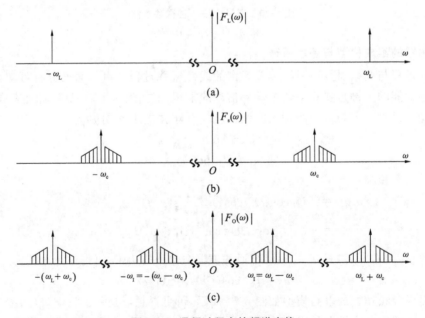

图 6-72 混频过程中的频谱变换

(a)本振频谱；(b)信号频谱；(c)输出频谱

混频过程中的本振信号可以由单独的信号源(如单设的振荡器)提供，也可以由混频电路内部完成混频作用的非线性器件(如三极管)产生。本振频率由单独信号源提供的混频电路，称为混频器(或他激式变频器)；本身兼有产生本振信号功能的混频电路或混频器和本地振荡器合成的电路称为变频器(或自激式变频器)。所以，实际的混频器是由非线性器件和带通滤

波器构成的不含本地振荡电路的频率变换电路,是一个两端口网络;而变频器是由混频器及本地振荡电路组成的频率变换电路,是一个三端口网络。变频器虽然简单,但统调困难。因此,工作频率较高的接收机常采用混频器。

3. 混频器的主要性能指标

1)变频增益

变频增益是指混频器的输出信号强度与输入信号强度的比值。变频增益可用变频电压增益和变频功率增益来表示。变频电压增益定义为变频器中频输出电压振幅 U_I 与高频输入信号电压振幅 U_s 之比,即

$$K_{vc} = \frac{U_I}{U_s} \tag{6-162}$$

同样,可定义变频功率增益为输出中频信号功率 P_I 与输入高频信号功率 P_s 之比,即

$$K_{pc} = \frac{P_I}{P_s} \tag{6-163}$$

通常用分贝数表示变频增益,有

$$\{K_{vc}\}_{dB} = 20\lg\frac{U_I}{U_s} \tag{6-164}$$

$$\{K_{pc}\}_{dB} = 10\lg\frac{P_I}{P_s} \tag{6-165}$$

变频增益是衡量变频效果的重要指标。变频增益大,可以减小接收机内部噪声的影响,有利于提高接收机的灵敏度。在相同输入信号情况下,变频增益越大,混频器将输入信号变换为输出中频信号的能力越强,接收机的灵敏度越强,但混频干扰将增大。因此,不能片面地强调变频增益而忽视其他指标。

2)噪声系数

混频器的噪声系数是指输入信号噪声功率比 $(P_s/P_n)_i$ 与输出中频信号噪声功率比$(P_I/P_n)_o$的比值,用分贝数表示为

$$\{N_F\}_{dB} = 10\lg\frac{(P_s/P_n)_i}{(P_I/P_n)_o} \tag{6-166}$$

接收机的噪声系数主要取决于它的前端电路,而混频器位于接收机的前端,所以混频器的噪声系数对整机信噪比影响很大,仅次于高频放大器,故要求混频器本身噪声系数越小越好。由于噪声系数 N_F 始终大于 1,所以噪声系数越接近 1,电路性能越好。

3)变频压缩(抑制)

在混频器中,当输入信号功率较小时,输出中频功率随输入信号功率的增加线性地增加,变频增益为定值。实际上,由于受非线性器件的限制,当输入信号功率增加到一定程度时,输出中频信号功率的增大将趋于缓慢,如图 6-73 所示。图 6-73 中,虚线为理想混频器的线性关系曲线,实线为实际曲线。这一现象称为变频压缩。通常可让实际输出功率电平低于其理想电平一定值(如 3 dB 或 1 dB)的输入功率电平的大小来表示它的压缩性能的好坏。此电平称为混频器的 3 dB(或 1 dB)压缩电平。此电平越高,性能越好,所对应的输入信号功率是混频器动态范围的上限电平。动态范围的下限电平是由噪声系数确定的最小输入信号功率。

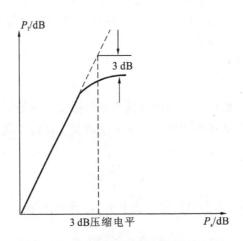

图 6-73　混频器输入、输出电平的关系

4)失真与干扰

由于混频器工作在非线性状态,所以在输出端可获得许多不需要的频率分量,若其中一部分落在中频回路的通频带内,则混频器输出信号频谱结构会发生变化,产生失真。混频器的失真有频率失真和非线性失真。此外,混频器输出信号中不需要的组合频率成分,将产生组合频率干扰等。为了使混频器失真小,抑制干扰能力强,要求混频器工作在非线性不太严重的区域,使之既能完成频率变换,又能抑制各种干扰。

5)选择性

选择性是指混频器从变频过程产生的各种频率分量中选出有用中频信号而滤除其他干扰信号的能力。选择性越好,输出信号的频谱纯度越高。选择性主要取决于混频器高频输入端及中频输出端的带通滤波器的选频性能。

6)工作稳定性

工作稳定性主要是指本振频率的稳定性,只有本振频率稳定度高了,才能保证中频频率稳定。若希望工作稳定性好,一般应在混频电路中采用稳频等措施。

此外,一个性能良好的混频器,还应要求动态范围较大,可以在输入信号的较大电平范围内正常工作;隔离度要好,以减小混频器各端口(信号端口、本振端口和中频输出端口)之间的相互泄漏。

6.5.2　混频电路

混频电路的分类方法如下:按照构成混频器的器件,可分为二极管混频器、晶体三极管混频器、场效应管混频器和集成模拟相乘器混频器等四类;按照工作特点,可分为单管混频器、二极管平衡混频器和二极管环形混频器等三类。其中,晶体三极管混频器具有混频增益高、噪声低等优点;缺点是混频干扰大。二极管平衡混频器和二极管环形混频器具有电路结构简单、噪声系数低、混频失真和组合频率干扰小、工作频率高、频带宽、动态范围大等优点;缺点是它们无混频增益,且要求输入的本振信号大。场效应管混频器具有平方律特性,混频干扰小(交调、互调干扰少)等优点。集成模拟相乘器混频器具有混频增益大,输出频谱纯净,混频干扰小且调整容易,输入信号动态范围较大,对本振电压的大小无严格要求,端口间隔离度高等优点;缺点是噪声系数大。总之,高质量的通信设备中广泛采用二极管环形混频器和集成模拟相乘器混频器;在一般的接收设备中,采用简单的三极管混频器。下面简要介绍几种常用混频器。

1. 晶体三极管混频器

晶体三极管混频器是利用三极管的非线性特性实现混频的,它常用于广播、电视等接收机中。其缺点是混频失真较大,本振泄漏较严重。

1)基本电路和工作原理

晶体三极管混频器是利用三极管的转移特性实现频率变换的,其原理电路如图 6-74 所示。

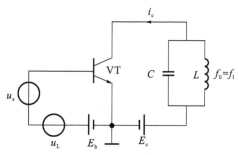

图 6-74　晶体三极管混频器的原理电路

图 6-74 所示电路中,E_b 为基极偏置电压,E_c 为集电极直流电压,LC 组成输出中频回路,本振信号 u_L 和输入信号 u_s 均从三极管基极加入。通常,本振电压比输入信号电压大得多,且 $U_L \gg U_s$,可见输入信号为弱信号,相当于激励信号;本振信号为强信号,可看成控制信号。由晶体三极管频谱线性搬移电路的分析可知,此时的输入信号 $u_i = u_s$,为一高频已调信号;时变偏置电压为 $E_b(t) = E_b + u_L$;输出回路对中频 $f_I = f_L - f_c$ 谐振,设输入信号 $u_s = U_s \cos(\omega_c t)$,则本振信号 $u_L = U_L \cos(\omega_L t)$。这时实际作用在三极管基极和发射极之间的电压为 $u_{be} = E_b(t) + u_s$,晶体管的输出电流 i_c 为

$$i_c = f(u_{be}) = f(u_{be}) = f[E_b(t) + u_s] \tag{6-167}$$

由线性时变电路的讨论可知,晶体管混频器的输出电路可以近似表示为

$$i_c \approx I_{c0}(t) + g_m(t)u_s$$
$$= I_{c0}(t) + [g_{m0} + g_{m1}\cos(\omega_L t) + g_{m2}\cos(2\omega_L t) + \cdots]u_s \tag{6-168}$$

$g_m(t)$ 中的基波分量 $g_{m1}\cos(\omega_L t)$ 与输入信号电压 u_s 相乘,得

$$g_{m1}\cos(\omega_L t)U_s\cos(\omega_c t) = \frac{1}{2}g_{m1}U_s\{\cos[(\omega_L - \omega_c)t] + \cos[(\omega_L + \omega_c)t]\}$$

令 $\omega_I = \omega_L - \omega_c$,经集电极谐振回路滤波后,可得中频电流分量为

$$i_I = \frac{1}{2}g_{m1}U_s\cos[(\omega_L - \omega_c)t] = \frac{1}{2}g_{m1}U_s\cos(\omega_I t)$$
$$= g_c U_s\cos(\omega_I t) = I_I\cos(\omega_I t) \tag{6-169}$$

式中，

$$g_c = \frac{I_1}{U_s} = \frac{1}{2} g_{m1} \tag{6-170}$$

称为混频跨导，定义为输出中频电流幅值 I_1 对输入信号电压幅值 U_s 之比，其值等于 $g_m(t)$ 中基波分量幅度 g_{m1} 的一半。变频跨导 g_c 是变频器的重要参数，它不仅直接决定着变频增益，还影响到变频器的噪声系数。变频跨导 $g_c = g_{m1}/2$，g_{m1} 只与晶体管正向转移特性、直流工作点及本振电压幅度 U_L 有关，与 U_s 无关，故变频跨导 g_c 亦有上述性质。

它与普通放大器的跨导有相似的含义，表示输入高频信号电压对输出中频电流的控制能力。在数值上，它是时变跨导基波分量的一半，可以通过求 $g_m(t)$ 的基波分量 g_{m1} 来求得变频跨导，即

$$g_{m1} = \frac{1}{\pi} \int_{-\pi}^{\pi} g_m(t) \cos(\omega_L t) \mathrm{d}(\omega_L t) \tag{6-171}$$

$$g_c = \frac{1}{2} g_{m1} = \frac{1}{2\pi} \int_{-\pi}^{\pi} g_m(t) \cos(\omega_L t) \mathrm{d}(\omega_L t) \tag{6-172}$$

式(6-172)说明本振电压越大，变频跨导越大，混频增益也越大。但本振电压太大，会招致非线性失真严重，无用组合分量越多。当改变本振电压值时，变频跨导存在最大值，在 U_L 值的一段范围内，g_c 具有较大的数值。对于锗管，U_L 一般选为 $50 \sim 200$ mV；对于硅管，U_L 选择得还大一些。由于 $g_m(t)$ 是一个很复杂的函数，因此要通过式(6-172)求 g_c 是比较困难的。从工程实际出发，采用图解法，并作适当的近似，即可以证明：

$$g_{m1} = g_{m2} = \frac{g_{max}}{2}, \quad g_c = \frac{1}{2} g_{m1} = \frac{1}{2} g_{m2} = \frac{g_{max}}{4}$$

2)三极管混频电路的几种形式

晶体三极管混频器一般有四种电路形式，如图 6-75 所示。它们的区别是电路组态以及本振电压的注入方式不同。其中，图 6-75(a)和(b)是共射极电路的两种形式，它们的输入信号 u_s 都从基极输入，多用于频率较低的情况。图 6-75(a)所示的本振电压从基极注入，电路的输出阻抗较大，则混频时所需的本振功率较小。但同时输入电路与振荡电路相互影响较大(直接耦合)，可能导致本振频率受输入信号频率的牵引，出现本振频率 f_L 等于信号频率 f_s 的现象，甚至得不到所需的差频或和频电压，这种现象称为频率牵引现象。图 6-75(b)所示的输入信号与本振电压分别从基极输入和发射极注入，相互影响小，不易产生牵引现象；对于本振电压来说，该三极管电路是共基电路。其输入阻抗较小，因此振荡波形好，失真小，但需要较大的本振注入功率。图 6-75(c)和(d)是共基极电路的两种形式，信号 u_s 从发射极输入，多用于频率较高的情况(几十兆赫兹)，这是因为共基极电路的截止频率 f_α 比共射极电路的 f_β 要大很多，所以变频增益较大。当工作频率不高时，其变频增益比共射极电路低，因此在频率较低时一般不采用此种电路。另外，图 6-75(c)所示的本振电压从发射极注入，图 6-75(d)所示的本振电压从基极注入。

这些电路的共同特点是，不管本振电压的注入方式如何，实际上输入信号和本振信号都是加在基极和发射极之间的，并且利用三极管转移特性的非线性实现频率变换。

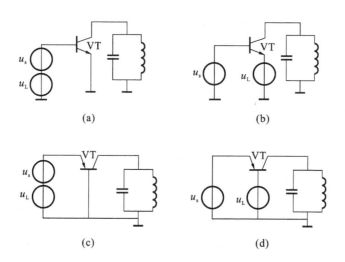

图 6-75 混频器本振注入方式

(a)基极注入、基极输入；(b)射极注入、基极输入；(c)射极注入、射极输入；(d)基极注入、射极输入

2. 二极管混频电路

二极管混频器具有组合频率少、噪声低、工作频率高、结构简单等优点，因此广泛用于高质量的通信设备中。当工作频率较高时，常使用二极管平衡混频器或二极管环形混频器。二极管混频器的缺点是，无混频增益(或混频增益小于1)、各端口间隔离度较低。

二极管混频器与二极管调幅器的电路形式及工作原理相同，分析方法相似。所不同的是，混频器上加的输入已调波和本振电压都是高频的，输出中频信号也认为是高频的。混频器中的二极管既可以工作在连续的非线性状态(小信号状态)，也可以工作在开关状态(大信号状态)。电路既可用幂级数法分析，又可以用开关状态法分析。理想开关状态下，由于非线性产物要少得多，所以二极管混频器通常工作在开关状态，由本振信号控制二极管的开关。

图 6-76 所示的是二极管平衡混频器的原理电路。输入信号 u_s 为已调信号；本振电压为 u_L，且 $U_L \gg U_s$，大信号工作状态下，可得输出电流 i_o 为

$$i_o = 2g_D K(\omega_L t) u_s$$
$$= 2g_D \left[\frac{1}{2} + \frac{2}{\pi}\cos(\omega_L t) - \frac{2}{3\pi}\cos(3\omega_L t) + \cdots \right] U_s \cos(\omega_c t) \qquad (6\text{-}173)$$

若输出端接中频滤波器，则输出中频电压 u_I 为

$$u_I = R_L i_I = \frac{2}{\pi} R_L g_D U_s \cos[(\omega_L - \omega_s)t] = U_I \cos(\omega_I t) \qquad (6\text{-}174)$$

图 6-77 所示的为二极管环形混频器，其输出电流 i_o 为

$$i_o = 2g_D K'(\omega_L t) u_s$$
$$= 2g_D \left(\frac{4}{\pi}\cos(\omega_L t) - \frac{4}{3\pi}\cos(3\omega_L t) + \cdots \right) U_s \cos(\omega_c t) \qquad (6\text{-}175)$$

经中频滤波后，可得输出中频电压为

$$u_I = \frac{4}{\pi} g_D U_s \cos[(\omega_L - \omega_c)t] = U_I \cos(\omega_I t) \qquad (6\text{-}176)$$

二极管环形混频器的输出电压是二极管平衡混频器的 2 倍,且减少了电流频谱中的组合分量,这样就会减少混频器中所特有的组合频率干扰。相同条件下,二极管环形混频器的性能优于二极管平衡混频器的性能。

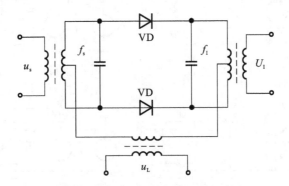

图 6-76　二极管平衡混频器的原理电路

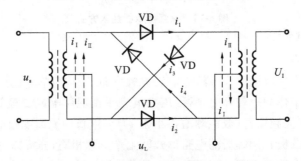

图 6-77　二极管环型混频器的原理电路

目前,许多从短波到微波波段的整体封装二极管环形混频器已成为系列产品。它们由四只集成在一起的环形且特性匹配良好的二极管和两个传输线变压器组成,并封装在屏蔽盒内。由于其上限工作频率在数十兆赫以上,所以,即使是集成模拟相乘器混频器,也不能取代它。

3. 其他混频电路

除了以上介绍的晶体管混频电路和二极管混频电路以外,频谱线性搬移电路均可完成混频功能。集成模拟相乘器混频器由集成模拟相乘器和带通滤波器组成,它具有变频增益高、对本振激励电平要求低、组合频率干扰少、输入线性动态范围宽、工作频带宽、体积小、调整容易、稳定可靠等优点,而且端口隔离度很高,不必考虑天线反向辐射,在现代通信中被广泛应用。它的主要缺点是,噪声系数较大,动态范围小。

图 6-78 所示的为采用由 MC1596G 双差分对集成模拟相乘器构成的混频电路。图中,高频已调信号 u_s 由端子 1 输入,最大值约为 15 mV;本振电压 u_L 由端子 8 输入,振幅约 100 mV;其相乘后的输出信号由端子 6 输出,经带通滤波器即可获得中频信号输出。输入端不接调谐回路时可实现宽频带应用。

此电路可对高频或甚高频进行混频。如 u_s 的频率为 200 MHz,电路的混频增益约为 9 dB,输入信号灵敏度为 14 μV,当输入端接有阻抗匹配的调谐回路时,可获得更高的混频增益。输出带通滤波器的中心频率约为 9 MHz,输出回路带宽为 450 kHz。

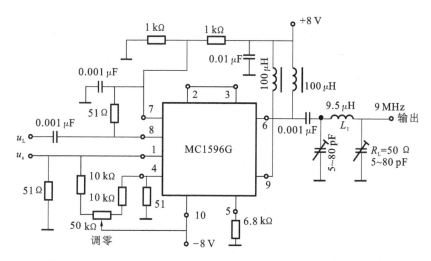

图 6-78　采用由 MC1596G 双差分对集成模拟相乘器构成的混频器

6.5.3　混频器的干扰

混频电路最常见的应用就是用于超外差式接收机,它可使接收机的性能得到改善,但同时又带来了一定的干扰问题。由于混频电路除会进入输入信号和本振信号外,还可能有从天线进来外来干扰信号,干扰信号包括其他发射机发出的已调信号和各种噪声。所有这些信号经非线性器件相互作用后会产生很多频率分量,当其中某些频率分量和正常的中频相同或接近时,就会和有用信号一起被选出,并送到后级中频放大器,经放大后解调输出而引起串音、哨声和各种干扰,从而影响有用信号的正常工作。通常把有用信号与本振信号变换为中频的混频途径称为主通道或主波道,而把其余变换途径称为寄生通道或副波道。为了简化讨论,以下将输入有用信号简称信号,将本振信号简称本振,外来无用信号和各种噪声简称干扰。

总之,混频干扰是由混频过程中产生的无用组合分量引起的。在实际应用中,能否产生干扰要看以下两个条件:一是是否满足一定的频率关系;二是满足一定频率关系分量的幅度是否足够大。从抑制干扰的角度讲,同样也应从这两方面入手。

混频器干扰主要有组合频率干扰、副波道干扰等。

1. 组合频率干扰

组合频率干扰是在无输入干扰和噪声情况下,仅由输入信号 u_s 和本振信号 u_L 通过主通道产生组合频率成分,从而形成的一种干扰,也称主波道干扰或干扰哨声。

当混频器输入端作用着频率为 f_c 的有用信号时,由于混频器具有非理想相乘特性,混频后不仅含有直流分量、信号分量、中频分量、本振频率分量,还含有信号和本振频率的各次谐波,以及它们的和频、差频等组合频率分量,这些频率成分可用通式表示为

$$f_\Sigma = |\pm p f_L \pm q f_c| \tag{6-177}$$

式中,p、q 为正整数或零,分别表示本振信号频率和输入信号频率的谐波次数。只有 $p=q=1$ 对应的频率是有用的,它可将输入信号频率变换为所需的中频(例如 $f_I=f_L-f_c$),其余大量的变换的频率分量都是无用的,其中有的还十分有害。若式(6-177)所示的某些组合频率分量十分接近于中频,即

$$|\pm pf_{\rm L} \pm qf_{\rm c}| \approx f_{\rm I} \qquad (6\text{-}178)$$

则此组合频率分量将落入中频通带范围内,并能与有用中频信号一道顺利通过中频放大器加到检波器上。利用检波器的非线性作用,这些接近中频的组合频率分量与有用中频产生差拍检波(即二者混频),这时检波器除了输出有用中频的解调信号外,还伴有一个频率为 F 的音频信号(即差拍信号),从而形成低频干扰,使收听者在听到所需电台信号的同时还听到单音频的差拍哨声。当转动接收机调谐旋钮时,哨声音调也跟随变化,这是干扰哨声区分其他干扰的标志。

由式(6-178)可以看出,只存在 $pf_{\rm L} - qf_{\rm c} = f_{\rm I}$ 或 $qf_{\rm c} - pf_{\rm L} = f_{\rm I}$ 两种情况可能会形成干扰,即

$$pf_{\rm L} - qf_{\rm c} \approx \pm f_{\rm I} \qquad (6\text{-}179)$$

所以,能产生中频组合分量的信号频率、本振频率与中频频率之间存在下列关系:

$$f_{\rm c} = \frac{p}{q}f_{\rm L} \pm \frac{1}{q}f_{\rm I} \qquad (6\text{-}180)$$

当取 $f_{\rm L} - f_{\rm c} = f_{\rm I}$ 时,式(6-180)变为

$$\frac{f_{\rm c}}{f_{\rm I}} = \frac{p \pm 1}{q - p} \qquad (6\text{-}181)$$

$f_{\rm c}/f_{\rm I}$ 称为变频比。如果取 $f_{\rm c} - f_{\rm L} = f_{\rm I}$,可得

$$\frac{f_{\rm c}}{f_{\rm I}} = \frac{p \pm 1}{p - q} \qquad (6\text{-}182)$$

从理论上讲,产生干扰哨声的信号频率有无限个,只要满足式(6-181)、式(6-182)即可。通常,定义干扰阶数为 $p+q$,且满足 $p+q \leqslant n$,其中,n 为非线性器件所取的最高次幂数。事实上,在 $f_{\rm c}$、$f_{\rm I}$ 确定后,总会找到满足式(6-181)、式(6-182)的 p、q 整数值,也就是说,有确定的干扰点。但是,若对应的 p、q 值大,即 $p+q$ 很大,则意味着是高阶产物,其分量幅度小,实际影响小。若 p、q 值小,即阶数小,则干扰影响大,应设法减小这类干扰。一部接收机,在中频频率确定后,则在其工作频率范围内,由信号及本振产生的上述组合干扰点是确定的。

组合频率干扰是自身组合干扰,与外界干扰信号无关,它不能靠提高前端电路的选择性来抑制干扰。减少干扰的办法是减少干扰点的数目并抑制阶数低的干扰。通常采用的方法有以下几种。

(1)合理选择中频和本振频率,提高最低干扰点的阶数。通常可使中频在信号波段范围之外,抑制一阶干扰;或者考虑选用中频大于输入信号载频的高中频方案。

(2)优化混频电路,采用合理电路形式和混频器件,从电路上抵消部分组合频率分量。如采用各种平衡电路、环形电路,使有用信号增强,无用信号减弱,分量减少;或者采用具有平方律特性的场效应管及输出频谱纯净的相乘器。

(3)合理选择混频器的静态工作点,使非线性减弱,减少组合频率分量。

(4)输入信号电压幅度不能过大,否则谐波幅度也大,使干扰强度增强。

2. 副波道干扰

外来干扰与本振产生的组合频率干扰称为副波道干扰,又称寄生通道干扰。当前端输入

回路和高频谐振放大器的选择性不够好时,除有用信号外,干扰信号也会进入混频器。在频率为 f_I 的外来干扰信号通过混频器的某个寄生通道与本振混频后,产生的组合频率分量满足下面的关系:

$$f_\Sigma = |\pm p f_\mathrm{L} \pm q f_\mathrm{J}| = f_\mathrm{I} \tag{6-183}$$

式中,p 为本振信号频率的谐波次数;q 为干扰信号频率的谐波次数。这时干扰信号就会进入中频放大器,经调制解调器输出后将产生干扰。它表现为收听有用电台信号时串入其他的干扰(串台),同时也可能出现哨声。可能产生干扰的外来信号频率可由下式确定:

$$f_\mathrm{J} = \frac{p}{q} f_\mathrm{L} \pm \frac{1}{q} f_\mathrm{I} \tag{6-184}$$

凡满足式(6-184)的干扰信号都可能形成副波道干扰,但实际上只有对应于 p、q 值较小的干扰信号,才会形成较强的寄生通道干扰,其中最主要的为中频干扰和镜像干扰。

1)中频干扰

当 $p=0$、$q=1$ 时,$f_\mathrm{J}=f_\mathrm{I}$,外来干扰信号频率与中频相同,故称为中频干扰。它实际是一阶干扰,是超外差式接收机中最严重的特有干扰之一。这时,如果接收机前端电路的选择性不够好,干扰电压则可能加到混频器的输入端。一旦它进入混频器输入端,混频器就无法将其削弱或抑制。因为对于中频干扰来讲,混频器实际起到了中频放大器的作用。这样混频器将干扰信号放大,并顺利地通过中频放大器和检波电路,在输出端形成干扰。可见该干扰信号会对后边的电路造成严重的影响,甚至传送至中频放大器的中频干扰信号有可能比有用信号更强。

抑制中频干扰的主要方法是:提高混频器前端电路(天线回路和高频放大器)的选择性,增强对中频信号的抑制;合理地选择中频数值,使中频在工作波段之外,采用高中频方式;在混频器前级增加中频陷波电路,如在混频前级增加 L_I、C_I 串联谐振电路,使它对中频谐振,滤除外来的中频干扰电压。

2)镜像干扰

设混频器中 $f_\mathrm{L} > f_\mathrm{c}$,当外来干扰频率 $f_\mathrm{J} = f_\mathrm{L} + f_\mathrm{I}$ 时,u_J 与 u_L 共同作用在混频器输入端,也会产生差频 $f_\mathrm{J} - f_\mathrm{L} = f_\mathrm{I}$,从而在接收机输出端听到干扰电台的声音。$f_\mathrm{J}$、$f_\mathrm{L}$ 及 f_I 的关系如图 6-79(a)所示。对于 $f_\mathrm{L} < f_\mathrm{c}$ 的变频电路,镜频 $f_\mathrm{J} = f_\mathrm{L} - f_\mathrm{I} = f_\mathrm{c} - 2f_\mathrm{I}$,$f_\mathrm{J}$、$f_\mathrm{L}$ 及 f_I 的关系如图 6-79(b)所示。由于 f_J 和 f_c 对称地位于 f_L 两侧,呈镜像关系,镜频的一般关系式为 $f_\mathrm{J} = f_\mathrm{L} \pm f_\mathrm{I}$,所以将 f_J 称为镜像频率,将这种干扰称为镜像干扰。对于镜像干扰,$p=q=1$,所以它属于二阶干扰。

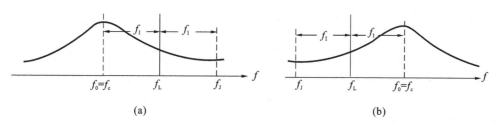

图 6-79　镜像干扰的频率关系

(a)$f_\mathrm{L} > f_\mathrm{c}$;(b)$f_\mathrm{L} < f_\mathrm{c}$

可见,镜像干扰频率只要能进入输入回路到达混频器输入端,就具有与有用信号完全相同的变换力,混频器无法将其削弱或抑制,所以它将顺利地通过中频放大器,经过检波而造成严重的干扰,表现为串台及哨叫。当干扰信号的载波频率与收听电台信号的载波频率间隔为 2 倍的中频频率时,可以判定此干扰为镜像干扰。例如,接收电台的频率是 560 kHz,中频等于 465 kHz,镜像干扰频率为 1490 kHz,它比本振频率高一个中频。

抑制镜像干扰的方法主要是,提高前端电路的选择性和提高中频频率,以降低加到混频器输入端的镜像电压值。高中频方案对抑制镜像干扰是非常有利的。

习　题

6-1　一非线性器件的伏安特性为 $i = a_1 u + a_2 u^2$,其中的信号电压为

$$u = U_{cm}\cos(\omega_c t) + U_{\Omega m}\cos(\Omega t) + \frac{1}{2}U_{\Omega m}\cos(2\Omega t)$$

式中,$\omega_c \gg \Omega$。求电流 i 的频率分量。

6-2　两个信号的数学表达式分别为 $u_1 = \cos(2\pi F t)$ V、$u_2 = \cos(20\pi F t)$ V。写出二者相乘后的数学表达式,并画出其波形图和频谱图。

6-3　在如图 6-80 所示的电路中,输入电压为 $u = U_m \cos(\omega_0 t)$ V,试计算电路中电流 i 各频谱分量的大小。设二极管 VD_1 与 VD_2 的伏安特性相同,如图 6-80(b)所示,g、R_L、U_m 均已知。

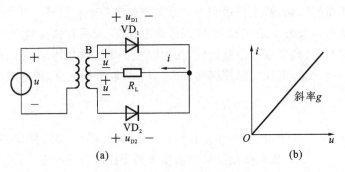

图 6-80　题 6-3 图

6-4　试画出下列三种已调信号的波形和频谱图。已知 $\omega_c \gg \Omega$,

(1) $u(t) = 15\cos(\Omega t)\cos(\omega_c t)$ V

(2) $u(t) = 0.5\cos[(\omega_c + \Omega)t]$ V

(3) $u(t) = [25 + 6\cos(\Omega t)]\cos(\omega_c t)$ V

6-5　有两个已调波,其表达式分别为

(1) $u_1(t) = 2\cos(4\pi \times 10^6 t) + 0.1\cos(3996\pi \times 10^3 t) + 0.1\cos(4004\pi \times 10^3 t)$ V

(2) $u_2(t) = 0.2\cos[2\pi \times (10^6 + 10^3)t] + 0.2\cos[2\pi \times (10^6 - 10^3)t]$ V

试问:各为何种已调信号? 计算在单位电阻上消耗的平均功率 P_{av} 及相应的频谱宽度。

6-6　已知:调幅波表达式为

$$u(t) = 10[1 + 0.6\cos(2\pi \times 3 \times 10^2 t) + 0.3\cos(2\pi \times 3 \times 10^3 t)]\cos(2\pi \times 10^6 t)$$ V

试求:

(1)调幅波中包含的频率分量与各分量的振幅值。

（2）画出该调幅波的频谱图并求出其频带宽度 BW。

6-7　已知调幅波 $u_{\mathrm{i}}(t)=2[1+0.5\cos(2\pi\times200t)]\cos(2\pi\times10^6 t)$ V，若将 $u_{\mathrm{i}}(t)$ 加在 1 Ω 的电阻上。试求：

（1）调幅指数 m_{a}；

（2）载波功率 P_{c} 和边频功率 $P_{\omega+\Omega}$ 和 $P_{\omega-\Omega}$；

（3）总功率 P_{av}。

6-8　用频率为 1000 kHz 的载波信号同时传输两路信号的频谱如图 6-81 所示。试写出这个已调波的表达式，并画出其实现调幅的方框图。

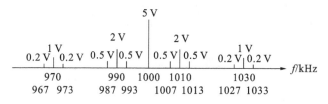

图 6-81　题 6-8 图

6-9　调幅发射机在 500 Ω 无感电阻上的未调功率为 100 W，当以 5 V 峰值的单频调制信号进行调幅调制时，测得输出端的平均功率增加了 50%，设已调信号表示为

$$u_{\mathrm{AM}}=U_{\mathrm{c}}[1+m u_{\Omega}(t)]\cos(\omega_{\mathrm{c}}t)\ \mathrm{V}$$

试求：

（1）每个边带分量的输出平均功率；

（2）求 u_{AM} 式中 m 的值；

（3）已调波的最大值 $|u_{\mathrm{AM}}|_{\max}$。

（4）$u_{\Omega}(t)$ 的峰值减至 2 V 时的输出总平均功率。

6-10　试用由相乘器、相加器、滤波器组成产生下列信号的框图：（1）调幅波；（2）双边带信号；（3）单边带信号。

6-11　图 6-82 所示的系统是以同一载波被两个消息信号进行单边带调幅的一种方式，LPF、HPF 分别为低通滤波器和高通滤波器，截止频率为 ω_{c}，当 $u_1(t)=\cos(\omega_1 t)$ V，$u_2=\cos(\omega_2 t)$ V 时，试推导 $u_{\mathrm{o}}(t)$ 的表示式。

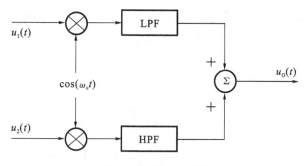

图 6-82　题 6-11 图

6-12　图 6-83 所示的为二极管桥式调幅电路。若调制信号 $u_{\Omega}=U_{\Omega\mathrm{m}}\cos(\Omega t)$ V，四只二极管的伏安特性完全一致，载波电压 $u_{\mathrm{c}}=U_{\mathrm{cm}}\cos(\omega_{\mathrm{c}}t)$ V，且 $\omega_{\mathrm{c}}\gg\Omega$，$U_{\mathrm{cm}}\gg U_{\Omega\mathrm{m}}$。带通滤波器的中

心频率为 ω_c，带宽 $BW=2\ \Omega$，谐振阻抗 $Z_{po}=R_p$。试求输出电压 u_{CD} 和 u_{DSB} 的表达式。

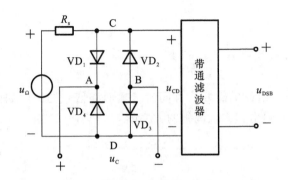

图 6-83　题 6-12 图

6-13　某单一频率调幅波，载波功率为 100 W。试求当 $m_a=1$ 与 $m_a=0.2$ 时，每一边频的功率。

6-14　试求如图 6-84 所示的单平衡混频器的输出电压 u_o 的表达式。设二极管的伏安特性均为从原点出发、斜率为 g_D 的直线，且二极管工作在受 u_L 控制的开关状态。

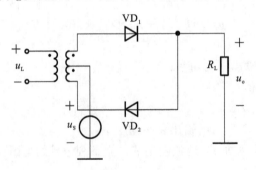

图 6-84　题 6-14 图

6-15　有两路低频调制信号 $v_1(t)=\sin(\Omega_1 t)$ V、$v_2(t)=\sin(\Omega_2 t)$ V，分别对同一载波 $v(t)=\sin(\omega t)$ 调幅。现要求下边带传输 $v_1(t)$，上边带传输 $v_2(t)$。试画出用相移法实现上述要求的电路方框图。

6-16　检波电路如图 6-85 所示，其中 $u_s=0.8[1+0.5\cos(\Omega t)]\cos(\omega_s t)$ V、$F=5$ kHz、$f_s=465$ kHz、$r_D=125\ \Omega$。试求输入电阻 R_{id} 及传输系数 K_d，并检验有无惰性失真及底部切割失真。

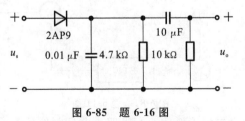

图 6-85　题 6-16 图

6-17　振幅检波器必须有哪几个组成部分？各部分的作用如何？下列各图（见图 6-86）能否检波？图中 R、C 为正常值，二极管为折线特性。

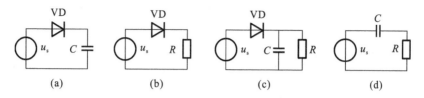

图 6-86 题 6-17 图

6-18 在如图 6-87 所示的检波电路中，$R_1 = 510\ \Omega$，$R_2 = 4.7\ \mathrm{k\Omega}$，$C_C = 10\ \mu\mathrm{F}$，$R_g = 1\ \mathrm{k\Omega}$。输入信号 $u_s = 0.51[1 + 0.3\cos(10^3 t)]\cos(10^7 t)$ V。可变电阻的接触点在中心位置和最高位置时，试问会不会产生负峰切割失真？

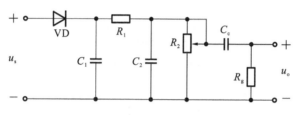

图 6-87 题 6-18 图

6-19 在如图 6-88 所示的检波电路中，两只二极管的静态伏安特性均为从原点出发、斜率为 $g_d = 1/R_D$ 的折线，负载 $Z_L(\omega_c) = 0$。试求：(1)导通角 θ；(2)电压传输系数 K_d；(3)输入电阻 R_{id}。

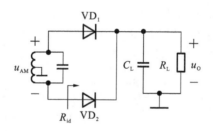

图 6-88 题 6-19 图

6-20 图 6-89 所示的是正交平衡调制与解调的方框图。它是多路传输技术的一种。两路信号分别对频率相同但相位正交（相差 $90°$）的载波进行调制，可实现用一个载波同时传送两路信号（又称正交复用方案）。试证明在接收端可以不失真地恢复出两个调制信号来（设相乘器的相乘系数为 K_1，低通滤波器的通带增益为 K_2）。

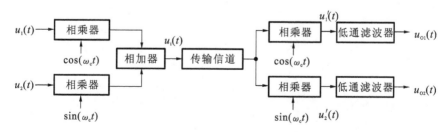

图 6-89 题 6-20 图

6-21 图 6-90 所示的为一乘积型同步检波器电路模型。相乘器的特性为 $i = Ku_su_r$，其中 K 为相乘系数，$u_r = U_r\cos(\omega_ct + \varphi)$ V。试求在下列两种情况下输出电压 u_o 的表达式，并说明是否有失真？假设 $Z_L(\omega_c) \approx 0, Z_L(\Omega) \approx R_L$。

(1) $u_s = mU_c\cos(\Omega t)\cos(\omega_c t)$ V

(2) $u_s = \dfrac{1}{2}mU_c\cos[(\omega_c + \Omega)t]$ V

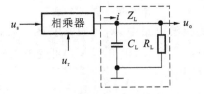

图 6-90　题 6-21 图

6-22 图 6-91 所示的为单边带（上边带）发射机方框图。调制信号为 $300 \sim 3000$ Hz 的音频信号，其频谱分布如图 6-91 所示。试画出图中方框中各点输出信号的频谱图。

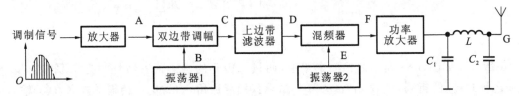

图 6-91　题 6-22 图

6-23 图 6-92 所示的为二极管平衡电路，用此电路能否完成振幅调制（AM、DSB、SSB）、振幅解调、倍频、混频功能？若能，请写出 u_1、u_2 应加什么信号。输出滤波器应是什么类型的滤波器？中心频率 f_0、带宽 BW 如何计算？

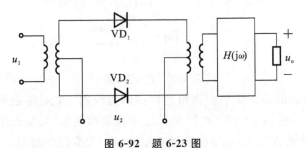

图 6-92　题 6-23 图

第7章 角度调制与解调

7.1 概述

在无线通信中,还有一类重要的调制方式,即频率调制和相位调制。频率调制是用调制信号去控制载波信号的瞬时频率,使载波的瞬时频率按调制信号的变化规律而线性变化的技术,频率调制(FM)通常简称为调频;相位调制是用调制信号去控制载波信号的瞬时相位,使载波的瞬时相位按调制信号的变化规律而线性变化的技术,相位调制(PM)通常简称为调相。在这两种调制过程中,载波信号的幅度都保持不变,而频率的变化和相位的变化都表现为载波信号的总相角变化,故统称为角度调制,简称为调角。调角波为高频等幅波,其携带的调制信息寄生于它的频率和相位变化中,表现为高频振荡的总瞬时相角按一定的关系随调制信号的变化而变化。

与角度调制正好相反,从调角波中取出原调制信号的过程称为角度解调。对于调频波,调频信号的解调是将寄托于高频载波上的调制信号恢复出来的过程,频率调制信号的解调又称频率检波或鉴频。相位调制信号的解调是将寄托于高频载波相位上的调制信号恢复出来的过程,相位调制信号解调又称相位检波或鉴相。

调频波和调相波的共同之处是,二者频率或相位的变化都表现为相角的变化,其不同之处是变化的规律不同。因此,它们在时域特性、频谱宽度、调制与解调的原理和实现方法等方面都有着密切的联系。可以说,调频必然调相,调相也必然调频;同样,鉴频和鉴相也可以互相利用,可以用鉴频的方法实现鉴相,也可以用鉴相的方法实现鉴频。在模拟通信方面,调频更加优越,故多采用调频;在数字通信方面,调相应用更广,故大都采用调相。

调频、调相和调幅都属于频谱变换过程。其不同之处:调幅的实质是调制信号频谱的线性搬移,搬移过程中其频谱结构没有改变,因此属于线性调制。角度调制属于调制信号频谱的非线性变换,调角信号已不再保存调制信号的频谱结构,在频谱中产生了新的频率分量,调角后的带宽比调制信号的带宽宽得多,并且不适合叠加定理,因此属于非线性调制。

和调幅相比,角度调制具有以下优点:抗干扰和噪声的能力强;载波功率利用率高;调角信号传输的保真度高。其缺点是:占用频带宽,频带利用率低;原理和电路比较复杂,电路实现困难。相比调幅,角度调制的性能更好,因而获得了广泛应用。

通常,用来衡量调频波性能的主要技术指标包括以下几方面。

1. 频谱宽度

理论上,调频波的频谱是无限宽的,但实际上,如果略去很小的边频分量,则它所占据的频带宽度是有限的。根据频带宽度的大小,调频可以分为宽带调频和窄带调频等两大类。调频广播多用宽带调频,通信多用窄带调频。

2. 寄生调幅

如上所述,调频波应该是等幅波,但实际上在调频过程中,往往引起不希望的振幅调制,这称为寄生调幅。显然,寄生调幅应该越小越好。

3. 抗干扰能力

与调幅相比,宽带调频的抗干扰能力要强得多。但在信号较弱时,则宜采用窄带调频。

本章着重讨论调频信号的产生及解调方法,对相位调制只做简单的说明和对比。

7.2 调角波的性质

7.2.1 调频波与调相波的表示法

1. 调频波的数学表达式

设调制信号为 $u_\Omega(t)$,未调载波电压为 $u_c = U_c \cos(\omega_c t)$,根据频率调制的定义,高频载波信号的瞬时角频率与调制信号呈线性关系,即调频信号的瞬时角频率为

$$\omega(t) = \omega_c + \Delta\omega(t) = \omega_c + k_f u_\Omega(t) \tag{7-1}$$

式中,$\Delta\omega(t) = k_f u_\Omega(t)$ 为瞬时角频率偏移,简称角频率偏移或角频偏,是瞬时角频率相对于载波频率 ω_c 的偏移量,它与调制信号 $u_\Omega(t)$ 成正比;k_f 为比例常数,由调制电路决定,表示单位调制信号电压所引起的角频率偏移量,也称为调频灵敏度,它的单位为 $\mathrm{rad/(s \cdot V)}$。

当 $\Delta\omega(t)$ 取最大值时,称为最大角频偏,表示为

$$\Delta\omega_m = |\Delta\omega(t)|_{max} = k_f |u_\Omega(t)|_{max} \tag{7-2}$$

由瞬时角频率和瞬时相位是积分的关系,即

$$\varphi(t) = \int_0^t \omega(t)\mathrm{d}t \tag{7-3}$$

可得调频波的瞬时相位为

$$\varphi(t) = \int_0^t \omega(t)\mathrm{d}t = \omega_c t + k_f \int_0^t u_\Omega(t)\mathrm{d}t = \omega_c t + \Delta\varphi(t) \tag{7-4}$$

由式(7-4)可见,调频会引起载波瞬时相位的变化。式中,$\Delta\varphi(t)$ 为调频波瞬时相位与未调制载波的相位 $\omega_c t$ 之间的偏差,称为瞬时相位偏移,简称相移或相偏,即

$$\Delta\varphi(t) = k_f \int_0^t u_\Omega(t)\mathrm{d}t \tag{7-5}$$

$\Delta\varphi(t)$ 的最大值称为最大相位偏移,简称最大相移,也称为调频波的调频指数(或调制深度),用 m_f 表示,即

$$m_f = \Delta\varphi_m = |\Delta\varphi(t)|_{max} = k_f \left| \int_0^t u_\Omega(t)\mathrm{d}t \right|_{max} \tag{7-6}$$

因此,一般调频信号的数学表达式为

$$u_{FM}(t) = U_C \cos\varphi(t) = U_C \cos\left[\omega_c t + k_f \int_0^t u_\Omega(t)\mathrm{d}t\right] \tag{7-7}$$

由式(7-1)和式(7-4)可知,调频信号的瞬时角频率 $\omega(t)$ 与调制信号 $u_\Omega(t)$ 呈线性关系;瞬时相位 $\varphi(t)$ 与调制信号 $u_\Omega(t)$ 的积分呈线性关系。

如果调制信号 $u_\Omega(t)$ 为单一频率余弦信号，即 $u_\Omega(t) = U_\Omega \cos(\Omega t)$，其角频率为 Ω，对应频率为 F，且满足 $f_c \gg F$，此时调频波的瞬时角频率为

$$\omega(t) = \omega_c + \Delta\omega(t) = \omega_c + k_f u_\Omega(t) = \omega_c + \Delta\omega_m \cos(\Omega t) \tag{7-8}$$

最大角频率偏移为

$$\Delta\omega_m = k_f U_\Omega \tag{7-9}$$

调频波的瞬时相位为

$$\varphi(t) = \int_0^t \omega(\tau)\mathrm{d}\tau = \omega_c t + \frac{\Delta\omega_m}{\Omega}\sin(\Omega t)$$

$$= \omega_c t + m_f \sin(\Omega t) = \varphi_c + \Delta\varphi(t) \tag{7-10}$$

式中，最大相移，即调频指数 m_f 为

$$m_f = \frac{k_f U_\Omega}{\Omega} = \frac{\Delta\omega_m}{\Omega} = \frac{\Delta f_m}{F} \tag{7-11}$$

它是最大角频偏 $\Delta\omega_m$ 与调制信号角频率 Ω 之比或最大频偏 Δf_m 与调制信号角频率 F 之比。m_f 的值可以大于 1 或者远大于 1，且 m_f 越大，抗干扰能力越强。所以，在调制信号为单频余弦信号时，调频波的数学表达式为

$$u_{FM}(t) = U_C \cos[\omega_c t + m_f \sin(\Omega t)] \tag{7-12}$$

图 7-1 是频率调制过程中调制信号、调频信号及相应的瞬时频率和瞬时相位波形。由图 7-1(c) 可看出，瞬时频率变化范围为 $f_c - \Delta f_m \sim f_c + \Delta f_m$，最大变化值为 $2\Delta f_m$。

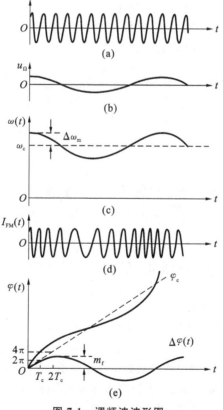

图 7-1　调频波波形图

2. 调相波的数学表达式

调相波是指其瞬时相位以未调载波相位 φ_c 为中心,按调制信号变化规律而线性变化的等幅高频振荡。设高频载波的初始相位 $\varphi_0 = 0$,则调相波的瞬时相位为

$$\varphi(t) = \omega_c t + k_p u_\Omega(t) = \omega_c t + \Delta\varphi(t) \tag{7-13}$$

式中,$\omega_c t$ 为未调制时的载波相位;k_p 为比例常数,由调制电路决定,表示单位调制信号电压所引起的相位变化量,也称为调相灵敏度,它的单位是 rad/V。

$$\Delta\varphi(t) = k_p u_\Omega(t) \tag{7-14}$$

式(7-14)表示瞬时相位相对于载波相位 $\omega_c t$ 的偏移量,简称相位偏移或相移。瞬时相移 $\Delta\varphi(t)$ 的最大值称为最大相移,也称调相波的调相指数,用 m_p 表示为

$$m_p = \Delta\varphi_m = \left|\Delta\varphi(t)\right|_{max} = k_p \left|u_\Omega(t)\right|_{max} \tag{7-15}$$

由瞬时相位和瞬时频率之间的关系,可得调相波的瞬时角频率为

$$\omega(t) = \frac{d\varphi(t)}{dt} = \omega_c + k_p \frac{du_\Omega(t)}{dt} = \omega_c + \Delta\omega(t) \tag{7-16}$$

式中,$\Delta\omega(t) = k_p \dfrac{du_\Omega(t)}{dt}$,它表示调相波的瞬时角频率偏移,即角频偏。因此,最大角频偏为

$$\Delta\omega_m = k_p \left|\frac{du_\Omega(t)}{dt}\right|_{max} \tag{7-17}$$

因此,一般调相信号的数学表达式为

$$u_{PM}(t) = U_c \cos\varphi(t) = U_c \cos\left[\omega_c t + k_p u_\Omega(t)\right] \tag{7-18}$$

由式(7-13)和式(7-16)可知,调相信号的瞬时相位 $\varphi(t)$ 与调制信号 $u_\Omega(t)$ 呈线性关系;瞬时角频率 $\omega(t)$ 与调制信号的导数 $\dfrac{du_\Omega(t)}{dt}$ 呈线性关系。

设调制信号为单一频率余弦信号,即 $u_\Omega(t) = U_\Omega \cos(\Omega t)$,则调相波的瞬时相位为

$$\varphi(t) = \omega_c t + k_p u_\Omega(t) = \omega_c t + \Delta\varphi(t) = \omega_c t + m_p \cos(\Omega t) \tag{7-19}$$

式中,最大相移即调相指数 m_p 为

$$m_p = \Delta\varphi_m = k_p U_\Omega \tag{7-20}$$

调相波的瞬时角频率为

$$\omega(t) = \frac{d\varphi(t)}{dt} = \frac{d\left[\omega_c t + m_p \cos(\Omega t)\right]}{dt} = \omega_c - m_p \Omega \sin(\Omega t) = \omega_c - \Delta\omega_m \sin(\Omega t) \tag{7-21}$$

因此,可得最大角频偏为

$$\Delta\omega_m = m_p \Omega = k_p U_\Omega \Omega \tag{7-22}$$

可见,调相也会引起载波瞬时频率的变化,将式(7-22)代入式(7-20)可得最大相移计算公式为

$$m_p = k_p U_\Omega = \frac{\Delta\omega_m}{\Omega} = \frac{\Delta f_m}{F} \tag{7-23}$$

所以,当调制信号为单频余弦信号时,调相波的数学表达式为

$$u_{PM}(t) = U_c \cos\left[\omega_c t + m_p \cos(\Omega t)\right] \tag{7-24}$$

调相波的 $\Delta\varphi(t)$、$\Delta\omega(t)$ 及 $\omega(t)$ 的曲线如图 7-2 所示。根据瞬时频率的变化可画出调相波形,如图 7-2(f)所示,也是等幅疏密波,与图 7-1 所示的调频波相比,它只是延迟了一段时间。如果不知道原调制信号,则在单频调制的情况下无法从波形上分辨是调频波还是调相波。

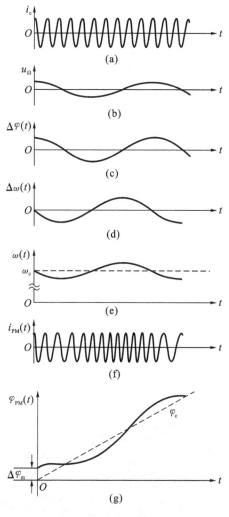

图 7-2　调相波的波形图

7.2.2　调频波的频谱与频带宽度

一般来说,受同一调制信号调变的调频信号和调相信号,它们的频谱结构是不同的。但当调制信号为单音频信号时,它们的频谱结构相似。考虑到它们的分析方法相同,下面就只分析调频波的频谱。

1. 调频波的展开式

调频波的展开式为

$$u_{FM}(t) = U_c\cos[\omega_c t + m_f\sin(\Omega t)] \tag{7-25}$$

利用三角函数公式可将上式展开为

$$u_{FM}(t) = U_C\{\cos[m_f\sin(\Omega t)]\cos(\omega_c t) - \sin[m_f\sin(\Omega t)]\sin(\omega_c t)\} \tag{7-26}$$

式中,$\cos[m_f\sin(\Omega t)]$ 和 $\sin[m_f\sin(\Omega t)]$ 均可展开成傅里叶级数。可利用贝塞尔函数中的两个公式,即

$$\cos\left[m_{\mathrm{f}}\sin(\Omega t)\right]=J_0(m_{\mathrm{f}})+2\sum_{n=1}^{+\infty}J_{2n}(m_{\mathrm{f}})\cos(2n\Omega t) \tag{7-27}$$

$$\sin\left[m_{\mathrm{f}}\sin(\Omega t)\right]=2\sum_{n=0}^{+\infty}J_{2n+1}(m_{\mathrm{f}})\sin\left[(2n+1)\Omega t\right] \tag{7-28}$$

将式(7-27)和式(7-28)代入式(7-26),可将调频波分解为无穷个正弦函数的级数,即

$$\begin{aligned}
u_{\mathrm{FM}}(t)=U_C\{&J_0(m_{\mathrm{f}})\cos(\omega_c t)\\
&+J_1(m_{\mathrm{f}})\cos\left[(\omega_c+\Omega)t\right]-J_1(m_{\mathrm{f}})\cos\left[(\omega_c-\Omega)t\right]\\
&+J_2(m_{\mathrm{f}})\cos\left[(\omega_c+2\Omega)t\right]-J_2(m_{\mathrm{f}})\cos\left[(\omega_c-2\Omega)t\right]\\
&+J_3(m_{\mathrm{f}})\cos\left[(\omega_c+3\Omega)t\right]-J_3(m_{\mathrm{f}})\cos\left[(\omega_c-3\Omega)t\right]\\
&+J_4(m_{\mathrm{f}})\cos\left[(\omega_c+4\Omega)t\right]-J_4(m_{\mathrm{f}})\cos\left[(\omega_c-4\Omega)t\right]\\
&+\cdots\}
\end{aligned} \tag{7-29}$$

式中,$J_n(m_{\mathrm{f}})$是宗数为m_{f}的n阶第一类贝塞尔函数。贝塞尔函数是一类特殊函数,它可以用无穷级数进行计算:

$$J_n(m_{\mathrm{f}})=\sum_{m=0}^{+\infty}\frac{(-1)^n\left(\dfrac{m_{\mathrm{f}}}{2}\right)^{n+2m}}{m!\,(n+m)!} \tag{7-30}$$

$J_n(m_{\mathrm{f}})$变化的曲线如图 7-3 所示。贝塞尔函数有以下主要性质。

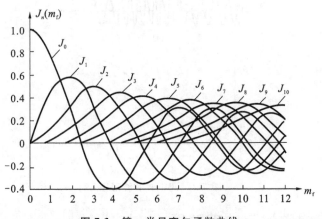

图 7-3　第一类贝塞尔函数曲线

(1) $J_{-n}(m_{\mathrm{f}})=(-1)^n J_n(m_{\mathrm{f}})$。即当 n 为奇数时,$J_{-n}(m_{\mathrm{f}})=-J_n(m_{\mathrm{f}})$;当 n 为偶数时,$J_{-n}(m_{\mathrm{f}})=J_n(m_{\mathrm{f}})$。

(2)对于任意 m_{f} 值,各阶贝塞尔函数的平方和恒等于1,即

$$\sum_{n=-\infty}^{+\infty}J_n^2(m_{\mathrm{f}})=1$$

(3)当 $m_{\mathrm{f}}\ll1$ 时,$J_0(m_{\mathrm{f}})\approx1$,$J_1(m_{\mathrm{f}})\approx m/2$ 以及 $J_n(m_{\mathrm{f}})\approx0$ $(n\geqslant2)$。实际中通常也可认为存在下面的关系,即当 $n>m_{\mathrm{f}}+1$ 时,$J_n(m_{\mathrm{f}})\approx0$。

(4)当阶数 n 一定时,随着参数 m_{f} 的增加,$J_n(m_{\mathrm{f}})$ 近似周期性变化,其峰值有下降的趋势,可看成是衰减振荡。

在图 7-3 所示的第一类贝塞尔函数曲线中,除 $J_0(m_{\mathrm{f}})$ 外,在 $m_{\mathrm{f}}=0$ 的其他各阶函数值都为零。这意味着,当没有角度调制时,除了载波外,不含其他频率分量。所有贝塞尔函数都是

正负交替变化的非周期函数,在 m_f 的某些值上,函数值为零。与此对应,某些确定的 $\Delta\varphi_m$ 值,对应的频率分量为零。

利用贝塞尔函数的性质,可将调频波表达式(7-29)所示简化为

$$u_{FM}(t) = U_C \sum_{n=-\infty}^{+\infty} J_n(m_f)\cos\left[(\omega_c + n\Omega)t\right] \tag{7-31}$$

2.调频波的频谱结构和特点

由式(7-29)可知,单一频率调频波是由许多频率分量组成的,而不是像振幅调制那样,单一低频调制时只产生两个边频(调幅、双边带)或一个边频(单边带)。因此,调频和调相属于非线性调制。

式(7-29)表明,调频波是由载波 ω_c 与无数边频 $\omega_c \pm n\Omega$ 组成的,这些边频对称地分布在载频两边。所有相邻频率分量之间的频率间隔都是调制频率 Ω,其幅度取决于调制指数 m_f。由前述调频指数的定义可知,$m_f = \Delta\omega_m/\Omega = \Delta f_m/F$,它既取决于调频的频偏 Δf_m(它与调制电压 U_Ω 成正比),又取决于调制频率 F。图 7-4 是不同 m_f 时调频信号的振幅谱。它分别对应于两种情况。图 7-4(a)是改变 Δf_m 而保持 F 不变时的频谱,图 7-4(b)是保持 Δf_m 不变而改变 F 时的频谱。对比图 7-4(a)与(b),当 m_f 相同时,其频谱的包络线形状是相同的。由图 7-3 所示的函数曲线可以看出,当 m_f 一定时,并不是 n 越大,$J_n(m_f)$ 值越小,因此,并不是边频次数越高,$\pm n\Omega$ 分量幅度越小,这从图 7-4 所示频谱可以证实。

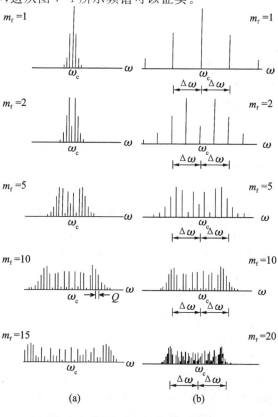

图 7-4　单频调制时调频波的振幅谱

(a)Ω 为常数;(b)$\Delta\omega_m$ 为常数

只是在 m_f 较小（m_f 约小于 1）时，边频分量随 n 增大而减小。对于 m_f 大于 1 的情况，有些边频分量幅度会增大，只有更远的边频幅度才减小，这是由贝塞尔函数总的衰减趋势决定的。图 7-4 所示频谱将幅度很小的高次边频忽略了。图 7-4(a) 所示频谱中，m_f 是靠增加频偏 Δf_m 实现的，因此，随着 Δf_m 的增大，调频波中有影响的边频分量数目要增多，频谱要扩宽。而在图 7-4(b) 所示调频波中，它是靠减小调制频率而加大 m_f 的。虽然有影响的边频分量数目也增加，但频谱并不扩宽。了解了这一频谱结构的特点，对确定调频信号的带宽是很有用的。

当调频波的调制指数 m_f 较小时，由图 7-3 可知，$|J_1(m_f)| \gg |J_2(m_f)|$、$|J_3(m_f)|$、$\cdots$，此时可以认为调频波只由载波 ω_c 和 $\omega_c \pm \Omega$ 的边频构成。这种调频波通常称为窄带调频（NBFM）。以 $m_f = 0.5$ 为例，第二边频分量幅度约为第一边频的 $1/8$，其他分量就更小，允许忽略。

3. 调频波的信号带宽

调频波的另一个重要指标是信号的频带宽度。从原理上说，信号带宽应包括信号的所有频率分量。由于调频波有无穷多个分量，调频波的频谱是无限宽的。这意味着其频带利用率很低，应根据调频信号的特点和实际应用来规定它的带宽。

从实际应用出发，调频信号的带宽是将大于一定幅度的频率分量包括在内而得到的。这样就可以使频带内集中了信号的绝大部分功率，也不致因忽略其他分量而带来可察觉的失真。通常采用卡森（Carson）准则：将幅度小于 1% 的未调制载波振幅的边频分量忽略，保留的频谱分量就确定了调角波的频带宽度，即信号的频带宽度应包括幅度大于未调制载波 1% 以上的边频分量，即

$$|J_n(m_f)| \geqslant 0.01$$

在某些要求不高的场合，此标准也可以定为 5% 或者 10%。

根据贝塞尔函数的特点，当阶数 $n > m_f + 1$ 时，贝塞尔函数 $|J_n(m_f)|$ 的数值恒小于 0.1。所以，实际上认为满足卡森准则的最高边频次数为 $n = m_f + 1$，因此调频波频谱的有效宽度为 $2(m_f + 1)F$，即频带宽度为

$$BW_s = 2(m_f + 1)F = 2(\Delta f_m + F) \tag{7-32}$$

式 (7-32) 就是广泛应用调频波的带宽公式，又称卡森公式。它对应于最高边频分量幅度大于未调制载波的 10% 和调频信号功率的 98% 左右。通常调频波的带宽要比调幅波大得多，因此，在相同的波段中，容纳调频信号的数目要少于调幅信号的数目。所以，频率调制只宜在频率较高的甚高频段和超高频段中采用。

实际应用中，根据调制指数 m 的大小，调角信号可分成两类：满足 $m \leqslant \pi/6$ 条件的调角信号叫窄带调角信号，不满足这个条件的调角信号叫宽带调角信号。为此，单频调制下的调频波（或调相波）的带宽常区分为如下三种。

(1) $m_f \ll 1$（一般 $m_f < 1$ 即可），称为窄带调频，$BW_s \approx 2F$（与调幅波带宽相同），带宽由第一对边频分量决定，BW_s 只随 F 的变化而变化。

(2) $m_f > 1$，称为宽带调频，$BW_s = 2(m_f + 1)F = 2(\Delta f_m + F)$（即卡森公式）。

(3) $m_f \gg 1$（即 $m_f > 10$），$BW_s \approx 2m_f F = 2\Delta f_m$，带宽 BW_s 只与频偏 Δf_m 成比例，而与调制频率 F 无关。这一点的物理解释是，$m_f \gg 1$，意味着 F 比 Δf_m 小得多，瞬时频率变化的速度（由 F 决定）很慢。这时最大、最小瞬时频率差，即信号瞬时频率变化的范围就是信号带宽。从这一解释出发，对于任何调制信号波形，只要峰值频偏 Δf_m 比调制频率的最高频率大得多，其信

号带宽都可以认为是 $BW_s = 2\Delta f_m$。因此,频率调制是一种恒定带宽的调制。

更准确的调频波带宽计算公式为

$$BW_s = 2(m_f + \sqrt{m_f} + 1)F \tag{7-33}$$

以上主要讨论了单一调制频率调频时的频谱与带宽。当调制信号不是单一频率时,由于调频是非线性过程,其频谱要复杂得多。比如有 F_1、F_2 两个调制频率,则根据式(7-31)可写出

$$u_{FM}(t) = U_C \sum_{n=-\infty}^{+\infty} \sum_{k=-\infty}^{+\infty} J_n(m_{f1}) J_k(m_{f2}) \cos[(\omega_c + n\Omega_1 + k\Omega_2)t] \tag{7-34}$$

可见,调频信号中不但有 ω_c、$\omega_c \pm n\Omega_1$、$\omega_c \pm k\Omega_2$ 分量,还会有 $\omega_c \pm n\Omega_1 \pm k\Omega_2$ 的组合分量。根据分析和经验,当多频调制信号调频时,仍可以用式(7-32)来计算调频信号的带宽。其中,Δf_m 应该用峰值频偏,F 和 m_f 用最大调制频率 F_{max} 和对应的 m_f。

通常,调频广播中规定的峰值频偏 Δf_m 为 75 kHz,最高调制频率 F 为 15 kHz,故 $m_f = 5$。由式(7-32)可计算出此调频信号的频带宽度为 180 kHz。

综上所述,除了窄带调频外,当调制频率 F 相同时,调频信号的带宽比振幅调制(调幅、双边带、单边带)要大得多。由于信号频带宽,通常调频只用于超短波及频率更高的波段。

7.2.3 调频波的功率

调频信号 $u_{FM}(t)$ 在电阻 R_L 上消耗的平均功率为

$$P_{FM} = \frac{\overline{u_{FM}^2(t)}}{R_L} \tag{7-35}$$

由于余弦项的正交性,总和的均方值等于各项均方值的总和,即调频信号的平均功率等于各频谱分量平均功率之和,由式(7-31)可得

$$P_{FM} = \frac{1}{2R_L} U_c^2 \sum_{n=-\infty}^{+\infty} J_n^2(m_f) \tag{7-36}$$

根据贝塞尔函数,具有

$$\sum_{n=-\infty}^{+\infty} J_n^2(m_f) = 1$$

特性,因此有

$$P_{FM} = \frac{1}{2R_L} U_c^2 = P_c \tag{7-37}$$

此结果表明,调频波的平均功率与未调制载波的平均功率相等。当 m_f 由零逐渐增加时,已调制的载频功率下降,而分散给其他边频分量。也就是说,调制的过程只是进行功率的重新分配,而总功率不变。调频器可以理解为一个功率分配器,它将载波功率分配给每个边频分量,而分配的原则与调频指数 m_f 有关。

从 $J_n(m_f)$ 曲线可看出,适当选择 m_f 值,可使任一特定频率分量(包括载频及任意边频)达到所要求的那样小。例如,当 $m_f = 2.405$ 时,$J_0(m_f) = 0$,这种情况下,所有功率都在边频中。

7.2.4 调频波与调相波的比较

由于瞬时角频率与瞬时相角之间存在确定的关系,所以调相信号和调频信号可以互相转

换。对调制信号先进行微分，然后用微分信号对载波进行调频，调频输出信号等效于调相信号，这种调相方式称为间接调相。同样，对调制信号先进行积分，然后用积分信号对载波进行调相，则调相输出信号等效于调频信号，这种调频方式称为间接调频。间接调频如图 7-5(a)所示，间接调相如图 7-5(b)所示。调制器的调节范围不可能超出(−π,π)范围，因此直接调相和间接调频仅适用于相位偏移和频率偏移不大的窄带调制情况；而直接调频和间接调相常用于宽带调制情况。

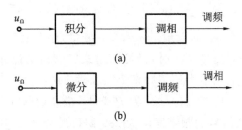

图 7-5　调频与调相的关系

至于调相波的频谱及带宽，其分析方法与调频波的相同。调相信号带宽为

$$BW_s = 2(m_p + 1)F \tag{7-38}$$

对于相位调制，由于 m_p 与 F 无关，所以 BW_s 正比于 F。调制频率变化时，BW_s 随之变化。特别是当调制信号角频率 Ω 增加时，带宽随调制信号角频率增加成线性增加。因此，调相为非恒定带宽调制。如果按最高调制频率 F_{max} 值设计信道，则在调制频率低时有很大余量，系统频带利用也不充分。因此在模拟通信中，调相方式用得很少。

当调制信号为单音频信号时，如果预先不知道调制信号的具体形式，仅从已调波数学表达式及波形上则很难区分是调频信号的还是调相信号的，这说明它们之间存在共同之处。现将调频波和调相波的分析结果和参数列于表 7-1 中进行比较。

表 7-1　调频信号与调相信号的比较

项　　目	调　频　波	调　相　波
载波	$u_c(t) = U_c\cos(\omega_c t)$	$u_c(t) = U_c\cos(\omega_c t)$
调制信号	$u_\Omega(t) = U_\Omega\cos(\Omega t)$	$u_\Omega(t) = U_\Omega\cos(\Omega t)$
偏移的物理量	频率	相位
调制指数(最大相偏)	$m_f = \dfrac{k_f U_\Omega}{\Omega} = \dfrac{\Delta\omega_m}{\Omega} = \dfrac{\Delta f_m}{F} = \Delta\varphi_m$	$m_p = k_p U_\Omega = \dfrac{\Delta\omega_m}{\Omega} = \dfrac{\Delta f_m}{F} = \Delta\varphi_m$
最大频偏	$\Delta\omega_m = k_f U_\Omega$	$\Delta\omega_m = m_p\Omega = k_p U_\Omega\Omega$
瞬时角频率	$\omega(t) = \omega_c + k_f u_\Omega(t)$	$\omega(t) = \omega_c + k_p\dfrac{du_\Omega(t)}{dt}$
瞬时相位	$\varphi(t) = \omega_c t + k_f\displaystyle\int u_\Omega(t)dt$	$\varphi(t) = \omega_c t + k_p u_\Omega(t)$
已调波电压	$u_{FM}(t) = U_c\cos[\omega_c t + m_f\sin(\Omega t)]$	$u_{PM}(t) = U_c\cos[\omega_c t + m_p\cos(\Omega t)]$
信号带宽	$BW_s = 2(m_f + 1)F_{max}$(恒定带宽)	$BW_s = 2(m_p + 1)F_{max}$(非恒定带宽)

从以上分析可见，调频与调相并无本质区别，二者之间可以互换。在实际系统中，由于调频系统的抗噪声性能优于调相系统的，因此在质量要求高或信道噪声大的通信系统(如调频广

播、电视伴音、移动通信及模拟微波中继通信系统)中,频率调制应用更为广泛。下面主要讨论频率调制。

7.3 调频器

7.3.1 调频方法

实现调频的电路或部件称为调频器或调频电路。从这个意义上讲,调频器只包含一个调制器。但根据调频的含义,从广泛的意义上讲,调频器还应包括高频振荡器。一个完整的调频电路的构成与调频方法有关。

调频器的调制特性称为调频特性。所谓调频,就是使输出已调信号的频率(或频偏)随输入信号的变化而变化的技术。因此,调频特性可以用 $f(t)$ 或 $\Delta f(t)$ 与 U_Ω 之间的关系曲线表示,称为调频特性曲线,如图 7-6 所示。

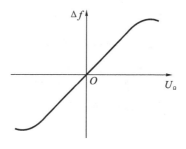

图 7-6 调频特性曲线

对于调频特性的要求如下。

(1)调制特性线性要好。曲线的线性度要高,线性范围要大(Δf_m 要大),以保证 $\Delta f(t)$ 与 u_Ω 之间在较宽范围内呈线性关系。

(2)调制灵敏度要高。调制特性曲线在原点处的斜率就是调频灵敏度 k_f。k_f 越大,同样的 u_Ω 值产生的 Δf_m 越大。

(3)载波性能要好。调频的瞬时频率就是以载频 f_c 为中心而变化的,因此,为了防止产生较大的失真,载波频率 f_c 要稳定。此外,载波振荡的幅度要保持恒定,寄生调幅要小。

调频信号的产生方法有两种:直接调频法和间接调频法。

1. 直接调频法

利用调制信号直接控制高频振荡器的瞬时振荡频率,使瞬时振荡频率不失真地反映调制信号的变化规律,从而产生调频信号的方法就是直接调频法。凡是能直接影响载波振荡瞬时频率的元件或参数,只要能够用调制信号去控制它们,并使载波振荡频率的变化量能按调制信号变化规律呈线性变化,都可以完成直接调频的任务。

调频电路中的可控参数元件包括可控电容元件、可控电感元件和可控电阻元件。其中,常用的可控电容元件有变容二极管和电抗管电路;可控电感元件是具有铁氧体磁芯的电感线圈或电抗管电路;而可控电阻元件有 PIN 二极管和场效应管。若将这些可控参数元件或电路直接代替振荡回路的某一元件或直接接入振荡回路,振荡器产生的振荡频率就与可控参数元件的参数值有关。用低频调制信号去控制可变元件的参数值,就可产生振荡频率随调制信号变化的调频波,以实现直接调频。直接调频的原理如图 7-7 所示,图中的受控振荡器是正弦波振荡器,实际中也可以用非正弦波振荡器实现调频,如三角波或方波振荡器。采用非正弦波压控振荡器容易得到大频偏范围内的线性调制。若要实现正弦波调频信号输出,只需将非正弦波调频信号通过滤波器滤波就可完成。

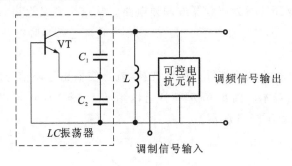

图 7-7　直接调频原理图

直接调频可以将调制器与振荡器合二为一。这种方法的主要优点是,其线性调频的频偏较大;缺点是,载波的中心频率稳定度较差。这时调制器成了振荡回路的负载,使振荡回路参数的稳定性变差,在许多场合须对载频采取稳频措施或者对晶体振荡器进行直接调频。

2. 间接调频法

间接调频法又称阿姆斯特朗(Armstrong)法,它是由调相实现调频的方法。间接调频法不是直接用基带信号去改变载波振荡的频率,而是利用调频与调相之间的内在联系,先将调制信号积分,然后对载波进行调相来获得调频信号,间接调频的原理如图 7-8 所示。

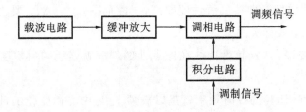

图 7-8　间接调频原理图

间接调频的调制不在晶体振荡器中进行,而在其后的某一级放大器中进行,因此可用频率稳定度很高的晶体振荡器产生振荡信号。显然,间接调频电路的中心频率较稳定,这是其优点;缺点是不易获得大频偏,这是因为调相的线性范围较小。若要求调频波的中心频率稳定度高,同时又具有较大的频偏,则可采用扩展调频电路线性频偏的方法来解决,这样会使调频电路变复杂。

3. 扩展调频器线性频偏的方法

无论是直接调频还是间接调频,最大频偏 Δf_m 和调制线性是调频器的两个相互矛盾的指标。在实际调频系统中,由于受到某些限制,需要的最大线性频偏往往不是简单的调频电路能够达到的,因此,如何扩展最大线性频偏是调频器设计的一个关键问题。

扩展线性频偏的方法随频偏产生非线性的原因不同而异,通常可以采用倍频或倍频和混频的方法来扩展最大线性频偏。利用倍频器可将载频和最大频偏同时扩展 n 倍。设一调频的瞬时频率为 $f_c + \Delta f_m\cos(2\pi Ft)$,该调频波通过倍频次数为 n 的倍频器时,它的瞬时频率将增大 n 倍,变为 $nf_c + n\Delta f_m\cos(2\pi Ft)$,可见,倍频器可以不失真地将调频波的载波频率和最大频偏同时增大 n 倍,但最大相对频偏保持不变。换句话说,倍频器可以在保持调频波的最大相对频偏不变(即 $n\Delta f_m/nf_c = \Delta f_m/f_c$)的条件下成倍地扩展其最大绝对频偏。

利用混频器可在不改变最大频偏的情况下,将载频改变为所需值。如果该调频波通过混频器,由于混频器具有频率加减的功能,所以调频波的中心频率将降低或增高,但又不会引起最大绝对频偏的变化。可见,混频器可以在保持调频波最大频偏不变的条件下增高或降低中心频率,换句话说,混频器可以不失真地改变调频波的最大相对频偏。

利用倍频器和混频器的上述特性,可在要求的中心频率上扩展线性频偏。例如,先用倍频器增大调频波的最大频偏,再用混频器将调频信号的中心频率下降到规定的数值。

采用直接调频电路时,由于它的最大相对频偏受到限制,因此,当最大相对频偏一定时,提高 f_c,可以增大 Δf_m。如果能够制成较高频率的频率调制器,那么,采用先在较高频率上产生调频波,而后通过混频器将其载波降低到规定值的方法,比采用上述倍频和混频的方法简单。

采用间接调频电路时,调相电路的调相指数与调制电压成正比,但它可能达到的最大调相指数却受到回路相频特性非线性失真的限制。由于调相信号的最大频偏 Δf_m 与调相指数 m_p 成正比,因此,间接调频电路的最大线性频偏会受调相电路性能的影响。因此,一般在较低频率上产生调频波,以提高调频波的相对频率,而后通过倍频和混频获得所需的载波频率和最大线性频偏。

7.3.2　直接调频电路

直接调频电路是利用压控振荡器的工作原理,用调制信号来改变振荡回路中接入的可变电抗元件的电容量或电感量,使振荡频率随调制信号的变化而变化,从而实现调频的电路。采用这种方法的直接调频电路有变容二极管调频电路、晶体振荡器调频电路及锁相调频电路等三类,其中变容二极管调频电路具有结构简单、性能良好等特点,是目前一种应用非常广泛的调频电路,也是这里讨论的重点。

1. 变容二极管调频电路

1)变容二极管调频电路原理

变容二极管是利用半导体 PN 结的结电容随外加反向电压的变化而变化这一特性而制成的一种半导体二极管,是一种电压控制的可控电抗元件。它具有工作频率高、固有损耗小和使用方便等优点。变容二极管接入振荡器中可决定(或部分决定)振荡器的回路频率,并可利用调制信号改变它的偏置电压,以实现调频功能。

变容二极管的极间结构、伏安特性与一般二极管没有多大差别,不同的是加反向偏压时,变容二极管呈现一个较大的结电容,其容值大小能灵敏地随反向偏压的变化而变化。它的结电容 C_j 与在其两端所加反偏电压 u 之间存在如下关系:

$$C_j = \frac{C_0}{\left(1 + \dfrac{u}{u_\varphi}\right)^\gamma} \tag{7-39}$$

式中，C_0 为变容二极管在零偏置时的结电容值；u_φ 为变容二极管 PN 结的势垒电位差（即内建电势差，通常硅管约为 0.7 V，锗管约为 0.3 V）；γ 为变容二极管的结电容变化指数，它取决于 PN 结的杂质分布规律，其值在 $1/3 \sim 6$ 之间。γ 为变容二极管的主要参数之一，γ 值越大，电容变化量随反向偏压变化越显著。图 7-9(a) 所示的为不同指数 γ 的 C_j-u 曲线，图 7-9(b) 所示的为实际变容管的 C_j-u 曲线。从图 7-9 可以看出，变容二极管的反向电压与其结电容呈非线性关系，其容值随反向电压的增加而下降。

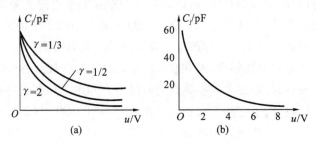

图 7-9　变容二极管的 C_j-u 曲线

为了保证变容二极管在调制信号电压变化范围内始终保持反偏，工作时必须外加反向偏置工作点电压（即直流静态电压）。当静态工作点为 E_Q 时，变容二极管结电容为

$$C_j = C_Q = \frac{C_0}{\left(1 + \dfrac{E_Q}{u_\varphi}\right)^\gamma} \tag{7-40}$$

设在变容二极管上加的调制信号电压为 $u_\Omega(t) = U_\Omega \cos(\Omega t)$，则

$$u = E_Q + u_\Omega(t) = E_Q + U_\Omega \cos(\Omega t) \tag{7-41}$$

将式 (7-41) 代入式 (7-39)，可得

$$\begin{aligned}
C_j &= \frac{C_0}{\left[1 + \dfrac{E_Q + U_\Omega \cos(\Omega t)}{u_\varphi}\right]^\gamma} \\
&= \frac{C_0}{\left(1 + \dfrac{E_Q}{u_\varphi}\right)^\gamma} \frac{1}{\left[1 + \dfrac{U_\Omega}{E_Q + u_\varphi}\cos(\Omega t)\right]^\gamma} \\
&= C_Q[1 + m\cos(\Omega t)]^{-\gamma}
\end{aligned} \tag{7-42}$$

式中，$m = U_\Omega/(E_Q + u_\varphi) \approx U_\Omega/E_Q$，称为电容调制度，它表示结电容受调制信号调变的程度，U_Ω 越大，C_j 变化越大，调制越深。

2）变容二极管直接调频性能分析

下面按两种情况进行分析：一是变容二极管作为振荡回路总电容（全部）直接调频电路；一是变容二极管部分接入振荡回路的直接调频电路。

(1)变容二极管作为振荡回路总电容（全部）直接调频电路。

图 7-10(a) 所示的为变容二极管作为振荡回路总电容直接调频电路。图 7-10(b) 所示的

是图 7-10(a)所示振荡回路的简化高频电路。

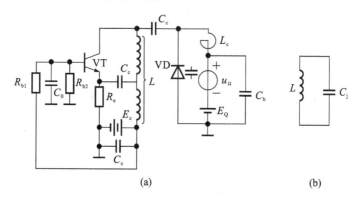

图 7-10　变容二极管作为回路总电容直接调频电路

图 7-10 所示电路中变容二极管的结电容 C_j 与 L 共同构成振荡器的振荡回路,若变容二极管上加 $u_\Omega(t)$,就会让 C_j 随时间的变化而变化(时变电容),如图 7-11(a)所示,此时振荡器的振荡频率近似等于回路的谐振频率,即

$$\omega(t) = \frac{1}{\sqrt{LC_j}} = \frac{1}{\sqrt{LC_Q}}[1 + m\cos(\Omega t)]^{\gamma/2}$$
$$= \omega_c[1 + m\cos(\Omega t)]^{\gamma/2} \tag{7-43}$$

式中,$\omega_c = 1/\sqrt{LC_Q}$ 为不加调制信号时的振荡频率,它就是振荡器的中心频率——未调制载频。振荡频率随时间变化而变化的曲线如图 7-11 (b)所示。

在式(7-43)中,若 $\gamma = 2$,则可得

$$\omega(t) = \omega_c[1 + m\cos(\Omega t)] = \omega_c + \Delta\omega(t) \tag{7-44}$$

式中,$\Delta\omega(t) = \omega_c u_\Omega(t)/(E_Q + u_\varphi)$,即 $\Delta\omega(t)$ 与 $u_\Omega(t)$ 成正比。这种调频就是线性调频,如图 7-11 (c)所示。

一般情况下,$\gamma \neq 2$,这时,式(7-43)可以展开成幂级数的形式,即

$$\omega(t) = \omega_c\left[1 + \frac{\gamma}{2}m\cos(\Omega t) + \frac{1}{2!} \cdot \frac{\gamma}{2}\left(\frac{\gamma}{2} - 1\right)m^2\cos^2(\Omega t) + \cdots\right] \tag{7-45}$$

忽略高次项,式(7-45)可近似为

$$\omega(t) = \omega_c + \frac{\gamma}{8}\left(\frac{\gamma}{2} - 1\right)m^2\omega_c + \frac{\gamma}{2}m\omega_c\cos(\Omega t) + \frac{\gamma}{8}\left(\frac{\gamma}{2} - 1\right)m^2\omega_c\cos(2\Omega t)$$
$$= \omega_c + \Delta\omega_c + \Delta\omega_m\cos(\Omega t) + \Delta\omega_{2m}\cos(2\Omega t) \tag{7-46}$$

由式(7-46)可求得调频波的最大频偏为

$$\Delta\omega_m = \gamma m\omega_c/2 \tag{7-47}$$

二次谐波失真分量的最大频偏为

$$\Delta\omega_{2m} = \gamma(\gamma/2 - 1)m^2\omega_c/8$$

二次谐波失真是由于 C_j-u 曲线的非线性引起的,并将引入非线性失真。

中心频偏的数值为

$$\Delta\omega_c = \gamma(\gamma/2 - 1)m^2\omega_c/8$$

它是调制过程中产生的中心频率漂移。$\Delta\omega_c$ 与 γ 和 m 有关,当变容二极管一定时,U_Ω 越大,m 越

大，$\Delta\omega_c$ 也越大。产生 $\Delta\omega_c$ 的原因在于 C_j-u 曲线不是直线，这使得在一个调制信号周期内，电容的平均值不等于静态工作点的 C_Q（见图 7-11(a)），从而引起中心频率的变化。

相应地，调频波的二次谐波失真系数为

$$K_{f2} = \frac{\Delta\omega_{2m}}{\Delta\omega_m} = \frac{1}{4}\left(\frac{\gamma}{2} - 1\right)m \tag{7-48}$$

可见，U_Ω 增大而使 m 增大，将同时引起 $\Delta\omega_m$、$\Delta\omega_c$ 及 K_{f2} 增大，因此 m 不能选得太大。由于非线性失真，$\gamma \neq 2$ 时的调频特性不是直线，调制特性曲线弯曲。

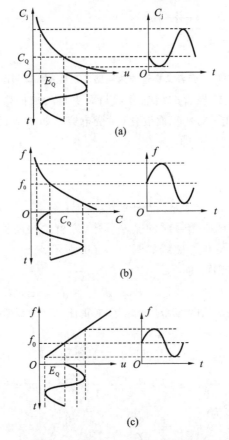

图 7-11　变容二极管线性调频原理

调频灵敏度可以通过调制特性或式(7-46)求出。根据调频灵敏度的定义，有

$$k_f = S_f = \frac{\Delta\omega_m}{U_\Omega} = \frac{\gamma}{2}\frac{m\omega_c}{U_\Omega} = \frac{\gamma}{2}\frac{\omega_c}{E_Q + u_\varphi} \approx \frac{\gamma}{2}\frac{\omega_c}{E_Q} \tag{7-49}$$

式(7-49)表明，k_f 由变容二极管特性及静态工作点确定。当变容二极管一定、中心频率一定时，在不影响线性的条件下，$|E_Q|$ 值越小越好。

同时，还可由式(7-49)看到，在变容二极管、E_Q 及 U_Ω 一定时，比值 $\Delta\omega_m/\omega_c = m\gamma/2$ 也一定，即相对频偏一定。ω_c 变大，则 $\Delta\omega_m$ 增加，即调频波的相对频偏与 m 成正比（与 U_Ω 成正比），这是直接调频电路的一个重要特性，当 m 选定即调频波的相对频偏一定时，ω_c 增大，可以增大调频波的最大频偏 $\Delta\omega_m$。

变容二极管作为振荡回路总电容时,它的最大优点是,调制信号对振荡频率的调变能力强,即调频灵敏度高,较小的 m 值就能产生较大的相对频偏。但同时因为 C_Q 直接决定中心频率,而 C_Q 随温度、电源电压的变化而变化,所以会直接造成振荡频率稳定度下降。因此,除非要求宽带调频,一般很少这样应用。

(2)变容二极管部分接入振荡回路的直接调频电路。

在实际应用中,通常 $\gamma \neq 2$,C_j 作为振荡回路总电容会使调频特性出现非线性性,输出信号的频率稳定度也将下降。因此,通常利用对变容二极管串联或并联电容的方法来调整回路总电容 C 与电压 u 之间的特性。

图 7-12 所示的是变容二极管串、并联电容时的 C-u 特性。图 7-12 曲线 ② 所示的为原变容二极管的 C_j-u 曲线。曲线 ① 所示的为并联电容 C_1 时的情况。并联 C_1 后,各点电容量均增加,曲线上移。但在原变容二极管 C_j 小的区域,并联电容 C_1 影响较大,电容量相对变化大;在 C_j 值大的区域,并联电容 C_1 影响较小。因此,反向偏压小的区域,C-u 曲线斜率变化很小,而在反向偏压大的区域,斜率变化较大。曲线 ③ 所示的为变容二极管串联电容 C_2 时的情况。串联电容让总电容减小,故曲线下移。当 C_j 较大时,串联电容影响也大,C-u 曲线在此范围与原 C_j-u 曲线相比,变化较大;反之,在 C_j 影响小的区域,C_2 影响也小,曲线的斜率基本不变。

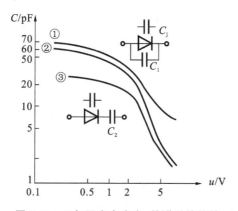

图 7-12　C_j 与固定电容串、并联后的特性

总之,并联电容可较大地调整 C_j 值小的区域内的 C-u 特性,串联电容可有效地调整 C_j 值大的区域内的 C-u 特性。如果原变容管 $\gamma > 2$,则串、并联电容的方法,可使 C-u 特性在一定偏压范围内接近 $\gamma = 2$ 的特性,从而实现线性调频。变容二极管串、并联电容后,总的 C-u 曲线斜率要下降(见图 7-12),因此频偏下降。

图 7-13 所示的是变容二极管部分接入振荡回路的情况。图中变容二极管 C_j 先与 C_2 串接,再与 C_1 并接。回路总电容为

$$C = C_1 + \frac{C_2 C_j}{C_2 + C_j} \tag{7-50}$$

将式(7-42)代入式(7-50),就可得到总电容的变化规律,即

$$C = C_1 + \frac{C_2 C_Q}{C_2 \left[1 + m\cos(\Omega t)\right]^{\gamma} + C_Q} \tag{7-51}$$

相应的调频特性为

$$\omega(t) = \frac{1}{\sqrt{LC}} = \left\{ L \left[C_1 + \frac{C_2 C_Q}{C_2 \left[1 + m\cos(\Omega t) \right]^\gamma + C_Q} \right] \right\}^{-1/2} \tag{7-52}$$

将式(7-52)在工作点 E_Q 处展开，可得

$$\omega(t) = \omega_c \left[1 + A_1 m\cos(\Omega t) + A_2 m^2 \cos^2(\Omega t) + \cdots \right]$$

$$= \omega_c + \frac{A_2}{2} m^2 \omega_c + A_1 m\omega_c \cos(\Omega t) + \frac{A_2}{2} m^2 \omega_c \cos(2\Omega t) + \cdots \tag{7-53}$$

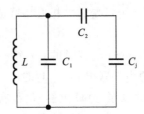

图 7-13   变容二极管部分接入振荡回路

式中，

$$\omega_c = \frac{1}{\sqrt{L \left(C_1 + \frac{C_2 C_Q}{C_2 + C_Q} \right)}} \tag{7-54}$$

$$A_1 = \frac{\gamma}{2p}$$

$$A_2 = \frac{3}{8} \cdot \frac{\gamma^2}{p^2} + \frac{1}{4} \cdot \frac{\gamma(\gamma - 1)}{p} - \frac{\gamma^2}{2p} \cdot \frac{1}{1 + p_1}$$

$$p = (1 + p_1)(1 + p_1 p_2 + p_2) \tag{7-55}$$

$$p_1 = \frac{C_Q}{C_2}$$

$$p_2 = \frac{C_1}{C_Q}$$

从式(7-53)可以看出，当 C_j 部分接入时，其最大频偏为

$$\Delta\omega_m = A_1 m\omega_c = \frac{\gamma}{2p} m\omega_c \tag{7-56}$$

将上述结果与式(7-47)进行比较，可以发现变容二极管部分接入时电路提供的最大频偏 $\Delta\omega_m$ 减小为变容二极管全部接入时的 $1/p$。由式(7-55)可知，p 值恒大于1。当 C_Q 一定时，C_2 越小，p_1 越大；C_1 越大，p_2 越大。其结果都使 p 值增大，因此，$\Delta\omega_m$ 越小。

虽然 $\Delta\omega_m$ 减小为原值的 $1/p$，但是，因稳定等变化引起的 C_Q 不稳定而造成的载波频率的变化也同样减小为原值的 $1/p$，即载波频率稳定度提高 p 倍。同时加到变容二极管上的高频振荡电压也相应减小，这对减小调制失真都是有利的。

因为变容二极管部分接入振荡回路，所以调制信号对振荡频率的调变能力比变容二极管全部接入振荡回路时的弱，相当于等效电容的变容指数 γ 减小。显然，为了实现线性调频，必须选用 $\gamma > 2$ 的变容二极管，同时还应正确选择 C_1 和 C_2 的值。在实际电路中，一般 C_2 取值较大，为几十皮法至几百皮法；而 C_1 取值较小，为几皮法至几十皮法。反复调整 C_1、C_2 和 E_Q 的值，就能在一定的调制电压变化范围内获得接近线性的调制特性曲线，而且其载波频率等于所

要求的数值。

因此,变容二极管部分接入回路所构成的调频电路,其中心频率稳定性比全部接入振荡回路的要高,但调制灵敏度和最大频偏都下降。

图 7-14 (a)所示的是某通信系统的变容二极管直接调频电路。图中振荡回路由 10 pF、15 pF、33 pF 电容,可调电感及变容二极管组成,其交流等效电路如图 7-14(b)所示。由此可以看出,这是一个电容反馈三点式振荡器线路。两个变容二极管为反向串联组态;直流偏置同时加至两管正端,调制信号经 12 μH 高频扼流圈(对调制信号相当于短路)加至两管负端,所以对直流及调制信号来说,两个变容二极管是并联的。变容二极管经 33 pF 电容接入振荡回路,可实现变容管部分接入方式的直接调频。

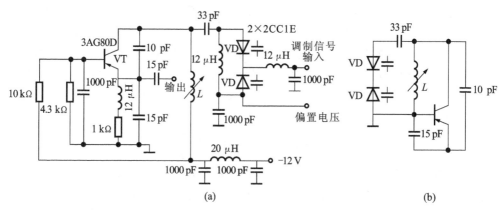

图 7-14　变容二极管部分接入回路的调频电路

(a)实际电路;(b)等效电路

由于实际电路中变容二极管的直流偏压上不仅叠加有低频调制电压,还有回路中的高频振荡电压,故变容二极管的实际电容值会受到高频振荡的影响。高频振荡幅度太大,还可能使叠加后的电压在某些时刻造成变容二极管正偏。对高频而言,两个变容二极管是串联的,总变容二极管电容 $C'_j = C_j/2$。这样,加到每个变容二极管的高频电压就下降一半,从而可以减小高频电压对结电容的影响;另外,两管上高频电压相位相反,使得在高频电压的任意半周内,一个变容二极管寄生电容增大,而另一个减少,使结电容的变化不对称地相互抵消,从而削弱寄生调制。另外,改变变容二极管偏置电压及调节电感 L 可以实现中心频率的调制,使该电路的中心频率在 50~100 MHz 范围内变化。因为两个变容二极管串联后总的结电容减半,所以这种方式的缺点是调频灵敏度低。

综上所述,变容二极管调频电路的优点是,电路简单,工作频率高,所需调制信号功率小,易于获得较大频偏,且频偏较小时非线性失真很小。这种电路的最大缺点是,载频易受调制信号影响而产生偏移,使得振荡器中心频率稳定度不高,而且当调制信号较大时,频偏较大,其非线性失真较大。目前,变容二极管调频电路主要应用在移动通信,以及自动频率微调系统中。

2. 石英晶体振荡器直接调频电路

由于变容二极管直接调频电路在 LC 振荡器上直接进行调频,而 LC 振荡器频率稳定度较低,加上变容二极管引入新的不稳定因素,所以调频电路的频率稳定性更差,一般低于 $1×10^{-4}$。为了获得高稳定度调频信号,必须采取稳频措施,通常采用三种方法:第一,对石英晶体振荡器直接调频;第二,采用自动频率控制电路,如增加自动频率微调电路;第三,利用锁相环电路稳频。这三种方法中,较简单的是对晶体振荡器直接调频,因为石英晶体振荡器的频率稳定度很高,所以,在要求频率稳定度较高、频偏不太大的场合,用石英晶体振荡器直接调频较合适。

石英晶体振荡器直接调频电路通常将变容二极管接入并联型石英晶体振荡器的振荡回路中来实现调频。变容二极管接入振荡回路有两种方式:一是与石英晶体相串联;二是与石英晶体相并联。无论采用哪种方式,当变容二极管的结电容发生变化时,都将引起石英晶体的等效电抗发生变化,从而引起振荡频率的变化;若用调制信号去控制变容二极管的结电容,即可获得调频信号。但变容二极管与石英晶体并联连接的方式有一个较大的缺点,就是变容二极管参数的不稳定性将直接影响载波中心频率的稳定度。因而变容二极管与石英晶体相串联的方式应用得比较广泛。

图 7-15(a)所示为变容二极管对石英晶体振荡器直接调频电路,图 7-15(b)所示的为其交流等效电路。由图可知,此电路为并联型石英晶振皮尔斯电路,其稳定度高于密勒电路。其中,变容二极管相当于石英晶体振荡器中的微调电容,它与 C_1、C_2 的串联等效电容作为石英晶体谐振器的负载电容 C_L。此电路的振荡频率为

$$f_1 = f_q\left[1 + \frac{C_q}{2(C_L + C_0)}\right] \tag{7-57}$$

式中,C_q 为石英晶体的动态电容;C_0 为石英晶体的静电容;C_L 为 C_1、C_2 及 C_j 的串联电容;f_q 为晶体的串联谐振频率。当 C_j 变化时,C_L 也变化,从而使振荡频率发生变化。

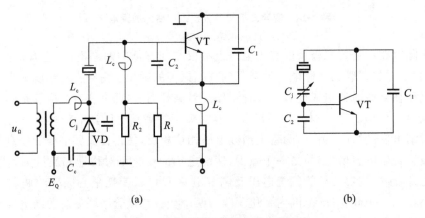

(a)   (b)

图 7-15　石英晶体振荡器直接调频电路

(a)实际电路;(b)交流等效电路

由于振荡器工作于晶体的感性区,f_1 只能处于晶体的串联谐振频率 f_q 与并联谐振频率 f_0 之间。由于晶体的相对频率变化范围很窄,只有 $10^{-4} \sim 10^{-3}$ 数量级,加上 C_j 的影响,所以可变范围更窄。因此,晶体振荡器直接调频电路的最大频偏非常小。在实际电路中,需要采取扩大频偏的措施。

采用石英晶体振荡器调频电路可提高载频的频率稳定度,但由于石英晶体的感性范围很小,所以其频偏很小,通常频偏不会超过石英晶体串、并联谐振频率差值的一半。为了满足实际调频要求,需要在调频后通过多次倍频和混频的方法扩大频偏,该方法既满足了载频的要

求,又扩展了频偏;或者是在石英晶体支路中串联或并联电感的方法(通常串接一个低 Q 值的小电感),使总的电抗曲线呈现感性的工作频率区域加以扩展(主要是频率的低端扩展),从而加强变容二极管控制频偏的作用,使频偏加大。这种方法简便易行,是一种常用的方法,但使用这种方法获得的扩展范围有限,且会使调频信号的中心频率的稳定度下降。另一种方法是利用 π 型网络进行阻抗变换,在这种方法中,晶体接于 π 型网络的终端。利用 π 型网络进行阻抗变换,可扩展石英晶体呈现感性的频率范围,从而加大调频电路的频偏。

石英晶体振荡器直接调频电路的主要缺点就是,相对频偏非常小。为了进一步提高频率稳定度,可以采用石英晶体振荡器间接调频的方法。

7.3.3 间接调频电路

前面已经指出,若先对调制信号进行积分,再去调相,得到的是调频信号。因此,调相电路是间接调频电路的关键电路。常用的调相方法有相量合成法、可变移相法和可变时延法。

1. 相量合成法

相量合成法主要是针对窄带的调频或调相信号。对于单音调相信号,有

$$u_{\text{PM}} = U\cos[\omega_c + m_p\cos(\Omega t)]$$
$$= U\cos(\omega_c t)\cos[m_p\cos(\Omega t)] - U\sin[m_p\cos(\Omega t)]\sin(\omega_c t) \quad (7\text{-}58)$$

当 $m_p \leqslant \pi/12$ 时,窄带调相,$\cos[m_p\cos(\Omega t)] \approx 1$,$\sin[m_p\cos(\Omega t)] \approx m_p\cos(\Omega t)$,式(7-58)近似为

$$u_{\text{PM}} \approx U\cos(\omega_c t) - U m_p\cos(\Omega t)\sin(\omega_c t) \quad (7\text{-}59)$$

可见,窄带调相波可近似由一个载波信号($U\cos(\omega_c t)$)和一个双边带信号($U m_p\cos(\Omega t)\sin(\omega_c t)$)叠加而成。如果用相量表示,则载波信号矢量与双边带信号相量是相互正交的,其双边带信号相量的长度按 $U m_p\cos(\Omega t)$ 的变化规律而变化。窄带调相波就是这两个正交相量合成的产物,如图 7-16 所示。故这种调相方法称为矢量合成法,又称阿姆斯特朗法。显然,这种方法只能不失真地产生窄带调相波。

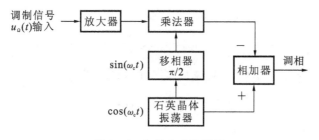

图 7-16 矢量合成法调频

2. 可变移相法

从原理上说,实现调相的最直接方法是将振荡器产生的载波电压 $U\cos(\omega_c t)$ 通过一个可控相移网络,利用调制信号控制移相网络或谐振回路的电抗或电阻元件来实现调相。图 7-17 所示的为可变移相法调相的原理框图。

图 7-17 所示的原理图中,要求移相网络的相移在一定范围内正比于调制信号电压,即

$$\varphi(t) = K_p u_\Omega(t)$$

　　使用这种方法得到的调相波的最大不失真相移 m_p 受谐振回路或相移网络相频特性非线性的限制,一般都在30°以下。为了增大 m_p,可以采用级联调相电路。

图 7-17　可变移相法调相框图

　　可变移相网络有多种实现电路,如 RC 移相网络、LC 谐振回路移相网络等。其中,应用最广泛的是用变容二极管对 LC 谐振回路作可变移相的一种调相电路,也就是常说的变容二极管调相电路。图7-18所示的电路是单级谐振回路变容二极管调相电路,受调制信号控制的变容二极管作为振荡回路的一个元件。L_{c1}、L_{c2} 为高频扼流圈,分别防止高频信号进入直流电源及调制信号源中。

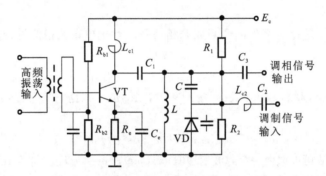

图 7-18　单级谐振回路变容二极管调相电路

　　我们知道,高 Q 并联振荡电路的电压、电流间相移为

$$\Delta\varphi = -\arctan\left(Q\,\frac{2\Delta f}{f_0}\right) \tag{7-60}$$

当 $\Delta\varphi < \pi/6$ 时,$\tan\varphi \approx \varphi$,式(7-60)可简化为

$$\Delta\varphi \approx -2Q\,\frac{\Delta f}{f_0} \tag{7-61}$$

设输入调制信号为 $U_\Omega\cos(\Omega t)$,其瞬时频偏(此处为回路谐振频率的偏移)为

$$\Delta f = -\frac{1}{2p}\gamma\,mf_0\cos(\Omega t) \tag{7-62}$$

将式(7-62)代入式(7-61),可得

$$\Delta\varphi = -\frac{Q\gamma m\cos(\Omega t)}{p} \tag{7-63}$$

　　式(7-63)表明,回路产生的相移按输入调制信号的变化规律而变化。若调制信号在积分后输入,则输出调相波的相位偏移与被积分的调制信号呈线性关系,其频率与积分前的信号亦呈线性关系。

　　由于回路相移特性线性范围不大(上面分析中使用了 $\Delta\varphi < \pi/6$ 的条件,才有近似式 $\tan\varphi \approx \varphi$),因此这种电路得到的频偏是不大的,必须采取扩大频偏措施。除了用倍频方法增大频偏

外,还应改进调相电路本身。图 7-19 所示的是由三级单振荡回路组成的调相电路。若每级相移为 30°,则三级可达 90°相移,因而增大了频偏。图中各级间耦合电容为 1 pF,故互相影响很小。

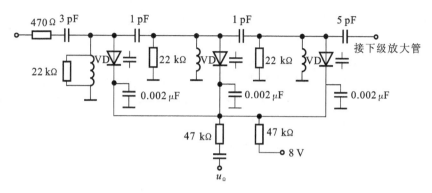

图 7-19   三级单振荡回路级联的移相器

3. 可变时延法

可变时延法调相方法将振荡器产生的载波信号通过一个可变时延网络(或称可控时延网络),时延时间 τ 受调制信号 $u_\Omega(t)$ 的控制,且二者之间呈线性关系,即 $\tau = ku_\Omega(t)$。可见,时延与相移本质上是一样的,都和调制信号成正比关系。这种产生调相的方法称为可变时延法或可变延时法。图 7-20 所示的为可变时延法调相的原理框图。

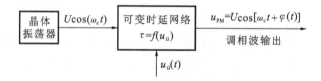

图 7-20   可变时延法调相的原理框图

将载波信号通过一可控时延网络,时延时间 τ 受调制信号的控制,即

$$\tau = ku_\Omega(t) = kU_\Omega \cos(\Omega t)$$

则输出信号为

$$u = U\cos[\omega_c(t - \tau)] = U\cos[\omega_c t - k\omega_c u_\Omega(t)] = U\cos[\omega_c t - m_p\cos(\Omega t)] \quad (7\text{-}64)$$

由此可知,输出信号已变成调相信号,其中 $m_p = k\omega_c U_\Omega$,为该调相波的调相指数或最大相移。

综上所述,三种调相电路的最大线性相移 m_p 均受到调相特性的非线性的限制,因此其值都很小。用它们实现间接调频时,调频波的最大相移也受到调相特性的非线性的限制,故其最大频偏较小,在实际电路中需要采用扩展线性频偏的办法来达到实用的要求。

7.4   鉴频器

调角波的解调就是把调角波的瞬时频率或瞬时相位的变化不失真地转变成电压变化,即实现"频率-电压"转换或"相位-电压"转换,从而恢复出原调制信号的过程,是角度调制的逆过程。与角度调制一样,角度解调也是频谱的非线性变换过程。调频波的解调称为频率解调或频率检波,简称鉴频,完成鉴频功能的电路称为频率检波器或鉴频器(FD);调相波的解调称为相位解调或相位检波,简称鉴相;完成鉴相功能的电路称为相位检波器或鉴相器(PD)。它们的作用都是从已调波中检出反映在频率或相位变化上的调制信号,但是采用的方法不相同。

就鉴频器的功能而言,它是一个将输入调频波的瞬时频率 f(或频偏 Δf)变换为相应的解调输出电压 u_o 的变换器,如图 7-21 所示。通常将此变换器的变换特性称为鉴频特性。用曲线表示为输出电压 u_o 与瞬时频率 f 或频偏 Δf 之间的关系曲线,称为鉴频特性曲线。在线性解调的理想情况下,此曲线为一直线,但实际上往往有弯曲,呈"S"形,简称"S"曲线,如图 7-21(b)所示。在图 7-21(b)中,通常用峰值带宽 BW_m 来近似衡量鉴频特性线性区宽度,它指的是鉴频特性曲线左右两个最大值($\pm u_{o\,max}$)间对应的频率间隔。鉴频特性曲线一般是左右对称的,若峰值点的频偏为 $\Delta f_A = f_A - f_c = f_c - f_B$,则 $BW_m = 2\Delta f_A$。对于鉴频器来讲,要求线性范围宽($BW_m > 2\Delta f_m$),线性度好。但实际上,鉴频特性在两峰之间都存在一定的非线性性,通常只有在 $\Delta f = 0$ 附近才有较好的线性性。

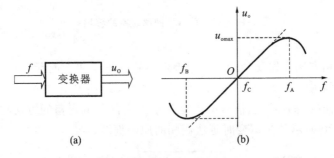

图 7-21 鉴频器及鉴频特性

对鉴频器的另外一个要求,就是鉴频跨导要大。所谓鉴频跨导 S_D,就是鉴频特性在载频处的斜率,它表示的是单位频偏所能产生的解调输出电压。鉴频跨导又叫鉴频灵敏度,用公式表示为

$$S_D = \left.\frac{du_o}{df}\right|_{f=f_c} = \left.\frac{du_o}{d\Delta f}\right|_{\Delta f=0} \tag{7-65}$$

另一方面,鉴频跨导也可以理解为鉴频器将输入频率转换为输出电压的能力或效率,因此,鉴频跨导又可以称为鉴频效率。

与调幅接收机一样,调频接收机的组成也大多采用超外差式。在超外差式的调频接收机中,鉴频通常在中频频率(如调频广播接收机的中频频率为 10.7 MHz)上进行(随着技术的发展,现在也有在基带上用数字信号处理的方法实现)。在调频信号的产生、传输和通过调频接收机前端电路的过程中,不可避免地要引入干扰和噪声。干扰和噪声对调频信号的影响,主要表现为调频信号出现了不希望有的寄生调幅和寄生调频。一般在末级中频放大器和鉴频器之间设置限幅器,就可以消除由寄生调幅所引起的鉴频器的输出噪声(当然,具有自动限幅能力的鉴频器,如比例鉴频器之前不需此限幅器)。可见,限幅与鉴频一般是连用的,统称为限幅鉴频器。若调频信号的调频指数较大,则它本身就可以抑制寄生调制。

7.4.1 鉴频方法

实现鉴频的方法有很多,就其工作原理而言,有两类基本实现方法:第一类方法是利用

反馈环路实现鉴频,例如,利用锁相环路、调频负反馈环路来实现鉴频。这一类统称为环路鉴频器。第二类方法是将等幅调频信号进行特定的波形变换,使变换后的波形中的某个参量如电压幅度、相位、脉冲的占空比(或它们的平均分量)能反映调频波瞬时频率的变化规律;然后通过相应的检波器检波或低通滤波器整流,将原调制信号解调出来。这一类鉴频器统称为普通鉴频器,根据其波形变换的不同特点,这类鉴频器又可归纳为以下几种实现方法。

1.斜率鉴频法

调频波瞬时频率的变化与调制信号成正比,而其幅度是恒定的。斜率鉴频法是先将等幅调频波通过一个幅频特性将线性的变换网络变换成幅度随瞬时频率变化而变化的调频-调幅波,之后再通过包络检波器检出反映幅度变化的解调电压,以得到调制信号的方法。用此原理构成的鉴频器称为斜率鉴频器或振幅鉴频器,其电路模型如图 7-22 所示。这种方法实现的关键在于由一个现象的频率-振幅变换网络来产生波形变换。

图 7-22　斜率鉴频法的电路实现模型

2.相位鉴频法

将调频波通过相频特性为线性的频相转换网络,使输出的调频波的附加相移按照瞬时频率的变化规律而变化,这样已调波的频率和相位都随调制信号的变化而变化,然后用相位检波器检测出反映相位变化的解调电压,即得到所需的调制信号,这种实现鉴频的方法称为相位鉴频法或移相鉴频法,其电路模型如图 7-23 所示。

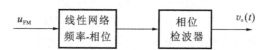

图 7-23　相位鉴频器的电路实现模型

可见,相位鉴频电路是由线性移相网络和鉴相器组成的,所以相位鉴频法的关键是鉴相器。与调幅信号的同步检波器类似,相位检波器也有叠加型和乘积型之分,相应的相位鉴频器分别称为叠加型相位鉴频器和乘积型相位鉴频器。图 7-24 所示的是它们的电路组成框图。图 7-24(a)所示的为叠加型鉴相器实现鉴频的方法,称为叠加型相位鉴频法。它由频率相位线性变换网络和叠加型鉴相器组成。调频信号经变换网络后产生相移得到调相-调频波,再将其和原调频波相量相加,可把二者的相位差的变化转换为合成信号的振幅变化,得到调幅-调相-调频波,然后用包络检波器检出其振幅变化,从而达到鉴频的目的。频率-相位变换网络实际为延迟网,采用这种方法的鉴频器叫叠加型相位鉴频器或延迟鉴频器。

图 7-24(b)所示的为乘积型鉴相器实现鉴频的方法,称为乘积型相位鉴频法或积分鉴频法,它由线性移相网络和乘积型鉴相器组成。在集成电路调频机中,乘积型相位鉴频器采用的就是此法。其原理是将输入调频信号经移相网络后生成与调频信号电压正交的参考信号电压,并与输入调频信号同时加入相乘器,相乘器输出经低通滤波器滤波后,便可还原出原调制信号。

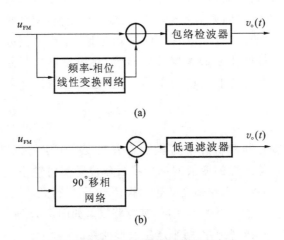

图 7-24　相位鉴频器的两种实现方法

(a)叠加型相位鉴频法；(b)乘积型相位鉴频法

3.脉冲计数法

脉冲计数法是利用调频波的过零信息来实现解调的。因为调频波的瞬时频率是随调制信号的变化而变化的,所以它在相同的时间间隔内过零点的数目将不同。瞬时频率越高,在同样的时间间隔内,其过零点的数目就越多;而瞬时频率越低,过零点的数目就越少。从某种意义上讲,信号频率就是信号电压或电流波形单位时间内过零点(或零交点)的次数。对于脉冲或数字信号,信号频率就是信号脉冲的个数。基于这种原理的鉴频器称为脉冲计数式鉴频器。它先将输入的调频信号通过具有合适特性的非线性变换网络(频率-电压变换),使它变换为调频脉冲序列。由于该脉冲序列含有反映瞬时频率变化的平均分量,因此,将该调频脉冲序列直接计数就可得到反映瞬时频率变化的解调电压,或者通过低通滤波器的平滑而得到反映瞬时频率变化的平均分量的输出解调电压。

典型的脉冲计数式鉴频器的框图如图 7-25(a)所示,图 7-25(b)是其各点对应的波形。图中,先将输入的调频信号 u_{FM} 进行宽带放大和限幅,变成调频方波信号,然后进行微分得到一串高度相等、形状相同的微分脉冲序列。再经半波整流得到反映调频信号瞬时频率变化的单向微分脉冲序列。对此单向微分脉冲计数,就可直接得到调频信号的频率。为了提高鉴频效率,一般都在微分后加一个脉冲形成电路,将微分脉冲序列变换成脉宽为 τ 的矩形脉冲序列,然后对该调频脉冲序列直接计数或通过低通滤波器得到反映瞬时频率变化的输出解调电压。瞬时频率高,单位时间内过零点数目就多,相应的脉冲数也多,经过低通滤波器的平均分量也越高;瞬时频率低,过程正好相反,低通滤波器输出的平均分量就低。因此,低通滤波器输出的平均分量反映了调频波瞬时频率的变化,即反映了调制信号的变化规律,从而实现鉴频。也可将调频脉冲序列通过脉冲计数器,直接得到反映瞬时频率变化的解调电压,从而实现鉴频的功能。由于它可以直接从调频波的频率中取出调制信号,所以实际是一种直接鉴频法。

脉冲计数法又称过零检测法。该方法多用于载波频率较低的情况,如数据传输终端机中。

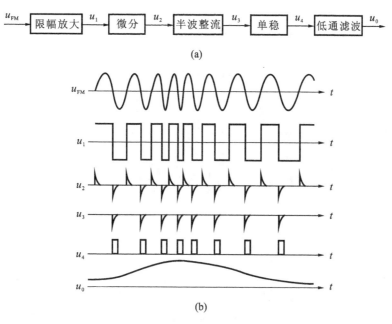

(a)

(b)

图 7-25 直接脉冲计数式鉴频器

7.4.2 鉴频电路

1. 斜率鉴频电路

斜率鉴频器是先将调频波通过线性频率幅度转换网络,使输出调频波的振幅按瞬时频率的变化规律而变化,然后再用包络检波器检出反映振幅变化的解调信号的电路。频率幅度转换网络只要在所需频率范围内具有线性幅频特性即可。如低通、高通、带通网络等都可以完成这一转换,其中应用最多的是带通网络。实际中,常用 LC 并联谐振回路或互感耦合回路(频率幅度转换网络)对不同频率的信号呈现不同阻抗的特性,完成频率幅度的转换功能。

图 7-26 就是最简单的斜率鉴频电路,工作过程及各点波形如图 7-26 所示。它由单失谐的 LC 并联谐振回路和二极管包络检波器组成。失谐回路是指谐振电路不是调谐于调频波的中心频率的回路,实际工作中,为了获得线性的频率幅度转换特性,LC 并联谐振回路总是对输入调频波的中心频率失谐,通过调整 LC 回路谐振频率 f_0,使回路的谐振频率 f_0 高于调频波的载频 f_c,并尽量使调频波的中心频率 f_c 处于 LC 并联谐振回路幅频特性斜坡的近似直线段中点,如图 7-25(b)所示。这样,回路对 f_c 失谐。瞬时频率越高,失谐越小,电路阻抗越大,负载上得到的信号电压越大;瞬时频率越低,失谐越大,电路阻抗越小,负载上的电压越小。这样,单失谐回路就能够把等幅调频波变换成幅度随瞬时频率变化而变化的调频-调幅波,然后通过二极管包络检波器检测出原调制信号,完成鉴频功能。

由于谐振回路的品质因数 Q 会影响其谐振曲线,所以斜率鉴频器的性能在很大程度上取决于回路的品质因数。若 Q 较小,则谐振曲线倾斜部分的线性较好,在波形变换中失真小。但是,转换后的调频-调幅波幅度变化小,鉴频灵敏度低。若 Q 较大,则谐振曲线倾斜部分的线性范围变窄,鉴频灵敏度提高,当频偏较大时,非线性失真严重。总之,单失谐回路鉴频器的幅

227

频特性曲线的线性范围与鉴频灵敏度都不理想。实际上,单失谐回路的谐振曲线,其倾斜部分的线性范围是很小的。因此,只能解调频偏小的调频信号。实际应用中很少采用这种斜率鉴频器,但有时可用于质量要求不高的简易接收机中。

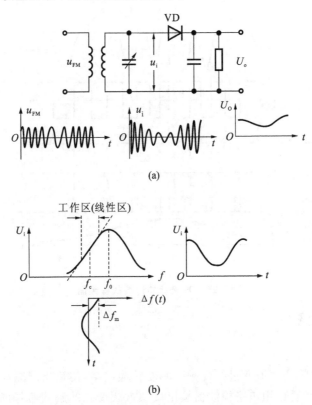

图 7-26　单失谐回路斜率鉴频器电路与波形

(a)单失谐回路斜率鉴频电路;(b)单失谐回路斜率鉴频器波形

　　为了扩大斜率鉴频器鉴频特性的线性范围,减小失真,通常采用两个单失谐回路构成的斜率鉴频器,称为双失谐回路斜率鉴频器,如图 7-27 所示。图 7-27(a)是双失谐回路斜率鉴频器的原理电路图,它由两个单失谐回路斜率鉴频器构成,又称为双失谐平衡鉴频器。它实际上是由三个调谐回路和上下对称的两个二极管包络检波器组成的。初级回路谐振等于调频信号的中心频率($f_{01} = f_c$),其通带较宽。次级两个回路的谐振频率分别调谐为 f_{02} 和 f_{03},其中 $f_{02} >$ f_c、$f_{03} < f_c$,且 $f_{02} - f_c = f_c - f_{03}$,回路的谐振特性如图 7-27(b)所示。设第一个回路的谐振频率 f_{01} 低于 f_c,而第二个回路的谐振频率 f_{02} 高于 f_c,即满足 $f_{01} < f_c < f_{02}$,并令 f_{01} 和 f_{02} 相对 f_c 对称,使两回路成对称失谐,即满足 $f_c - f_{01} = f_{02} - f_c$。

　　双失谐回路斜率鉴频器的两个单失谐回路斜率鉴频器的特性与参数相同(即 $C_1 = C_2$、$R_1 = R_2$、VD_1 和 VD_2 的特性相同,且两个回路的谐振特性相同)。当调频波输入时,上支路输出电压 U_{01}(见图 7-28(b))与图 7-26 所示的 U_o 波形相同。下支路则与上支路相反,U_{02} 波形如图 7-28(c)所示。当瞬时频率最高时,U_{01} 最大,U_{02} 最小;当瞬时频率最低时,U_{01} 最小,U_{02} 最大。输出负载为差动连接,鉴频器输出电压为 $U_o = U_{01} - U_{02}$,U_o 的波形如图 7-28(d)所示。当 $f = f_c$ 时,上、下支路输出相等,总输出电压 $U_o = 0$。

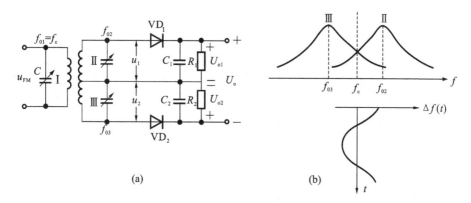

图 7-27　双失谐平衡鉴频器

为了保证鉴频器的线性范围,应调整 f_{02} 和 f_{03},使 $f_{02}-f_{03}$ 大于调频波最大频偏 Δf_{m} 的 2 倍。由于鉴频器输出电压随调频波频率变化而变化的规律与 $U_{o1}-U_{o2}$ 随频率变化而变化的规律一样,因此可得该鉴频器的传输特性或鉴频特性,如图 7-29 的实线所示。其中虚线为两回路的谐振曲线。

从图 7-29 可以看出,输出电压 U_o 随 Δf 的变化而变化特性就是将两个失谐回路的幅频特性相减的结果,即双失谐鉴频器的输出是取两个带通响应之差,它可获得较好的线性响应,失真较小,灵敏度也高于单失谐鉴频器。这是因为,当一边鉴频输出波形有失真,例如正半周大、负半周小时,对称的另一边鉴频输出波形也必定有失真,但却是正半周小、负半周大,因而相互抵消。合成曲线鉴频特性的形状除了与两个回路的幅频特性曲线形状有关外,还取决于 f_{02}、$f_{03}(\Delta f)$ 的选择,若 f_{02}、f_{03} 配置得好,两回路幅频特性曲线中的弯曲部分就可得到有效补偿,增大了鉴频曲线的线性范围。这种电路适用于解调大频偏调频信号。但采用这种电路时,三个回路要调整好,并须尽量对称,否则会引起较大失真。不易调整是该电路的一个缺点。

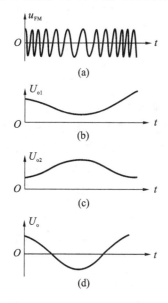

图 7-28　图 7-27 的各点波形

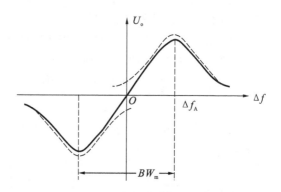

图 7-29　双失谐鉴频器的鉴频特性

2. 相位鉴频器

前面已经指出,相位鉴频器由两部分组成:一是将调频信号的瞬时频率变化转换到附加相移上的频相转换网络;二是检出附加相移变化的相位检波器。其中,相位检波器包括叠加型相位鉴频器和乘积型相位鉴频器。本节讨论的叠加型相位鉴频器是实用电路中的相位鉴频器。

相位鉴频器是利用耦合回路的相位-频率特性将调频波变换成调频-调幅波。它先将调频波的频率变化转换为两个回路电压的相位变化,然后将相位变化转换为对应的幅度变化,最后用包络检波器检出幅度的变化。这样,幅度的变化就反映了频率的变化,从而实现了鉴频。常用的相位鉴频器根据耦合方式,可分为互感耦合相位鉴频器和电容耦合相位鉴频器等两种。

1)互感耦合相位鉴频器

图 7-30 所示的为耦合回路叠加型相位鉴频器电路,又称福斯特-西利(Foster-Seeley)鉴频器电路。图中,L_1、C_1 和 L_2、C_2 为互感耦合的双调谐回路,作为鉴频器的频相转换网络;C_0 为隔直电容,它对输入信号频率呈短路;L_3 为高频扼流圈,它在输入信号频率上的阻抗很大,接近开路,而对平均分量接近短路,为包络检波器提供通路。这样,输入调频信号 u_i 经过放大器在初级回路 L_1、C_1 上产生电压 U_1,这个电压将通过互感耦合在次级回路 L_2、C_2 上产生电压 U_2,同时,又通过 C_0、高频扼流圈 L_3 和滤波电容 C 通地,形成闭合回路,在这个回路中,U_1 几乎全部加到 L_3 上,因此,根据图 7-30 所示的电压极性,实际加到上、下两包络检波器的输入电压分别为 $U_1+U_2/2$ 和 $U_1-U_2/2$。

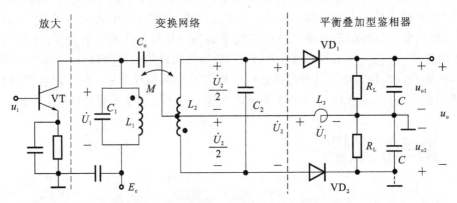

图 7-30 耦合回路叠加型相位鉴频器电路

(1)频率-相位变换。首先,输入调频信号经频率-相位变换后转换成既调频又调相的调频-调相信号。为了便于分析,将电路中的频相转换网络单独画在图 7-31 中。实际应用时,初级、次级回路一般都是对称的,即 $C_1 = C_2 = C$、$L_1 = L_2 = L$、$r_1 = r_2 = r$,r 为 L 中的固有损耗电阻,中心频率均为 $f_0 = f_c$(f_c 为调频信号的载波频率),$k = M/L$ 为初级、次级回路的耦合系数。

设 $\dot{U}_1$ 是经过放大器在初级回路 L_1、C_1 上产生的电压,则通过互感耦合在次级回路中产生的感应电动势为

$$\dot{E}_2 = j\omega M \dot{I}_1 \tag{7-66}$$

初级回路电感 L_1 中的电流为

$$\dot{I}_1 = \frac{\dot{U}_1}{r_1 + j\omega L_1 + Z_f} \tag{7-67}$$

式中，Z_f 为次级回路对初级回路的反射阻抗，在互感 M 较小时，Z_f 可以忽略。

考虑到初级、次级回路均为高 Q 回路，r_1 也可忽略。这样，式(7-67)可近似为

$$\dot{I}_1 \approx \frac{\dot{U}_1}{j\omega L_1} \tag{7-68}$$

初级电流在次级回路产生的感应电动势为

$$\dot{E}_2 = j\omega M \dot{I}_1 = \frac{M}{L_1}\dot{U}_1 \tag{7-69}$$

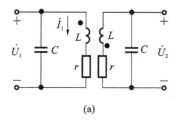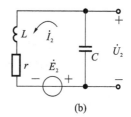

(a)　　　　　　　　　　　　　　　(b)

图 7-31　互感耦合回路

感应电动 $\dot{E}_2$ 在次级回路中形成的电流 $\dot{I}_2$ 为

$$\dot{I}_2 = \frac{\dot{E}_2}{r_2 + j\left(\omega L_2 - \dfrac{1}{\omega C_2}\right)} = \frac{M}{L_1}\frac{\dot{U}_1}{r_2 + j\left(\omega L_2 - \dfrac{1}{\omega C_2}\right)} \tag{7-70}$$

$\dot{I}_2$ 流经 C_2，在 C_2 上形成的电压 $\dot{U}_2$ 为

$$\dot{U}_2 = -\frac{1}{j\omega C_2}\dot{I}_2 = j\frac{1}{\omega C_2}\frac{M}{L_1}\frac{\dot{U}_1}{r_2 + j\left(\omega L_2 - \dfrac{1}{\omega C_2}\right)} \tag{7-71}$$

将式(7-71)简化为

$$\dot{U}_2 = \frac{jA}{1+j\xi}\dot{U}_1 = \frac{A\dot{U}_1}{\sqrt{1+\xi^2}}e^{\frac{\pi}{2}-\varphi} \tag{7-72}$$

式中，$A=kQ$，为耦合因子；$\xi = 2Q\Delta f/f_0$，为广义失谐系数，其中 $Q=1/(\omega_0 Cr)$；$\varphi = \arctan\xi$。
则相应的传输特性为

$$A(j\omega) = \frac{\dot{U}_2}{\dot{U}_1} = \frac{jA}{1+j\xi} = \frac{A}{\sqrt{1+\xi^2}}e^{\frac{\pi}{2}-\varphi} \tag{7-73}$$

式(7-33)表明，$\dot{U}_2$ 与 $\dot{U}_1$ 之间的幅值和相位关系都将随输入信号的频率变化而变化。$\dot{U}_2$ 与 $\dot{U}_1$ 之间的幅频特性为

$$A(\omega) = \frac{A}{\sqrt{1+\xi^2}} \tag{7-74}$$

$\dot{U}_2$ 与 $\dot{U}_1$ 之间的相频特性，即 $\dot{U}_2$ 与 $\dot{U}_1$ 之间的相位差为

$$\varphi_A(\omega) = \frac{\pi}{2} - \varphi = \frac{\pi}{2} - \arctan\xi \tag{7-75}$$

即 $\dot{U}_2$ 与 $\dot{U}_1$ 之间的相位差为 $\frac{\pi}{2} - \varphi$，次级回路的阻抗角 φ 与频率的关系及相位差 $\frac{\pi}{2} - \varphi$ 与频率的关系如图 7-32 所示。

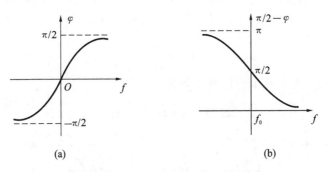

(a)　　　　　　　　　　　　(b)

图 7-32　频率-相位变换电路的相频特性

由上面的分析可知，调频波瞬时频率对初级、次级回路电压相位差的影响，即频率-相位变换关系如下。

①当 $f = f_0 = f_c$，即输入调频波瞬时频率 f 等于调频波的中心频率 f_c 时，次级回路谐振，则 $\left(\omega L_2 - \dfrac{1}{\omega C_2} \right) = 0$、$\xi = 0$、$\varphi = 0$、$\dot{U}_2$ 与 $\dot{U}_1$ 之间的相位差为 $\pi/2$。

②当 $f > f_0 = f_c$ 时，$\left(\omega L_2 - \dfrac{1}{\omega C_2} \right) > 0$、$\xi > 0$、$\varphi > 0$，次级回路呈感性，$\dot{U}_2$ 与 $\dot{U}_1$ 之间的相位差为 $0 \sim \pi/2$。

③当 $f < f_0 = f_c$ 时，$\left(\omega L_2 - \dfrac{1}{\omega C_2} \right) < 0$、$\xi < 0$、$\varphi < 0$，次级回路呈容性，$\dot{U}_2$ 与 $\dot{U}_1$ 之间的相位差为 $\pi/2 \sim \pi$。

可见，互感耦合回路输出电压的相位随着输入调频信号频率的变化而变化，输入调频信号频率偏移中心频率越远，产生的相位变化越大，从而实现频率-相位转换作用。可见耦合回路是一个频率-相位变换器，它把等幅调频波 u_1 变换成相位随频率变化而变化的调频-调相波 u_2，并且在一定的频率范围内，$\dot{U}_2$ 与 $\dot{U}_1$ 之间的相位差与频率具有线性关系。因此，互感耦合回路可以作为线性相移网络，其中固定相差 $\pi/2$ 是由互感形成的。与鉴相器不同，由于 $\dot{U}_2$ 由耦合回路产生，相移网络由谐振回路形成，因此，$\dot{U}_2$ 的幅度随频率的变化而变化。但在回路通频带内，其幅度基本不变。

（2）相位-幅度变换。

根据图 7-30 中规定的 $\dot{U}_2$ 与 $\dot{U}_1$ 的极性，图 7-30 所示电路可简化为图 7-33 所示电路，它可以看成是一个平衡包络检波器和加法器构成的平衡叠加型鉴相器。在两个检波二极管上的高频电压分别为

$$\left. \begin{aligned} \dot{U}_{D1} &= \dot{U}_1 + \frac{\dot{U}_2}{2} \\[2mm] \dot{U}_{D2} &= \dot{U}_1 - \frac{\dot{U}_2}{2} \end{aligned} \right\} \tag{7-76}$$

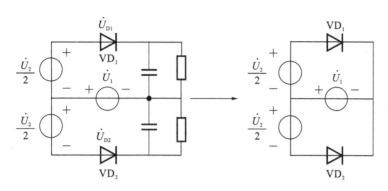

图 7-33　图 7-30 的简化电路

当 $\dot{U}_1$ 的瞬时频率发生变化时，$\dot{U}_2$ 与 $\dot{U}_1$ 的相位差随之发生变化，但调频-调相波 $\dot{U}_2$ 的振幅不变，相量合成电压 $\dot{U}_{D1}$ 和 $\dot{U}_{D2}$ 的幅度将随瞬时频率的变化而变化，成为调频-调相-调幅波。将 $\dot{U}_{D1}$ 和 $\dot{U}_{D2}$ 分别作用到两个对称的包络检波器上，设两个包络检波器的检波系数分别为 K_{d1}、K_{d2}（通常 $K_{d1} = K_{d12} = K_d$），则两个包络检波器的输出分别为 $u_{o1} = K_{d1}U_{D1}$、$u_{o2} = K_{d2}U_{D2}$。鉴频器的输出电压为

$$u_o = u_{o1} - u_{o2} = K_d(U_{D1} - U_{D2}) \tag{7-77}$$

式中，$\dot{U}_{D1}$ 和 $\dot{U}_{D2}$ 分别是两个检波器输入电压振幅；u_{o1}、u_{o2} 分别是两个检波器的输出电压；鉴频器的总输出电压 u_o 就是被恢复出的调制信号。

互感耦合相位鉴频器对应 $f = f_0$、$f > f_0$、$f < f_0$ 三种情况下的二极管电压的合成矢量图如图 7-34 所示。合成相量的幅度将随 $\dot{U}_2$ 与 $\dot{U}_1$ 之间的相位差而变化，形成调频-调相-调幅波，完成相位到幅度的转换。在两个包络检波器的输入电压确定后，鉴频器的输出（即两包络检波器输出之差）也就确定了，这样就得到了解调出的调制信号。现具体讨论如下。

① 当 $f = f_0 = f_c$ 时，初级、次级回路电压的相位差为 $\pi/2$，由图 7-34（a）可得，二极管电压振幅相等，即 $U_{D1} = U_{D2}$，若包络检波器的电压传输系数都为 K_d，则两检波器输出电压分别为 $u_{o1} = K_dU_{D1}$、$u_{o2} = K_dU_{D2}$。因此，相位鉴频器的总输出电压即调制信号电压为 $u_o = u_o = u_{o1} - u_{o2} = 0$，可见中心频率对应的调制信号电压为零。

② 当 $f > f_0 = f_c$ 时，初级、次级回路电压的相位差为 $0 \sim \pi/2$，由图 7-34（b）可得 U_{D1} 的振幅增大，而 U_{D2} 的振幅减小，即此时满足 $U_{D1} > U_{D2}$。且随着 f 的增加，回路电压相位差减小，两个二极管电压的振幅差值将加大。因此，相位鉴频器的输出电压 $u_o = u_{o1} - u_{o2} = K_d(U_{D1} - U_{D2}) > 0$，即相位鉴频器输出电压为正值，且 f 比 f_c 高得越多，输出电压的正值越大。

③ 当 $f < f_0 = f_c$ 时，初级、次级回路电压的相位差为 $\pi/2 \sim \pi$，由图 7-34（c）可得，U_{D1} 的振幅减小，而 U_{D2} 的振幅增大，即此时满足 $U_{D1} < U_{D2}$。随着 f 的减小，回路电压相位差增大，两个二极管电压的振幅差值将加大。因此，相位鉴频器的输出电压 $u_o = u_{o1} - u_{o2} = K_d(U_{D1} - U_{D2}) < 0$，即相位鉴频器输出电压为负值，且 f 比 f_c 低得越多，输出电压的负值越大。

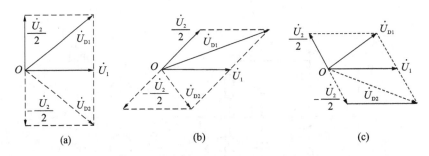

图 7-34 不同频率时的 $\dot{U}_2$ 与 $\dot{U}_1$ 相量图

(a)$f = f_c$；(b)$f > f_c$；(c)$f < f_c$

(3)相位鉴频器的鉴频特性。

由上面的分析可知，当 $f > f_0 = f_c$ 时，鉴频器输出为正；当 $f < f_0 = f_c$ 时，鉴频器输出为负，如图 7-35 所示，这就是此鉴频器的鉴频特性，为正极性。通常情况下，鉴频特性曲线对原点奇对称。若频偏 Δf 正负变化，输出电压也正负变化。该曲线呈 S 形，表示相位鉴频器的鉴频特性，称为相位鉴频器的鉴频特性曲线。当瞬时频率 f 位于中心频率 f_0 附近时，可认为频率和输出电压间近似呈线性关系。因此鉴频特性仅在原点附近才是准确的，偏离原点越远，准确度越小。当输入调频波的频率超出耦合回路通带范围时，初级、次级回路将严重失谐，其电压幅度随之减小，使鉴频器输出电压减小，则鉴频特性曲线发生弯曲，产生非线性失真。

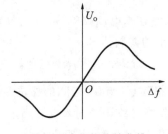

图 7-35 鉴频特性曲线

为了减小非线性失真，鉴频器只能用于窄带调频信号的解调，因为这时才可以近似实现线性鉴频。鉴频特性曲线的形状与鉴频器的鉴频性能直接相关，特性曲线线性度越好，失真越小；其线性段斜率的绝对值越大，鉴频灵敏度越高；线性段的频率范围越大，允许接收的调频波的频偏越大。另外，相位鉴频器的鉴频特性与耦合回路的耦合因子 A 的大小及两个回路的调谐情况有关。通常，当回路调谐正常时，若 A 很小，则线性鉴频范围小，鉴频灵敏度高；反之，若 A 较大，则线性范围增大，而鉴频灵敏减小，但当 $A > 3$ 以上时，鉴频特性非线性严重。因此，通常选取 $A = 2 \sim 3$，鉴频特性的线性最好。

2）电容耦合相位鉴频器

为了方便耦合回路初级、次级之间的耦合量的调整，常用电容耦合代替互感耦合，电容耦合相位鉴频器如图 7-36 所示。由于这种电路的结构和调整比较简单，故在移动通信机和许多小型调频电台接收机中应用比较广泛。

图 7-36 中的 C_m 为两回路间的耦合电容，其值很小，一般只有几个皮法至十几个皮法。除耦合回路外，其他部分均与互感耦合相位鉴频器的相同。因此，它们有着相同的工作原理，下

面只需分析耦合回路在波形变换中的作用即可。

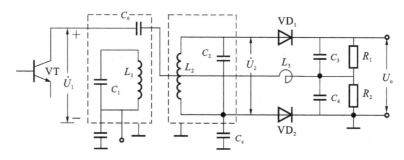

图 7-36 电容耦合相位鉴频器

电容耦合相位鉴频器的初级、次级线圈 L_1 和 L_2 相互屏蔽,无互感耦合,初级回路信号通过耦合电容 C_c 耦合到次级回路上,产生次级回路电压 $\dot{U}_2$。C_c 的值很小,一般只有几皮法至十几皮法,因而容抗远大于 L_2C_2 回路的并联谐振电阻,次级回路电流主要由 C_c 决定。该电流将超前输入电压 $\dot{U}_1$ $\pi/2$。另外,初级回路电压 $\dot{U}_1$ 通过隔直电容 C_0 加到次级回路电感 L_2 的中心抽头 c 点。由于 C_0 对高频近于短路,而高频扼流圈 L_3 对高频近于开路,所以初级回路电压全部加于 L_3 之上。从图 7-35 可以看出,两个检波二极管上的电压分别为

$$\left.\begin{aligned}\dot{U}_{D1} &= \dot{U}_1 + \frac{\dot{U}_2}{2} \\ \dot{U}_{D2} &= \dot{U}_1 - \frac{\dot{U}_2}{2}\end{aligned}\right\} \tag{7-78}$$

电容耦合相位鉴频器除耦合方式和互感耦合相位鉴频器的不同外,其余均相同。所以,这两种电路具有相同的工作原理,所得结论也相同。实际应用时,只要改变 C_c 或 C_0 的大小就可调节耦合的松紧,且主要通过调整 C_c 的大小来改变电容耦合相位鉴频器的鉴频特性。

习　题

7-1　设角度调制信号 $u(t) = U_m\cos[\omega_c t + 800\cos(\omega_m t)]$。

(1)试求它的瞬时相位 $\varphi(t)$、瞬时角频率 $\omega(t)$ 的表达式。

(2)试求它的相位偏移 $\Delta\varphi(t)$、角频率偏移 $\Delta\omega(t)$ 的表达式。

(3)若 $u(t)$ 为调频波,且 $k_f = 4$,试求调制信号 $u_\Omega(t)$。

(4)若 $u(t)$ 为调相波,且 $k_p = 4$,试求调制信号 $u_\Omega(t)$。

7-2　已知载波 $f_c = 100$ MHz,载波电压振幅 $U_{cm} = 5$ V,调制信号 $u_\Omega(t) = 2\cos(2\pi \times 10^3 t) + 2\cos(2\pi \times 500 t)$ V,调频灵敏度 $k_f = 1$ kHz/V。试写出调频波的数学表达式。

7-3　角调波 $u(t) = 10\cos[2\pi \times 10^8 t + 10\cos(2\pi \times 10^3 t)]$ V。试确定:(1)最大频偏 Δf_m;(2)最大相偏 $\Delta\varphi_m$;(3)信号带宽 BW;(4)此信号在单位电阻上的功率 P;(5)是调频波或是调相波?

7-4　调频波中心频率 $f_0 = 8$ MHz,最大频偏 $\Delta f_m = 60$ kHz,调制信号为正弦波。试计算下列三种情况下调频波的频带宽度。

(1)$F=0.1$ kHz。

(2)$F=1$ kHz。

(3)$F=10$ kHz。

7-5 在 50 Ω 的负载上有一个角度调制信号,其时间函数为

$$u(t) = 10\cos[10^8\pi t + 3\sin(2\pi \times 10^3 t)] \text{ V}$$

求信号的总平均功率、最大角频率偏移和最大相位偏移。

7-6 设有 1 GHz 的载波,受 10 kHz 正弦信号调频,最大频偏为 80 kHz,试求:

(1)信号的近似带宽;

(2)调制信号幅度加倍时的带宽;

(3)调制信号频率加倍时的带宽。

7-7 已知 $u(t) = 5\cos[2\pi \times 10^6 t + 20\sin(2\pi \times 10^3 t)]$ V

(1)若为调频波,试求载波频率 f_c、调制频率 F、调频指数 m_f、最大频偏 Δf_m、频谱宽度 BW 和平均功率 P_{av}(设负载电阻 $R_L=50\Omega$)。

(2)若为调相波,试求调相指数 m_p、调制信号 $u_\Omega(t)$(设调相灵敏度 $k_p=5\text{rad/v}$)、最大频偏 Δf_m。

7-8 被单一正弦波 $U_\Omega\sin(\Omega t)$ 调制的调角波,其瞬时频率为 $f(t) = 10^6 + 10^4\cos(2\pi \times 10^3 t)$,调角波的振幅为 15 V。

(1)该调角波是调频波还是调相波?

(2)写出该调角波的数学表达式。

(3)求其频带宽度 BW。若调制信号振幅加倍,则其频带宽度如何变化?

7-9 若调制信号 $u_\Omega(t) = U_\Omega\cos(\Omega t)$,试分别画出调频波的最大频偏 Δf_m、调制指数 m_f 与 U_Ω 和 Ω 之间的关系曲线。

7-10 若调制信号为余弦波,当频率 $F=500$ Hz、振幅 $U_{\Omega m}=1$ V 时,调角波的最大频偏 $\Delta f_{m1}=200$ Hz。

若调制信号变为 $U_{\Omega m}=1$ V、$F=1$ kHz 时,要求将最大频偏增加为 $\Delta f_{m2}=40$ kHz。试问:应倍频多少次?(计算调频和调相两种情况)

7-11 已知载波信号 $u_c(t)=U_{cm}\cos(\omega_c t)$,调制信号 $u_\Omega(t)$ 为周期性方波,分别如图 7-37 所示。试画出调频信号、瞬时角频率偏移 $\Delta\omega(t)$ 和瞬时相位偏移 $\Delta\varphi(t)$ 的波形。

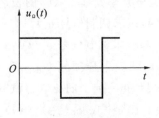

图 7-37 题 7-11 图

7-12 某调频发射机框图如图 7-38 所示,调频器输出 FM 信号的中心工作频率 $f_c=8$ MHz,最大频偏 $\Delta f_m=40$ kHz,框图中混频器输出取差频信号;若最高调制频率 $F_{max}=15$ kHz,求:

（1）该设备输出信号的中心频率 f_0 及最大频偏 Δf_{m0} 。

（2）放大器 1 和放大器 2 输出的信号中心频率与频谱带宽各为多少？

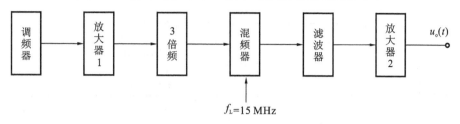

图 7-38　题 7-12 图

7-13　一调频设备如图 7-39 所示，要求输出调频波的载波频率 $f_c = 100$ MHz，最大频偏 $\Delta f_m = 75$ kHz。本振频率 $f_L = 40$ MHz，已知调制信号频率 $F = 100$ Hz ~ 15 kHz，设混频器输出频率 $f_{c3} = f_L - f_{c2}$，两个倍频器的倍频次数 $N_1 = 5$、$N_2 = 10$。试求：

（1）LC 直接调频电路输出的 f_{c1} 和 Δf_{m1}。

（2）两个放大器的通频带 BW_1、BW_2。

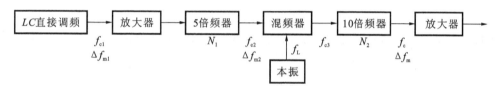

图 7-39　题 7-13 图

7-14　在变容二极管直接调频电路中，如果加到变容二极管的交流电压振幅超过直流偏压的绝对值，则对调频电路有什么影响？

7-15　图 7-40 所示的为变容二极管直接调频电路，其中心频率 $f_c = 360$ MHz，变容二极管的 $\gamma = 3$、$u_\varphi = 0.6$ V、$u_\Omega(t) = \cos(\Omega t)$V。图中 L_c 为高频扼流圈，C_3 为隔直流电容，C_4 和 C_5 为高频旁路电容。

（1）分析此电路工作原理并说明其他各元件的作用。

（2）调节 R_2 使变容二极管反偏电压 E_Q 为 6 V，此时，$C_{jQ} = 20$ pF，求 L 的电感量。

（3）计算最大频偏。

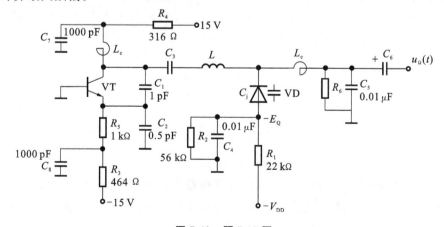

图 7-40　题 7-15 图

7-16 图 7-41 所示的电路为两个变容二极管调频电路。试画出简化的高频等效电路,并说明各元件的作用。

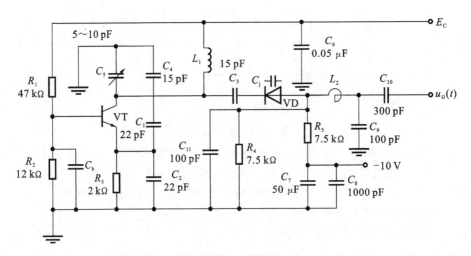

图 7-41 题 7-16 图

7-17 某鉴频器的鉴频特性如图 7-42 所示,鉴频器的输出电压 $u_o = \cos(4\pi \times 10^4 t)$。

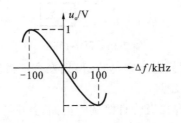

图 7-42 题 7-17 图

(1)求鉴频跨导 S_D。

(2)输入调频波最大频偏 Δf_m。

(3)当载波频率 $f_c = 10^6$ Hz,振幅 $U_{FM} = 1$ V 时,写出输入调频信号 $u_{FM}(t)$ 的表达式。

(4)若此鉴频器为互感耦合相位鉴频器,要得到正极性的鉴频特性,应如何改变电路。

7-18 一调相波的调制信号的频谱如图 7-43 所示,现若用鉴频器进行解调,试画出解调信号的频谱图。若要求不失真解调,那么鉴频器后面应加什么电路?

图 7-43 题 7-18 图

7-19 双失谐回路斜率鉴频器的一只二极管短路或开路,各会产生什么后果?如果一只二极管极性接反,又会产生什么后果?若两个二极管同时反接,电路能否鉴频?其鉴频特性怎样变化?

7-20　图 7-44 所示的为互感耦合回路相位鉴频器,试回答下列问题:

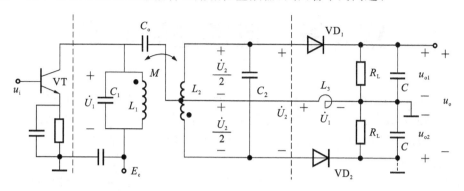

图 7-44　题 7-20 图

(1)若次级线圈 L_2 的两端对调,电路能否鉴频? 其鉴频特性怎样变化?

(2)初级回路未调谐在中心频率上(　　)高于或低于 f_c(　　),鉴频特性曲线怎样变化?

(3)次级回路未调谐在中心频率上(　　)高于或低于 f_c(　　),鉴频特性曲线怎样变化?

(4)初级、次级回路均已调谐在中心频率 f_c 上,而耦合系数 k 由小变大,鉴频特性曲线怎样变化?

第8章　反馈控制电路

在通信系统和电子设备,为了提高其技术性能,或者实现某些特殊的高指标要求,广泛采用了各种类型的反馈控制电路。在通信系统受到扰动的情况下,反馈控制电路的作用可以使系统的某个参数达到所需的精度,或者按照一定的规律变化。根据控制对象参数的不同,反馈控制电路可以分为以下三种。

(1)自动增益控制(或自动电平控制)电路:其作用是对信号的幅度进行检测和控制,主要用于接收机中,以维持整机输出恒定。

(2)自动频率控制电路:其作用是对信号的频率进行检测和控制,用于维持系统中工作频率的稳定性。

(3)自动相位控制电路:又称锁相环电路,其作用是对信号的相位进行检测和控制,在系统中能够实现多种功能,是应用最广泛的一种反馈控制电路。

为了稳定系统状态而采用的一个反馈系统称为负反馈系统,或称负反馈回路,它由比较器、控制信号发生器、可控器件和反馈网络四部分组成,如图 8-1 所示。

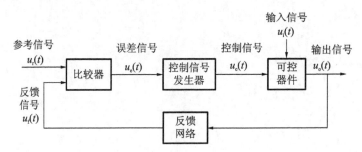

图 8-1　反馈控制系统的组成

比较器的作用是将参考信号 $u_r(t)$ 和反馈信号 $u_f(t)$ 进行比较,然后输出二者的差值,即误差信号 $u_e(t)$。根据输入比较信号参量的不同,比较器可分为电压比较器、频率比较器(鉴频器)或相位比较器(鉴相器)等三种,所以对应的 $u_r(t)$ 和 $u_f(t)$ 可以是电压、频率或相位参量。

误差信号 $u_e(t)$ 经过控制信号发生器转换成相应的控制信号 $u_c(t)$,对可控器件的某一特性进行控制。可控器件的可控参数一般是增益、频率或相位。对于可控器件而言,或者是其输入/输出特性受控制信号 $u_c(t)$ 的控制(如可控增益放大器),或者是在不加输入信号的情况下,输出信号的某一参量受控制信号 $u_c(t)$ 的控制(如压控振荡器)。反馈网络的作用是在输出信号 $u_o(t)$ 中提取所需比较的分量。

反馈控制电路之所以能够控制参量并使之稳定,是因为它能够利用已存在的误差来减小误差,它可以将误差减到最小,但不能完全消除误差。

无线通信技术的迅速发展,对高频振荡信号源提出了更高的要求,不仅要求其具有高的频率稳定度和准确度,而且要求其输出信号的频率能够方便地改换。*LC* 振荡器改换频率很方便,但其频率稳定性和准确度不高;石英晶体振荡器的频率稳定度和准确度都很高,但改换频率不方便。频率合成技术能够很好地将二者的特点结合起来,使信号源既有很高的频率稳定度与准确度,又能够方便改换频率。因此,近年来获得了迅速发展。

本章主要介绍反馈控制电路及其在此基础上发展起来的频率合成电路。

8.1　自动增益控制电路

自动增益控制(AGC)电路是接收机重要的辅助电路之一。它的作用是,当输入电平变化很大时,使接收机输出电平保持恒定或基本不变。

接收机的输出电平取决于输入信号电平及接收机的增益。在通信、导航、遥测等无线电系统中,受发射功率、收发距离、电波传播衰减等各种因素的影响,所以接收机所接收到的信号强弱变化范围很大,可以从几微伏至几百毫伏。如果接收机增益保持恒定,信号太强则会造成接收机的饱和或阻塞,信号太弱又可能被丢失。因此,希望接收机的增益随接收信号的强弱而变化,信号强时增益低,信号弱时增益高。这种要求靠人工增益控制来实现是很困难的,所以在接收机中必须采用自动增益控制电路。图 8-2 是 AGC 电路的接收机组成框图。

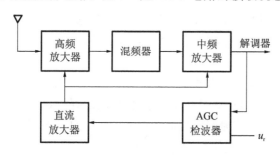

图 8-2　AGC 电路的接收机组成框图

8.1.1　工作原理

AGC 电路是一种在输入信号电平变化很大的情况下,调节可控增益放大器的增益,使输出信号电平基本恒定或仅在较小范围内变化的一种电路。当输入信号很弱时,AGC 电路不起作用;当输入信号很强时,AGC 电路控制接收机的增益使其减小,这样可以使接收机输出端的电压保持恒定或基本不变。图 8-3 是 AGC 电路的组成框图。

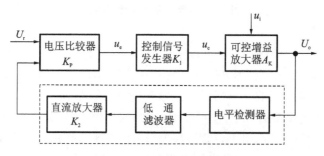

图 8-3　AGC 电路的组成框图

由于 AGC 电路中的比较参量是信号电平,所以采用的比较器是电压比较器。电路中的反馈网络由电平检测器、低通滤波器和直流放大器组成。电平检测器检测出输出信号振幅电平(平均电平或峰值电平),经低通滤波器滤除不需要的较高频率分量,再经直流放大器适当放大后与恒定的参考电平 U_r 进行比较,产生一个误差信号 u_e。误差信号 u_e 经控制信号发生器产生一个控制电压 u_c,控制可控增益放大器的增益 $K_v(u_c)$。

可控增益放大器的增益 $K_v(u_c)$ 是控制电压 u_c 的函数,设 U_i 为输入信号振幅,U_o 为输出信号振幅,则有

$$U_o = K_v(u_c)U_i \tag{8-1}$$

由于输入信号振幅 U_i 减小使得输出信号振幅 U_o 减小,所以控制电压 u_c 将使可控增益放大器增益 K_v 增大,从而使 U_o 增大;当 U_i 增大使得 U_o 增大时,u_c 将使 K_v 减小,从而使 U_o 减小。可见,无论输入信号振幅 U_i 如何变化,由于 AGC 电路的控制作用,通过环路的不断循环反馈,输出信号振幅 U_o 均可保持恒定或基本不变。

8.1.2 电路组成

1. 简单 AGC 电路

简单 AGC 电路的参考电平 $U_r = 0$,即只要输入信号振幅 $U_i > 0$,AGC 的作用就会使可控增益放大器增益 K_v 减小,从而使输出信号振幅 U_o 减小。图 8-4 所示的为简单 AGC 的特性曲线。

简单 AGC 电路不需要电压比较器,这是其主要优点。其缺点是,只要有外来信号,AGC 就立即起作用,接收机的增益因 AGC 电路的控制而减小,导致输出信号减小,这对提高接收机的灵敏度不利,尤其在外来信号很微弱时。因此,简单 AGC 电路适用于输入信号振幅较大的情况。

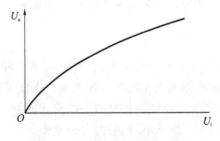

图 8-4　简单 AGC 的特性曲线

2. 延迟 AGC 电路

为了克服简单 AGC 电路的缺点,可以采用延迟 AGC 电路。延迟 AGC 电路的参考电平 $U_r \neq 0$,电路中需要一个电压比较器,U_r 为起控门限,其对应的输入信号振幅为 U_{imin}。

延迟 AGC 的特性曲线如图 8-5 所示。当输入信号振幅 $U_i > U_{imin}$ 时,反馈环路接通,AGC 电路开始产生误差信号和控制信号,使可控增益放大器增益 K_v 减小,从而保持 U_o 基本恒定或仅有微小变化。但当 $U_i < U_{imin}$ 时,反馈环路断开,AGC 不起作用,K_v 不变,此时输出信号振幅 U_o 与 U_i 呈线性关系。这种 AGC 电路由于要延迟到 $U_i > U_{imin}$ 之后才开始起控制作用,故称为延迟 AGC 电路。

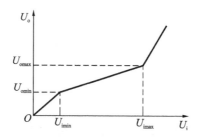

图 8-5　延迟 AGC 的特性曲线

图 8-6 是一种延迟 AGC 电路。在二极管 VD 上加有一负电压,称为延迟电压。调节延迟电压的大小,可改变 U_{imin} 的值。二极管 VD 和负载 $R_1 C_1$ 组成 AGC 电路检波器,检波器的输出电压经 RC 低通滤波器滤波后,供给 AGC 电路直流电压。当输入信号振幅 $U_i > U_{imin}$ 时,检波器输入电压的幅值大于延迟电压,AGC 电路检波器开始工作,AGC 电路起作用;但当 $U_i < U_{imin} U_i$ 时,检波器输入电压的幅值小于延迟电压,VD 不导通,没有 AGC 电路电压输出,因此 AGC 电路不起作用。接收机中的信号检波器必须与 AGC 电路检波器分开,否则延迟电压会加入信号检波器中,使外来信号小时不能检波,而信号大时又产生非线性失真。

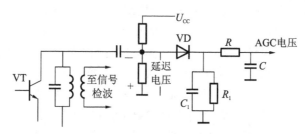

图 8-6　延迟 AGC 电路

3. 前置 AGC 电路、后置 AGC 电路与基带 AGC 电路

将 AGC 电路置于解调器之前,从高频(或中频)信号中提取检测信号,通过检波和直流放大,控制高频(或中频)放大器的增益,这种方式称为前置 AGC 电路。前置 AGC 电路的动态范围可以很大,它与可变增益单元的级数、每级的增益和控制信号电平有关。

从解调后的信号中提取检测信号来控制高频(或中频)放大器的增益的方式称为后置 AGC 电路。由于解调后信号的信噪比较高,AGC 电路可以对信号电平进行有效的控制。

基带 AGC 电路是指整个 AGC 电路均在解调后的基带进行处理的。基带 AGC 电路可以用数字处理的方法完成。

8.1.3　主要性能指标

1. 动态范围

对 AGC 电路而言,一方面希望其输出信号振幅的变化越小越好,另一方面也希望其输入信号振幅的变化范围越大越好。AGC 电路的动态范围是指在给定输出信号振幅的变化范围内,允许输入信号振幅的变化范围。由此可见,AGC 电路的动态范围越大,性能越好。

设 m_o 为 AGC 电路限定的输出信号振幅最大值与最小值之比(输出动态范围),即

$$m_o = \frac{U_{omax}}{U_{omin}} \tag{8-2}$$

设 m_i 为 AGC 电路限定的输入信号振幅最大值与最小值之比(输入动态范围),即

$$m_i = \frac{U_{imax}}{U_{imin}} \tag{8-3}$$

则有

$$\frac{m_i}{m_o} = \frac{U_{imax}/U_{imin}}{U_{omax}/U_{omin}} = \frac{U_{omin}/U_{imin}}{U_{omax}/U_{imax}} = \frac{K_{vmax}}{K_{vmin}} = \eta_v \tag{8-4}$$

式中,K_{vmax} 是输入信号振幅最大时可控增益放大器的增益;K_{vmin} 是输入信号振幅最小时可控增益放大器的增益;η_v 是可控增益放大器的增益控制倍数,也称为增益动态范围,通常用分贝数表示。显然,η_v 越大,表明 AGC 电路的性能越佳。

收音机的 AGC 电路指标为:输入信号强度变化 26 dB 时,输出电压的变化不超过 5 dB。在高级通信机中,AGC 电路指标为输入信号强度变化 60 dB 时,输出电压的变化不超过 6 dB;输入信号在 10 μV 以下时,AGC 电路不起作用。

2. 响应时间

AGC 电路是通过对可控增益放大器增益的控制来实现对输出信号振幅变化限制的。而增益变化又取决于输入信号振幅的变化,因此要求 AGC 电路的反映既要能跟得上输入信号振幅的变化速度,又不会出现反调制现象,这就是响应时间的特性。反调制是指当输入调幅信号时,调幅波的有用幅值变化被 AGC 电路的控制作用所抵消的机制。

响应时间长短的调节由环路带宽决定,低通滤波器带宽越宽,则响应时间越短,但容易出现反调制现象。对 AGC 电路的响应时间长短的要求,取决于输入信号的类型和特点。根据响应时间的长短,AGC 电路有慢速 AGC 电路和快速 AGC 电路之分。

8.2 自动频率控制电路

在通信系统和电子系统中,频率源的频率常由于各种因素的影响而发生变化,导致偏离标称的频率值。自动频率控制(AFC)电路可以使频率源的频率自动锁定到近似等于预期的标称频率上。

8.2.1 工作原理

图 8-7 是 AFC 电路的组成框图,AFC 电路由频率比较器、低通滤波器和可控频率器件等三部分组成。

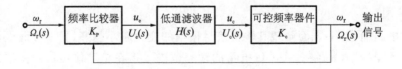

图 8-7 AFC 电路的组成框图

由于 AFC 电路的被控参量是频率,因此 AFC 电路的比较器是频率比较器。输出信号的角频率 ω_y 与参考角频率 ω_r 在频率比较器中进行比较,当 $\omega_y = \omega_r$ 时,频率比较器无输出频率,可控频率器件输出频率不变,环路锁定;当 $\omega_y \neq \omega_r$ 时,频率比较器输出误差电压 u_e,它正比于 $\omega_y - \omega_r$,再将 u_e 送入低通滤波器后取出缓变控制信号 u_c。可控频率器件通常是压控振荡器(VCO),其输出振荡角频率为

$$\omega_y = \omega_{y0} + K_c u_c \tag{8-5}$$

式中,ω_{y0} 是控制信号 $u_c = 0$ 时的振荡角频率,称为 VCO 的固有振荡角频率;K_c 是压控灵敏度;u_c 用于控制 VCO,调节 VCO 的振荡角频率,使之稳定在鉴频器中心角频率上。

AFC 电路是利用误差信号的反馈作用来控制稳定的振荡器频率,以达到稳定输出信号频率的目的。误差信号 u_e 与两个比较频率源之间的频率差成正比。当达到最后稳定状态时,两个频率不可能完全相等,仍然存在剩余频差,即

$$\Delta\omega = |\omega_y - \omega_r|$$

8.2.2　主要性能指标

1. 暂态和稳态特性

由图 8-7 所示的电路可得 AFC 电路的闭环传递函数为

$$T(s) = \frac{\Omega_y(s)}{\Omega_r(s)} = \frac{K_p K_c H(s)}{1 + K_p K_c H(s)} \tag{8-6}$$

由式(8-6)可得到输出信号角频率的拉普拉斯变换为

$$\Omega_y(s) = \frac{K_p K_c H(s)}{1 + K_p K_c H(s)} \Omega_r(s) \tag{8-7}$$

对式(8-7)求拉普拉斯反变换,即可得到 AFC 电路的时域响应,包括暂态响应和稳态响应。

2. 跟踪特性

由图 8-7 可求得 AFC 电路的误差传递函数 $T_e(s)$ 为

$$T_e(s) = \frac{\Omega_e(s)}{\Omega_r(s)} = \frac{1}{1 + K_p K_c H(s)} \tag{8-8}$$

式中,$\Omega_e(s)$ 为误差角频率;$\Omega_r(s)$ 为参考角频率。

由以上结果可得 AFC 电路中误差角频率 ω 的时域稳定误差值为

$$\omega_{e+\infty} = \lim_{s \to 0} s\Omega_e(s) = \lim_{s \to 0} \frac{s}{1 + K_p K_c H(s)} \Omega_r(s) \tag{8-9}$$

8.2.3　应用举例

接收机为了保持中频频率(本振频率与外来信号频率之差)的稳定性,通常会加入 AFC 电路。

调幅接收机的 AFC 电路组成方框图如图 8-8 所示。正常情况下,接收信号载波频率为 f_S,本地频率为 f_L,混频器输出的中频即为 $f_I = f_L - f_S$。如果某种不稳定因素使本振频率发生了偏移 $+\Delta f_L$,则本振频率就变成 $f_L + \Delta f_L$,混频后中频也发生了同样的偏移 $f_I + \Delta f_L$。中频放大器输出信号加入鉴频器后,因为偏移了鉴频器的中心频率 f_I,鉴频器就给出相应的输

出电压,通过低通滤波器去控制压控振荡器,使压控振荡器的频率下降,从而使中频频率减小,达到了稳定中频的目的。

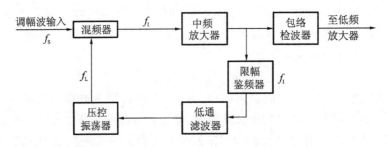

图 8-8　调幅接收机中 AFC 电路的组成方框图

调频通信机的 AFC 系统方框图如图 8-9 所示。混频器输出的固定中频 f_I 可作为鉴频器的中心频率,也可作为 AFC 系统的标准频率。当混频器输出差频不等于 f_I 时,鉴频器有误差电压输出,通过低通滤波器输出控制电压,用来控制本振(压控振荡器),从而使 f_o 改变,直到 $|f'_I - f_I|$ 减小到等于剩余频差为止,显然,剩余频差越小越好。

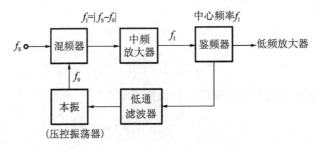

图 8-9　调频通信机的 AFC 系统方框图

8.3　锁相环路

AFC 电路的基本原理是,利用频率误差去消除频率误差,在电路达到平衡状态后,必然会有剩余频率误差存在,即频率误差不可能为零。

锁相环路也是一种以消除频率误差为目的的反馈控制电路。锁相环路利用相位误差去消除频率误差,当电路达到平衡状态时,虽然有剩余相位误差存在,但频率误差可以降低到零,从而实现无频率误差的频率跟踪和相位跟踪。

锁相环路的性能主要包括:锁定时无频差,良好的窄带跟踪特性,良好的调制跟踪特性,门限效应好,易于集成化等。目前,锁相环路在调制与解调、滤波、频率合成、信号检测等技术领域获得广泛应用,已成为通信系统不可缺少的基本电路。

8.3.1　工作原理

锁相环路的基本组成如图 8-10 所示,它由鉴相器(PD)、环路滤波器(LF)和压控振荡器(VCO)三个基本部件组成,是一个相位负反馈控制系统。

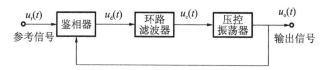

图 8-10　锁相环路的基本组成

设参考信号为 $u_r(t)$，参考信号的振幅为 U_r，参考信号的载波角频率为 ω_r，参考信号以其载波相位 $\omega_r t$ 为参考时的瞬时相位为 $\theta_r(t)$，则有

$$u_r(t) = U_r \sin[\omega_r t + \theta_r(t)] \tag{8-10}$$

若参考信号为未调载波，则 $\theta_r(t) = \theta_r = $ 常数。

设输出信号为 $u_o(t)$，U_o 为输出信号振幅，ω_0 为压控振荡器的自由振荡角频率，$\theta_0(t)$ 为输出信号以其载波相位 $\omega_0 t$ 为参考的瞬时相位，在 VCO 未受控之前它是常数，受控后它是时间的函数，则有

$$u_o(t) = U_o \cos[\omega_0 t + \theta_0(t)] \tag{8-11}$$

由式(8-10)和式(8-11)可得参考信号与输出信号之间的瞬时相差为

$$\theta_e(t) = (\omega_r t + \theta_r) - [\omega_0 t + \theta_0(t)]$$
$$= (\omega_r - \omega_0)t + \theta_r - \theta_0(t) \tag{8-12}$$

根据频率和相位之间的关系，可得两信号之间的瞬时频差为

$$\frac{d\theta_e(t)}{dt} = \omega_r - \omega_0 - \frac{d\theta_0(t)}{dt} \tag{8-13}$$

在锁相环路中，鉴相器将输出信号 $u_o(t)$ 和参考信号 $u_r(t)$ 的相位进行比较，产生一个误差电压 $u_d(t)$，$u_d(t)$ 的大小反映了两信号相位差 $\theta_e(t)$ 的大小。环路滤波器滤除 $u_d(t)$ 的高频成分和噪声后，得到控制电压 $u_c(t)$。$u_c(t)$ 用于调整 VCO 的频率向参考信号的频率靠拢，于是二者频率之差越来越小，直至最后频差消除而被锁定。锁定后两信号之间的相位差表现为一固定的稳态值，即

$$\lim_{t \to +\infty} \frac{d\theta_e(t)}{dt} = 0 \tag{8-14}$$

此时，输出信号的频率已偏移原来的自由振荡频率 ω_0（控制电压 $u_c(t) = 0$ 时的频率），其偏移量为

$$\frac{d\theta_0(t)}{dt} = \omega_r - \omega_0 \tag{8-15}$$

这时输出信号的工作频率已变为

$$\frac{d}{dt}[\omega_0 t - \theta_0(t)] = \omega_0 + \frac{d\theta_0(t)}{dt} = \omega_r \tag{8-16}$$

由此可见，通过锁相环路的相位跟踪作用，最终可以实现输出信号与参考信号同步，二者之间不存在频差而只存在很小的稳态相差。

8.3.2　基本方程

为了得出锁相环路的基本方程，首先分析它的各个组成部分，建立鉴相器、环路滤波器和 VCO 的数学模型。

1. 鉴相器

鉴相器是锁相环路的关键部件,又称为相位比较器。鉴相器输出的误差信号 $u_d(t)$ 是相位差 $\theta_e(t)$ 的函数,即

$$u_d(t) = f[\theta_e(t)] \tag{8-17}$$

按照鉴相特性的不同,鉴相器可分为正弦型、三角型和锯齿型等三类。大多数情况下使用的鉴相器是正弦型的。典型的正弦鉴相器由一个模拟乘法器与低通滤波器(LPF)构成,如图 8-11 所示。

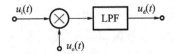

图 8-11 正弦鉴相器模型

设鉴相器的输入参考信号 $u_r(t)$ 和压控振荡器的输出信号 $u_o(t)$ 分别为

$$u_o(t) = U_o \cos[\omega_0 t + \theta_2(t)] \tag{8-18}$$

$$u_r(t) = U_r \sin[\omega_r t + \theta_r(t)] = U_r \sin[\omega_0 t + \theta_1(t)] \tag{8-19}$$

式中,

$$\theta_2(t) = \theta_0(t),$$

$$\theta_1(t) = (\omega_r - \omega_0)t + \theta_r(t) = \Delta\omega_0 t + \theta_r(t) \tag{8-20}$$

将 $u_o(t)$ 与 $u_r(t)$ 相乘,滤除 $2\omega_0$ 分量,可得

$$u_d(t) = U_d \sin[\theta_1(t) - \theta_2(t)] = U_d \sin\theta_e(t) \tag{8-21}$$

式中,$U_d = K_m U_r U_o/2$,K_m 为相乘器的相乘系数,单位为 $1/V$。在同样的 $\theta_e(t)$ 下,U_d 越大,鉴相器的输出就越大。因此,U_d 在一定程度上反映了鉴相器的灵敏度。$\theta_e(t) = \theta_1(t) - \theta_2(t)$ 为相乘器输入电压的瞬时相位差。图 8-12 和图 8-13 分别是正弦鉴相器的数学模型和鉴相特性。

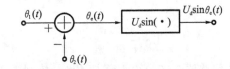

图 8-12 正弦鉴相器的数学模型

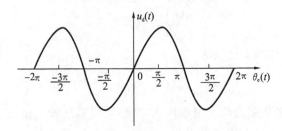

图 8-13 正弦鉴相器的鉴相特性

2. 环路滤波器

环路滤波器是一个线性低通滤波器,其主要作用是滤除误差电压 $u_d(t)$ 中的高频分量,并抑制噪声,以保证环路达到性能的要求,并提高环路的稳定性。它对环路参数调整起到决定性

的作用。

环路滤波器是一个线性系统,在频域分析中可用传递函数 $F(s)$ 表示,其中 $S = \sigma + j\Omega$ 是复频率。若用 $S = j\Omega$ 代入 $F(s)$,就可得到其频率响应 $F(j\Omega)$,故环路滤波器的模型如图 8-14 所示。

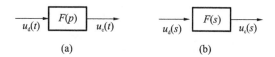

图 8-14　环路滤波器的模型

(a)时域模型;(b)频域模型

在锁相环路中,常用的环路滤波器有如下三种。

1)RC 积分滤波器

RC 积分滤波器的电路如图 8-15(a)所示,其传递函数为

$$F(s) = \frac{U_c(s)}{U_d(s)} = \frac{1}{1 + s\tau_1} \tag{8-22}$$

式中,$\tau_1 = RC$ 是时间常数,它是这种滤波器唯一可调的参数。

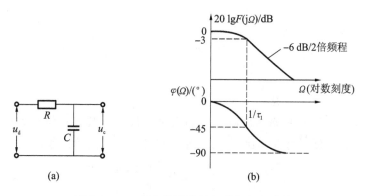

图 8-15　RC 积分滤波器的组成与频率特性

(a)组成;(b)频率特性

用 $S = j\Omega$ 代入 $F(s)$,可得滤波器的频率响应,其对数频率特性如图 8-15(b)所示。由图 8-15(b)可见,它具有低通特性且相位滞后。当频率很高时,幅度趋于零,相位滞后接近 $90°$。

2)无源比例积分滤波器

无源比例积分滤波器如图 8-16(a)所示,其传递函数为

$$F(s) = \frac{U_c(s)}{U_d(s)} = \frac{1 + s\tau_2}{1 + s\tau_1} \tag{8-23}$$

式中,$\tau_1 = (R_1 + R_2)C$;$\tau_2 = R_2C$。τ_1、τ_2 是两个独立的可调参数。其对数频率特性如图 8-16(b)所示。

当频率很高时,$F(j\Omega)|_{\Omega \to +\infty} = R_2/(R_1 + R_2)$ 是电阻的分压比,这就是滤波器的比例作用。从相频特性上看,当频率很高时,起到相位超前校正的作用,这是由相位超前校正因子 $1 + j\Omega\tau_2$ 引起的。相位超前作用对改善环路的稳定性是有好处的。

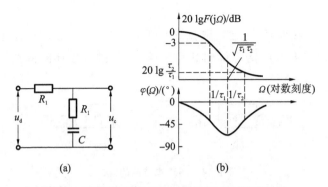

图 8-16　无源比例积分滤波器的组成与频率特性
（a）组成；（b）频率特性

3）有源比例积分滤波器

有源比例积分滤波器由运算放大器组成，电路如图 8-17（a）所示。当运算放大器开环电压增益 A 为有限值时，它的传递函数为

$$F(s) = \frac{U_c(s)}{U_d(s)} = -A\frac{1+s\tau_2}{1+s\tau_1} \tag{8-24}$$

式中，$\tau_1 = (R_1 + AR_1 + R_2)C$；$\tau_2 = R_2C$。

若 A 值很高，则

$$F(s) = -A\frac{1+sR_2C}{1+s(AR_1+R_1+R_2)C} \approx -A\frac{1+sR_2C}{1+sAR_1C}$$

$$\approx \frac{1+sR_2C}{sR_1C} = -\frac{1+s\tau_2}{s\tau_1} \tag{8-25}$$

式中，$\tau_1 = R_1C$；负号表示滤波器输出电压与输入电压反相。其频率特性如图 8-17（b）所示。由图 8-17 可见，其具有低通特性和比例作用，相频特性也有超前校正作用。

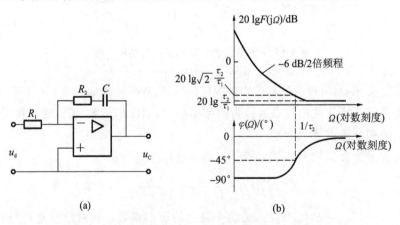

图 8-17　有源比例积分滤波器的电路与频率特性
（a）电路；（b）频率特性

3. 压控振荡器

因为压控振荡器的瞬时频率受电压的控制，所以它是一种电压-频率变换器，在环路中可作为被控振荡器，其振荡频率应随输入控制电压 $u_c(t)$ 变化而线性地变化，即

$$\omega_v(t) = \omega_0 + K_0 u_c(t) \tag{8-26}$$

式中，$\omega_v(t)$ 是 VCO 的瞬时角频率；K_d 是线性特性斜率。K_d 表示单位控制电压可使 VCO 角频率变化的数值，因此又称为 VCO 的控制灵敏度或增益系数，单位为 rad/(V·s)。

在锁相环路中，VCO 输出对鉴相器起作用的是它的瞬时相位，即

$$\int_0^t \omega_v(t)\mathrm{d}t = \omega_0 + K_0 \int_0^t u_c(\tau)\mathrm{d}\tau \tag{8-27}$$

将式(8-27)与式(8-18)比较可知，以 $\omega_0 t$ 为参考的输出瞬时相位为

$$\theta_2(t) = K_0 \int_0^t u_c(\tau)\mathrm{d}\tau \tag{8-28}$$

由此可见，VCO 在锁相环路中用做积分环节。式(8-28)就是压控振荡器相位控制特性的数学模型，若对式(8-28)进行拉普拉斯变换，可得在复频域的表示式为

$$\theta_2(s) = K_0 \frac{U_c(s)}{s} \tag{8-29}$$

VCO 的传递函数为

$$\frac{\theta_2(s)}{U_c(s)} = \frac{K_0}{s} \tag{8-30}$$

图 8-18 所示的是 VCO 的复频域的数学模型。

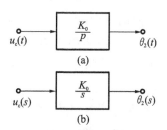

图 8-18　VCO 的复频域模型

4. 锁相环路相位模型和基本方程

锁相环路实质上是一个传输相位的闭环反馈系统。上面对锁相环路介绍的是有关其输入瞬时相位和输出瞬时相位的关系。下面介绍环路的各种特性，如传递函数、幅频特性和相频特性等，这些都是相对于相位而言的，因此可将锁相环路的相位模型作为分析的基础。将上面得到的鉴相器、环路滤波器和压控振荡器的模型连接起来，就可得到锁相环路的相位模型，如图 8-19 所示。分析复频域时可用一个传输算子 $F(p)$ 来表示，其中 $p(\equiv\mathrm{d}/\mathrm{d}t)$ 是微分算子。由图 8-19 可以得出锁相环路的基本方程为

$$\theta_e(t) = \theta_1(t) - \theta_2(t) \tag{8-31}$$

$$\theta_2(t) = U_d \sin\theta_e(t) F(p) \frac{K_0}{p} \tag{8-32}$$

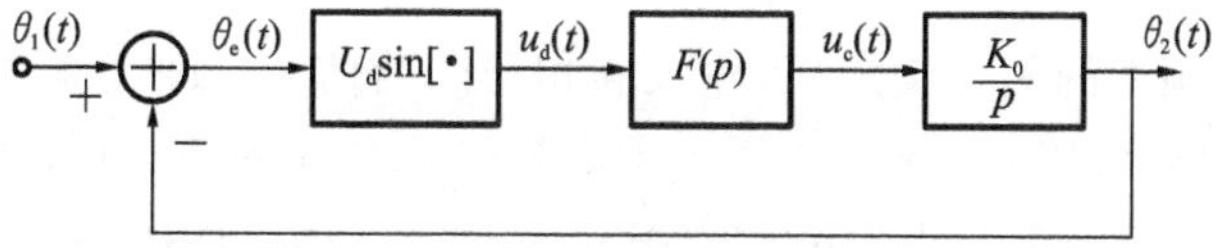

图 8-19　锁相环路的相位模型

将式(8-32)代入式(8-31),得

$$p\theta_e(t)=p\theta_1(t)-K_0U_d\sin\theta_e(t)F(p)$$
$$=p\theta_1(t)-K\sin\theta_e(t)F(p) \tag{8-33}$$

式中,$K=K_0U_d$ 为环路增益。U_d 为误差电压的最大值,它与 K_0 的乘积就是压控振荡器的最大频偏,因此,环路增益 K 具有频率的量纲,单位取决于 K_0 所用的单位。若 K_0 的单位为 rad/(s·V),则 K 的单位为 rad/s;若 K_0 的单位用 Hz/V,则 K 的单位为 Hz。

下面来分析基本方程的物理含义。

设环路输入一个频率 ω_r 和相位 θ_r 均为常数的信号,即

$$u_r(t)=U_r\sin[\omega_r t+\theta_r]$$
$$=U_r\sin[\omega_0 t+(\omega_r-\omega_0)t+\theta_r]$$

式中,ω_0 是控制电压 $u_c(t)=0$ 时 VCO 的固有振荡频率;θ_r 是参考输入信号的初相位。令

$$\theta_1(t)=(\omega_r-\omega_0)t+\theta_r$$

则

$$p\theta_1(t)=\omega_r-\omega_0=\Delta\omega_0 \tag{8-34}$$

将式(8-34)代入式(8-33),可得固定频率输入时的锁相环路基本方程为

$$p\theta_e(t)=\Delta\omega_0-K_0U_d\sin\theta_e(t)F(p) \tag{8-35}$$

式中,$p\theta_e(t)$ 项是瞬时相差 $\theta_e(t)$ 对时间的导数,称为瞬时频差($\omega_r-\omega_v$);$\Delta\omega_0$ 称为固有频差,用于反映锁相环路需要调整的频率量。等式右边第二项是闭环后 VCO 受控制电压 $u_c(t)$ 作用引起振荡频率 ω_v 相对于固有振荡频率 ω_0 的频差($\omega_v-\omega_0$),称为控制频差。由式(8-35)可见,在闭环之后的任何时刻存在如下关系:

$$瞬时频差=固有频差-控制频差$$
$$\Delta\omega=\Delta\omega_0-\Delta\omega_v \tag{8-36}$$

即

$$\omega_r-\omega_v=(\omega_r-\omega_0)-(\omega_v-\omega_0)$$

8.3.3 锁相环路的性能分析及其性能指标

1. 锁相环路的性能指标

求解锁相环路的基本方程可以获得锁相环路的各种性能指标,如锁定、跟踪、捕获、失锁等,但要严格地求解基本方程式(8-35)是比较困难的。在工程实践中,通常根据不同的工作条件作出一些合理的近似,以得到相应的环路性能指标。

1)锁定状态

锁相环路的锁定条件为

$$\lim_{t\to+\infty}p\theta_e(t)=0 \tag{8-37}$$

锁相环路将固定频率的信号锁定后,输入鉴相器的两信号之间无频差,而只有一固定的稳态相差 $\theta_e(t)$。此时误差电压 $U_d\sin\theta_e(+\infty)$ 为直流电压,在经过 $F(j0)$ 的过滤作用后得到的控制电压 $U_dF(j0)\sin\theta_e(+\infty)$ 也是直流电压。因此,锁定时的锁相环路方程为

$$K_0U_d\sin\theta_e(+\infty)F(j0)=\Delta\omega_0 \tag{8-38}$$

从中解得稳态相差为

$$\theta_e(+\infty) = \arcsin \frac{\Delta\omega_0}{K_0 U_d F(j0)} \tag{8-39}$$

可见,锁定是在由稳态相差 $\theta_e(+\infty)$ 产生的直流控制电压作用下,强制使 VCO 的振荡角频率 ω_v 相对于 ω_0 偏移了 $\Delta\omega_0$ 而与参考角频率 ω_r 相等的结果,即

$$\omega_v = \omega_0 + K_0 U_d \sin\theta_e F(j0) = \omega_0 + \Delta\omega_0 = \omega_r \tag{8-40}$$

锁相环路的一个重要特性就是锁定后没有稳态频差。

2）跟踪过程

锁相环路锁定后,当输入的参考频率和相位在一定范围内以一定的速率发生变化时,输出信号的频率和相位以同样的速率发生变化,这一过程称为环路的跟踪过程。例如,当 ω_r 增大时,$|\omega_r - \omega_0| = |\Delta\omega_0|$ 增大,$\theta_e(+\infty)$ 及直流控制电压也增大,导致 VCO 产生的控制频差 $\Delta\omega_v$ 增大,当 $\Delta\omega_v$ 大到足以补偿固有频差 $\Delta\omega_0$ 时,锁相环路维持锁定,因而有

$$\Delta\omega_0 = \Delta\omega_v = K_0 U_d \sin\theta_e(+\infty) F(j0)$$

故

$$\Delta\omega_0 \Big|_{\max} = K_0 U_d F(j0)$$

如果继续增大 $\Delta\omega_0$,使 $|\Delta\omega_0| > K_0 U_d F(j0)$,则锁相环路失锁($\omega_v \neq \omega_r$)。我们把锁相环路能够继续维持锁定状态的最大固有频差定义为锁相环路的同步带,即

$$\Delta\omega_H \triangleq \Delta\omega_0 \Big|_{\max} = K_0 U_d F(j0) \tag{8-41}$$

同步带 $\Delta\omega_H$ 的物理含义:当参考信号频率 ω_r 在同步范围($2\Delta\omega_H$)内变化时,锁相环路能够维持锁定;若超出此范围,则锁相环路将失锁。

锁定与跟踪统称为同步,其中跟踪是锁相环路正常工作时最常见的情况。

3）失锁状态

失锁状态是指瞬时频差($\omega_r - \omega_v$)总不为零的状态。

失锁时,鉴相器输出电压 $u_d(t)$ 为一上下不对称的稳定差拍波,其平均分量为一恒定的直流电压。该直流电压通过环路滤波器的作用使 VCO 的平均频率 ω_v 偏移 ω_0 而向 ω_r 靠拢,这就是环路的频率牵引效应。当锁相环路处于失锁差拍状态时,虽然 VCO 的瞬时角频率 $\omega_v(t)$ 始终不能等于参考信号频率 ω_r,但平均频率 ω_v 已向 ω_r 方向牵引,这种牵引作用的大小与恒定的直流电压的大小有关,恒定的直流电压的大小又取决于差拍波 $u_d(t)$ 的上下不对称程度。

4）捕获过程

在开机、换频或由开环到闭环等情况下,锁相环路一开始总是失锁的。因此,锁相环路需要经历一个由失锁到锁定的过程,这一过程称为捕获过程。

开机时,鉴相器输入端两信号之间存在起始频差(即固有频差)$\Delta\omega_0$,其相位差为 $\Delta\omega_0 t$。因此,鉴相器输出的是一个角频率等于频差 $\Delta\omega_0$ 的差拍信号,即

$$u_d(t) = U_d \sin(\Delta\omega_0 t) \tag{8-42}$$

当 $\Delta\omega_0$ 很大时,$u_d(t)$ 的拍频很高,易受环路滤波器抑制,导致加入 VCO 输入端的控制电压 $u_c(t)$ 很小,控制频差不能建立,$u_d(t)$ 仍是一个上下接近对称的稳定差拍波,锁相环路不能入锁。

当 $\Delta\omega_0$ 减小到某一范围时,鉴相器输出的误差电压 $u_d(t)$ 是一个上下不对称的差拍波,其

平均分量(即直流分量)不为零。环路滤波器的作用,使控制电压 $u_c(t)$ 中的直流分量增加,从而牵引 VCO 的平均频率 ω_v 向 ω_r 靠拢。这让 $u_d(t)$ 的拍频($\omega_r - \omega_v$)减小,增大了 $u_d(t)$ 差拍波的不对称性,即增大了直流分量,这又使 VCO 的频率进一步接近 ω_r。这样,差拍波上下不对称性不断加大,$u_c(t)$ 中的直流分量不断增加,VCO 的平均频率 ω_v 不断地向输入参考频率 ω_r 靠近。一定条件下,经过一段时间之后,当平均频差减小到某一频率范围时,以上频率捕获过程即告结束。此后进入相位捕获过程,$\theta_e(t)$ 的变化不再超过 2π,最终趋于稳态值 $\theta_e(+\infty)$。同时,$u_d(t)$、$u_c(t)$ 分别趋于其稳态值 $U_d \sin\theta_e(+\infty)$、$U_c(+\infty)$,VCO 的频率被锁定在参考信号频率 ω_r 上,使

$$\lim_{t \to +\infty} p\theta_e(t) = 0 \quad (\omega_v = \omega_r)$$

捕获全过程结束,锁相环路进入锁定状态。

捕获全过程各点的波形变化如图 8-20 所示。

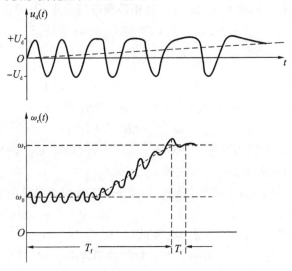

图 8-20 频率捕获锁定示意图

锁相环路能否发生捕获与固有频差 $\Delta\omega_0$ 的大小有关。只有当 $|\Delta\omega_0|$ 小到某一频率范围时,锁相环路才能被捕获而入锁,这一范围称为锁相环路的捕获带 $\Delta\omega_p$。它定义为在失锁状态下能使锁相环路经频率牵引,最终锁定的最大固有频差 $|\Delta\omega_0|_{\max}$,即

$$\Delta\omega_p = |\Delta\omega_0|_{\max} \tag{8-43}$$

若 $|\Delta\omega_0| > \Delta\omega_p$,则锁相环路不能被捕获而入锁。

2. 锁相环路的线性分析

线性分析实际上是分析鉴相器的线性化。虽然 VCO 的特性有可能是非线性的,但只要恰当地设计与使用,就可以控制特性线性化。鉴相器在三角波和锯齿波鉴相特性时有较大的线性范围。当 $|\theta_e| \leqslant \pi/6$ 时,对于正弦型鉴相特性而言,可把原点附近的特性曲线视为斜率为 K_d 的直线,如图 8-21 所示。因此,式(8-18)可写成

$$u_d(t) = K_d \theta_e(t) \tag{8-44}$$

相应地,线性化鉴相器模型如图 8-22 所示。其中,K_d 为线性化鉴相器的鉴相增益或灵敏度,值等于正弦鉴相特性的输出最大电压值 U_d,单位为 V/rad。

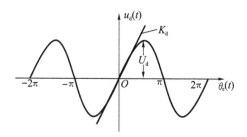

图 8-21 正弦鉴相器线性化特性曲线

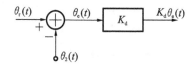

图 8-22 线性化鉴相器的模型

用 $K_d\theta_e(t)$ 取代基本方程式(8-35)的 $U_d\sin\theta_e(t)$,可得环路的线性基本方程为

$$p\theta_e(t) = p\theta_1(t) - K_0 K_d F(p)\theta_e(t) \tag{8-45}$$

或

$$p\theta_e(t) = p\theta_1(t) - KF(p)\theta_e(t) \tag{8-46}$$

式中,$K = K_0 K_d$ 称为环路增益,其单位为 Hz。式(8-46)相应的锁相环路线性相位模型如图 8-23 所示。

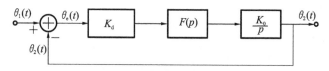

图 8-23 锁相环的线性相位模型(时域)

对式(8-46)两边取拉普拉斯变换,可得到相应的复频域中的线性相位模型,如图 8-24 所示。

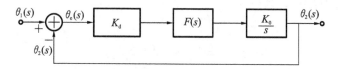

图 8-24 锁相环的线性相位模型(复频域)

锁相环路同步性能最常用的三个传递函数如下。

1)开环传递函数

开环 $\theta_e(t) = \theta_1(t)$ 时,由输入相位 $\theta_1(t)$ 所引起的输出相位 $\theta_2(t)$ 的响应为

$$H_o(s) = \left.\frac{\theta_2(s)}{\theta_1(s)}\right|_{\text{开环}} = K\frac{F(s)}{s} \tag{8-47}$$

2)闭环传递函数

闭环时,由 $\theta_1(t)$ 引起输出相位 $\theta_2(t)$ 的响应为

$$H(s) = \frac{\theta_2(s)}{\theta_1(s)} = \frac{KF(s)}{s + KF(s)} \tag{8-48}$$

3）误差传递函数

闭环时，由 $\theta_1(t)$ 所引起的误差响应 $\theta_e(t)$ 为

$$H_e(s) = \frac{\theta_e(s)}{\theta_1(s)} = \frac{\theta_1(s) - \theta_2(s)}{\theta_1(s)} = \frac{s}{s + KF(s)} \tag{8-49}$$

$H_o(s)$、$H(s)$、$H_e(s)$ 三者之间存在如下关系：

$$H(s) = \frac{H_o(s)}{1 + H_o(s)} \tag{8-50}$$

$$H_e(s) = \frac{1}{1 + H_o(s)} = 1 - H(s) \tag{8-51}$$

由上可见，三个传递函数不仅与 K 有关，还与锁相环路滤波器的传递函数 $F(s)$ 有关，选用不同的锁相环路滤波器，会得到不同锁相环路的实际传递函数。

衡量跟踪性能好坏的指标是跟踪相位误差，即相位误差函数 $\theta_e(t)$ 的暂态响应和稳态响应。暂态响应用来描述跟踪速度的快慢及跟踪过程中相位误差波动的大小。稳态响应是当 $t \rightarrow +\infty$ 时的相位误差值，表征系统的跟踪精度。

在给定锁相环路的情况下，由式(8-49)可以计算出相位误差函数 $\theta_e(s)$，对其进行拉普拉斯反变换，就可得到时域误差函数 $\theta_e(t)$。若输入参考信号的频率在 $t=0$ 时有一阶跃变化，即

$$\omega_0(t) = \begin{cases} 0 & (t < 0) \\ \Delta\omega & (t \geqslant 0) \end{cases} \tag{8-52}$$

其对应的输入相位为

$$\theta_1(t) = \Delta\omega t \tag{8-53}$$

那么

$$\theta_1(s) = \frac{\Delta\omega}{s^2} \tag{8-54}$$

$$\theta_e(s) = \theta_1(s) H_e(s) = \frac{\Delta\omega}{s^2 + 2\xi\omega_n s + \omega_n^2} \tag{8-55}$$

对式(8-55)进行拉普拉斯反变换，可得：

当 $\xi > 1$ 时，

$$\theta_e(t) = \frac{\Delta\omega}{\omega_n} e^{-\xi\omega_n t} \frac{\sin\omega_n \sqrt{\xi^2 - 1}\, t}{\sqrt{\xi^2 - 1}} \tag{8-56a}$$

当 $\xi = 1$ 时，

$$\theta_e(t) = \frac{\Delta\omega}{\omega_n} e^{-\xi\omega_n t} \omega_n t \tag{8-56b}$$

当 $0 < \xi < 1$ 时，

$$\theta_e(t) = \frac{\Delta\omega}{\omega_n} e^{-\xi\omega_n t} \frac{\sin\omega_n \sqrt{1 - \xi^2}\, t}{\sqrt{1 - \xi^2}} \tag{8-56c}$$

理想二阶锁相环路对输入频率阶跃的相位误差响应曲线如图 8-25 所示。由图 8-25 可得如下结论。

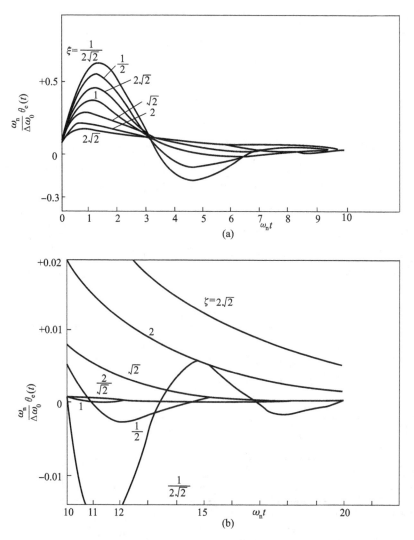

图 8-25 理想二阶锁相环路对输入频率阶跃的相位误差响应曲线

（1）当 $\xi < 1$ 时，暂态过程是衰减振荡，锁相环路处于欠阻尼状态；当 $\xi > 1$ 时，暂态过程按指数衰减，尽管可能有过冲，但不会在稳态值附近多次摆动，锁相环路处于过阻尼状态；当 $\xi = 1$ 时，锁相环路处于临界阻尼状态，其暂态过程没有振荡。由此可见，暂态过程的性质由 ξ 决定。

（2）当 $\xi < 1$ 时，暂态过程的振荡频率为 $(1-\xi^2)^{1/2}\omega_n$。若 $\xi = 0$，则振荡频率等于 ω_n。因此，ω_n 可视为无阻尼自由振荡角频率。

（3）二阶锁相环路的暂态过程有过冲现象，过冲量的大小与 ξ 值有关。ξ 越小，过冲量越大，锁相环路相对稳定性越差。

（4）暂态过程衰减到多少才认为暂态过程结束，取决于如何选择暂态结束的标准。选定之后，可以由式（8-56）求出暂态时间。从相对稳定性和快速跟踪的角度考虑，工程上一般选择 $\xi = 0.707$。

锁相环路最终能否跟踪输入信号的相位变化,以及跟踪精度与锁相环路参数之间的关系,这些是用稳态相位误差来描述的。求解稳态相差 $\theta_e(+\infty)$ 的方法有如下两种。

① 先求出 $\theta_e(t)$,令 $t \to +\infty$,即可求出

$$\theta_e = (+\infty) = \lim_{t \to +\infty} \theta_e(t)$$

② 利用拉普拉斯变换的终值定理,直接从 $\theta_e(s)$ 求出

$$\theta_e(+\infty) = \lim_{s \to 0} \theta_e(s) \tag{8-57}$$

表 8-1 列出了不同输入信号作用时各种锁相环路的稳态相位误差。

由表 8-1 可见:同锁相环路对不同输入的跟踪能力不同,输入变化越快,跟踪性能越差,若 $\theta_e(+\infty) = +\infty$,则意味着锁相环路不能跟踪。对于同一输入信号,采用不同的锁相环路滤波器,则锁相环路的跟踪性能不同。可见,锁相环路滤波器有改善锁相环路跟踪性能的作用。同是二阶锁相环路,同一信号的跟踪能力与锁相环路的"型"有关(即环内理想积分因子 $1/s$ 的个数)。"型"越高,跟踪精度越高;增加"型"数,可以跟踪变化更快的输入信号。理想二阶锁相环路(二阶 II 型环)跟踪频率斜升信号的稳态相位误差与扫描速率 R 成正比。当 R 增大时,稳态相差随之增大,有可能进入非线性跟踪状态。

表 8-1　不同输入信号作用时各种环路的稳态相位误差

信　　号	环　　路			
	一阶环 $F(s)=1$	二阶 I 型环 $F(s)=\dfrac{1+s\tau_2}{1+s\tau_1}$	二阶 II 型环 $F(s)=\dfrac{1+s\tau_2}{s\tau_1}$	三阶 III 型环 $F(s)=\left(\dfrac{1+s\tau_2}{s\tau_1}\right)^2$
	误差			
相位阶跃 $\theta_1(t)=\Delta\theta \cdot 1(t)$	0	0	0	0
频率阶跃 $\theta_1(t)=\Delta\omega t \cdot 1(t)$	$\dfrac{\Delta\omega}{K}$	$\dfrac{\Delta\omega}{K}$	0	0
频率斜升 $\theta_1(t)=\dfrac{1}{2}Rt^2 \cdot 1(t)$	∞	∞	$\dfrac{\tau_1 R}{K}=\dfrac{R}{\omega_n^2}$	0

3. 频率响应

根据频率响应特性,可以判断锁相环路的稳定性并进行校正。频率响应是决定锁相环路对信号和噪声过滤性能好坏的重要特性。

若采用 RC 积分滤波器,则闭环传递函数为

$$H(s) = \frac{\omega_n^2}{s^2 + 2\xi\omega_n s + \omega_n^2} \tag{8-58}$$

相应的幅频特性为

$$H(\omega) = \frac{1}{\sqrt{\left(1 - \dfrac{\omega^2}{\omega_n^2}\right)^2 + \left(2\xi\dfrac{\omega}{\omega_n}\right)^2}} \tag{8-59}$$

阻尼系数 ξ 取不同值时,画出的幅频特性曲线如图 8-26 所示。由图 8-26 可见,幅频特性具有低通滤波特性。

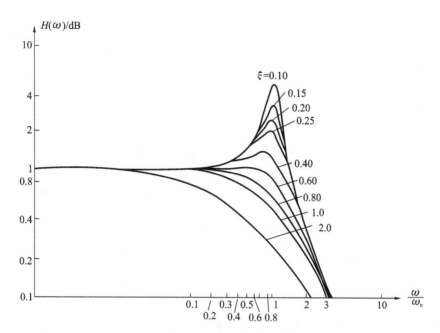

图 8-26　闭环幅频特性

令式(8-59)等于 0.707,可求得锁相环路带宽 $\mathrm{BW}_{0.7}$

$$\mathrm{BW}_{0.7}=\frac{1}{2\pi}\omega_{\mathrm n}\left[1-2\xi^2+\sqrt{4\xi^4-4\xi^2+2}\,\right]^{\frac{1}{2}} \tag{8-60}$$

调节阻尼系数 ξ 和自然谐振角频率 $\omega_{\mathrm n}$ 可以改变带宽;调节阻尼系数 ξ 还可以改变曲线的形状。当 $\xi=0.707$ 时,曲线最平坦,相应的带宽为

$$\mathrm{BW}_{0.7}=\frac{\omega_{\mathrm n}}{2\pi}=\frac{1}{2\pi}\left(\frac{K_{\mathrm d}K_0}{\tau_1}\right)^{\frac{1}{2}} \tag{8-61}$$

当 $\xi<0.707$ 时,特性曲线出现峰值。

8.3.4　锁相环路的应用

1. 锁相环路的特点

锁相环路的特点主要包含以下几个方面。

(1)在锁相环路锁定的情况下,VCO 的输出频率严格等于输入信号的频率,没有剩余频差。

(2)良好的跟踪特性。锁相环路锁定后,当输入信号频率 $\omega_{\mathrm i}$ 稍有变化时,VCO 的频率也立即发生相应的变化,最终 VCO 的输入参考频率 $\omega_{\mathrm r}=\omega_{\mathrm i}$。锁相环路用于跟踪输入信号载波与相位变化,锁相环路输出信号就是需要提取的载波信号。这就是锁相环路的载波跟踪特性。

只要让锁相环路有适当的低频通带,VCO 输出信号的频率和相位就能跟踪输入调频或调相信号的频率和相位变化,即得到输入角调制信号的复制品,这就是调制跟踪特性。利用锁相环路的调制跟踪特性,可以制成角调制信号的调制器与解调器。

(3)良好的滤波特性。锁相环路具有窄带滤波特性,能够滤除混进输入信号中的噪声和杂散干扰。在设计良好时,通带能做到极窄。例如,可以在几十兆赫兹的频率上,实现几十赫兹甚至几赫兹的窄带滤波。这种窄带滤波特性是任何 LC、RC、石英晶体、陶瓷片等滤波器所难以达到的。

（4）易于集成化。组成锁相环路的基本部件都易于集成化。锁相环路集成化可以减小体积、降低成本、提高可靠性与增加用途。

2. 锁相环路的应用举例

1）锁相调频电路

采用锁相环路调频，能够得到中心频率高度稳定的调频信号，图 8-27 给出了锁相环路调频器的组成方框图。

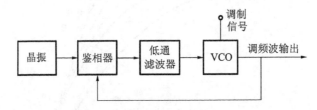

图 8-27　锁相环路调频器的组成方框图

用锁相环路调频器能克服直接调频的中心频率稳定度不高的缺点。实现锁相环路调频的条件：调制信号的频谱要处于低通滤波器通频带之外，并且调频指数不能太大。这样，调制信号不能通过低通滤波器，因而在锁相环路内不能形成交流反馈，即调制频率对锁相环路无影响。锁相环路只对 VCO 平均中心频率不稳定所引起的分量（处于低通滤波器通带之内）起作用，使它的中心频率锁定在晶振频率上。因此，输出调频波的中心频率稳定度很高。若将调制信号经过微分电路送入 VCO，则锁相环路输出的就是调相信号。

2）锁相调频解调电路（锁相环路鉴频器）

调制跟踪锁相环路本身就是一个调频解调器，它利用锁相环路良好的调制跟踪特性，使锁相环路跟踪输入调频信号瞬时相位的变化，从而使 VCO 控制端获得解调输出。锁相调频解调电路的组成如图 8-28 所示。

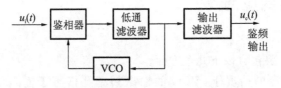

图 8-28　锁相调频解调电路的组成方框图

若输入的调频信号为

$$u_i(t) = U_i\sin[\omega_i t + m_f\sin(\Omega t)] \tag{8-62}$$

则其调制信号为 $u_\Omega(t) = U_\Omega\cos(\Omega t)$，$m_f$ 为调频指数。同时假设锁相环路处于线性跟踪状态，且输入载频 ω_i 等于 VCO 自由振荡频率 ω_0，则可得到调频波的瞬时相位为

$$\theta_1(t) = m_f\sin(\Omega t) \tag{8-63}$$

先求出锁相环路的输出相位 $\theta_2(t)$，再根据 VCO 控制特性 $\theta_2(t) = K_0 u_c(t)/p$，即可求得解调输出信号 $u_c(t)$。

设锁相环路的闭环频率响应为 $H(j\Omega)$，则输出相位为

$$\theta_2(t) = m_{\mathrm{f}} |H(\mathrm{j}\Omega)| \cos[\Omega t + \angle H(\mathrm{j}\Omega)] \tag{8-64}$$

此解调输出电压为

$$u_\Omega(t) = \frac{1}{K_0} \frac{\mathrm{d}\theta_2(t)}{\mathrm{d}t} = \frac{1}{K_0} m_{\mathrm{f}} \Omega |H(\mathrm{j}\Omega)| \cos[\Omega t + \angle H(\mathrm{j}\Omega)]$$
$$= U_{\mathrm{c}} |H(\mathrm{j}\Omega)| \cos[\Omega t + \angle H(\mathrm{j}\Omega)] \tag{8-65}$$

式中，$U_{\mathrm{c}} = \dfrac{1}{K_0} m_{\mathrm{f}} \Omega = \dfrac{\Delta \omega_{\mathrm{m}}}{K_0}$；$\Delta \omega_{\mathrm{m}}$ 为调频信号的最大频偏。

对于设计良好的调制跟踪锁相环路，在调制频率范围内，$|H(\mathrm{j}\Omega)| \approx 1$，相移 $\angle H(\mathrm{j}\Omega)$ 也很小。因此，$u_{\mathrm{c}}(t)$ 是良好的调频解调输出。各种通用锁相环路集成电路都可以构成调频解调器。图 8-29 所示的为用 NE562 集成锁相环路构成的调频解调器。

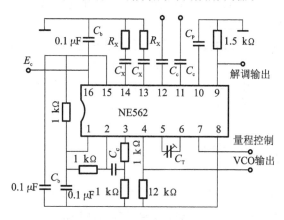

图 8-29　NE562 调频解调器

3）同步检波器

用锁相环路对调幅信号进行解调，实际上是利用锁相环路提供一种稳定度高的载波信号电压，该载波信号与调幅波相乘后进入检波器，检波器的输出就是原调制信号。调幅信号频谱中，除包含调制信号的边带外，还包含较强的载波分量，使用载波跟踪环路可将载波分量提取出来，再经 90°移相，可用作同步检波器的相干载波。调幅信号同步检波器如图 8-30 所示。

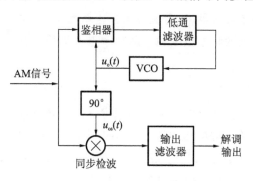

图 8-30　调幅信号同步检波器

设输入信号为

$$u_{\mathrm{i}}(t) = U_{\mathrm{i}}[1 + m\cos(\Omega t)]\cos(\omega_{\mathrm{i}} t) \tag{8-66}$$

输入信号中，载波分量为 $U_{\mathrm{i}}\cos(\omega_{\mathrm{i}} t)$，用载波跟踪环路提取后输出为 $u_{\mathrm{o}}(t) = U_{\mathrm{o}}\cos(\omega_{\mathrm{i}} t + \theta_0)$，

经 90°移相后,得到相干载波 $u_r(t)=U_o\sin(\omega_i t+\theta_0)$,将 $u_r(t)$ 与 $u_i(t)$ 相乘,滤除 $2\omega_i$ 分量,得到的输出信号就是恢复出来的调制信号。

锁相环路除了以上的应用外,还可广泛应用于电视彩色副载波提取、调频立体声解码、电机转速控制、微波频率源、锁相接收机、移相器、位同步器,以及各种调制方式的调制器和解调器、频率合成器等。

8.4　频率合成器

随着电子技术的发展,在通信、雷达、测控、仪器仪表等电子应用领域,还需要在一个频率范围内提供一系列高准确度和高稳定度的频率源。一般的 LC 振荡器和晶体振荡器都不能满足这一要求,必须采用频率合成技术。

频率合成是指以一个或少量的高准确度和高稳定度的标准频率作为参考频率,由此导出多个或大量的输出频率,这些输出频率的准确度和稳定度与参考频率是一致的。用来产生这些频率的部件称为频率合成器。频率合成器通过一个或多个标准频率产生大量的输出频率,它是通过对标准频率在频域进行加、减、乘、除来实现的,可以通过混频、倍频和分频等电路来实现。

8.4.1　主要技术指标

频率合成器的使用场合不同,对它的要求也不相同。为了正确使用与设计频率合成器,应标出合理的技术指标。技术指标的要求越高,频率合成器的复杂程度和成本也越高。因此,如何选择合理经济的频率合成器方案来满足技术指标的要求,是十分重要的。下面仅介绍一些主要技术指标的含义。

1. 频率范围

频率范围是指频率合成器输出的最低频率 f_{omin} 和最高频率 f_{omax} 之间的变化范围,也可用覆盖系数 $k=f_{omax}/f_{omin}$(k 又称为波段系数)来表示。当覆盖系数 $k>2\sim3$ 时,整个频段可以划分为几个分波段。在频率合成器中,分波段的覆盖系数一般取决于 VCO 的特性。

要求频率合成器在指定的频率范围和离散频率点上均能正常工作,且均能满足其他性能指标。

2. 频率间隔(频率分辨率)

频率间隔是指频率合成器输出的两个相邻频率之间的最小间隔,又称为频率分辨率。不同用途的频率合成器,对频率间隔的要求是不相同的。对短波单边带通信来说,现在的频率间隔一般取 100 Hz,有的取 10 Hz、1 Hz,甚至 0.1 Hz。对超短波通信来说,频率间隔一般取 25 kHz、50 kHz 等。在一些测量仪器中,其频率间隔可达兆赫兹数量级。

3. 频率转换时间

频率转换时间是指频率合成器从一个频率转换到另一个频率,并达到稳定后所需要的时间。它与采用的频率合成方法有密切的关系。

4. 频率准确度与频率稳定度

频率准确度是指频率合成器工作频率偏移规定频率的数值,即频率误差。而频率稳定度是指在规定的时间间隔内,频率合成器的频率偏移规定频率相对变化的大小。通常认为频率误差已包括在频率不稳定的偏差之内,因此一般只提及频率稳定度。

5. 频谱纯度

影响频率合成器频谱纯度的因素主要有两个:一是相位噪声,二是寄生干扰。

相位噪声是瞬间频率稳定度的频域表示,在频谱上呈现为主谱两边的连续噪声,如图 8-31 所示。相位噪声的大小可用频率轴上距主谱 f_0 处的相位功率谱密度来表示。相位噪声是衡量频率合成器质量的主要指标,锁相频率合成器相位噪声主要来源于参考振荡器和 VCO。此外,环路参数的设计对频率合成器的相位噪声也有重要影响。

寄生(又称杂散)干扰是由非线性部件所产生的,其中最严重的是混频器所产生的干扰。寄生干扰主要表现为一些离散的频谱,如图 8-31 所示。混频器中混频比的选择以及滤波器的性能对寄生干扰的抑制有重要作用。

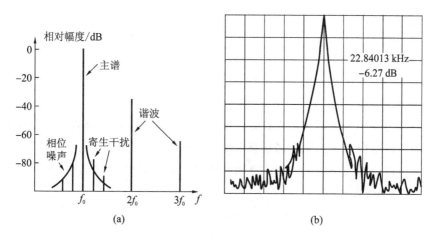

图 8-31　频率合成器的频谱

8.4.2　频率合成器的类型

1. 直接式频率合成器

直接式频率合成器(DS)的原理简单,易于实现。其合成方法大致可分为非相关合成法与相关合成法等两种。

非相关合成法使用多个晶体参考频率源,所需的各种频率分别由这些参考源提供。它的缺点在于制作具有相同频率稳定度和准确度的多个晶体参考频率源既复杂又困难,而且成本很高。相关合成法只使用一个晶体参考频率源,所需的各种频率都由它经过分频、混频和倍频后得到,因而合成器输出频率的准确度和稳定度与参考源一样,现在绝大多数直接式频率合成器都采用这种方法。

直接式频率合成器的显著特点:分辨率高(可达 10^{-2} Hz)、频率转换速度快(小于 100

μs)、工作稳定可靠、输出信号频谱纯度高等。其缺点:体积大、笨重、成本高。

2. 间接式频率合成器

间接式频率合成器(IS)又称锁相频率合成器,是目前应用最广的频率合成器。体积大、成本高、输出端出现寄生频率等直接式频率合成器所固有的那些缺点,在锁相频率合成器中都大为改善。基本的锁相频率合成器如图 8-32 所示。

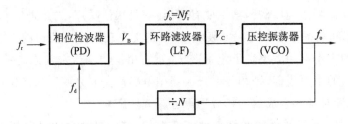

图 8-32　基本的锁相频率合成器

在锁相环路锁定的情况下,相位检波器两输入端的频率是相同的,即

$$f_r = f_d \tag{8-67}$$

VCO 的输出频率 f_o 经 N 分频,得到

$$f_d = \frac{f_o}{N} \tag{8-68}$$

所以输出频率是参考频率 f_r 的整数倍,即

$$f_o = N f_r \tag{8-69}$$

如果用一个可编程分频器来实现分频比 N,就很容易按增量 f_r 来改变输出频率。合成频率都是参考频率的整数倍。为了提高频率合成器的频率分辨率,必须减小 f_r,然而,这与转换时间短是相矛盾的。因为转换时间取决于锁相环路的非线性性能,精确的表达式目前还难以导出,工程上常用的经验公式为

$$t_s = \frac{25}{f_r} \tag{8-70}$$

分辨率与转换时间成反比。转换时间约等于 25 个参考频率的周期。例如,若 $f_r = 10$ Hz,则 $t_s = 2.5$ s,这显然难以满足系统的要求。

基本锁相频率合成器的另一个问题:VCO 的输出是直接加到可编程分频器上的,而这种可编程分频器的最高工作频率可能比所要求的合成器工作频率低得多,因此基本频率合成器在很多应用场合是不适用的。

固定分频器的工作频率明显高于可编程分频器的,超高速器件的上限频率可达千兆赫兹以上。若在可编程分频器之前串接一固定分频器的前置分频器,则可大大提高 VCO 的工作频率,如图 8-33 所示。若前置分频器的分频比为 M,则可得

$$f_o = N M f_r \tag{8-71}$$

在有前置分频器的锁相频率合成器中,因为 M 是固定的,输出频率只能以 $M f_r$ 为增量变化,所以,合成器的分辨率就下降了。避免可编程分频器工作频率过高的另一个途径是,用一个本地振荡器通过混频将频率下移,如图 8-34 所示。

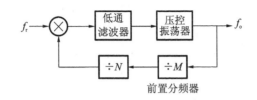

图 8-33　有前置分频器的锁相频率合成器

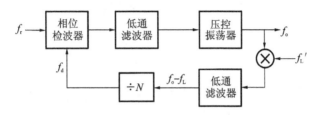

图 8-34　下变频锁相频率合成器

混频后用低通滤波器取出差频分量,分频器的输出频率为

$$f_\mathrm{d}=f_\mathrm{r}=\frac{f_\mathrm{o}-f_\mathrm{L}}{N} \tag{8-72}$$

因此

$$f_\mathrm{o}=f_\mathrm{L}+Nf_\mathrm{r} \tag{8-73}$$

综上所述,锁相频率合成器的频率分辨率取决于 f_r,要提高频率分辨率,必须减小 f_r;转换时间 t_s 也取决于 f_r,要缩短转换时间,则必须增大 f_r,这二者是相矛盾的。另外,可变分频器的频率上限与合成器的工作频率之间也是相矛盾的。以上前置分频器和下变频的简单方法并不能从根本上解决这些矛盾。近年来出现的变模分频锁相频率合成器、小数分频锁相频率合成器,以及多环锁相频率合成器等的性能比基本锁相频率合成器有了明显改善,满足了各类应用的需求。

3. 直接数字式频率合成器

直接数字式频率合成器(DDS)采用全数字技术,具有分辨率高、频率转换时间短、相位噪声低等特点,并具有很强的调制功能和其他功能,是近年来发展非常迅速的一种器件。

DDS 的基本思想是在存储器中存入正弦波的 L 个均匀间隔样值,然后以均匀的速度把这些样值输出到数/模转换器,并将其变换成模拟信号。最低输出频率的波形会有 L 个不同的点。同样的数据输出速率,存储器中的值每隔一个值输出一个,就能产生 2 倍频率的波形。以同样的速率,每隔 k 个值输出就得到 k 倍频率的波形。频率分辨率与最低频率一样,其上限频率由奈奎斯特速率决定,与 DDS 所使用的工作频率有关。

DDS 由一相位累加器、只读存储器(ROM)、数/模转换器(DAC)和低通滤波器组成,如图 8-35 所示,图中 f_c 为时钟频率。相位累加器和 ROM 构成数控振荡器。相位累加器的长度为 N,用频率控制字 K 去控制相位累加器的次数。对一个定频 ω,$\mathrm{d}\varphi/\mathrm{d}t$ 为一常数,即定频信号的相位变化与时间呈线性关系,可用相位累加器来实现这个线性关系。不同的 ω 值需要不同的 $\mathrm{d}\varphi/\mathrm{d}t$ 的输出,这就可用不同的值加到相位累加器来完成。当最低有效位 1 添加到相位累加器时,产生最低的频率,在时钟 f_c 的作用下,经过 N 位累加器的 $2N$ 个状态,输出频率为 $f_c/(2N)$。添加任意的 M 值到累加器,则 DDS 的输出频率为

$$f_o = \frac{M}{2^N} f_c \tag{8-74}$$

在时钟 f_c 的作用下,相位累加器通过 ROM(查表),得到对应于输出频率的量化振幅值,通过数/模变换,得到连续的量化振幅值,再经过低通滤波器滤波,就可得到所需频率的模拟信号。改变 ROM 中的数据值,可以得到不同的波形,如正弦波、三角波、方波、锯齿波等周期性的波形。

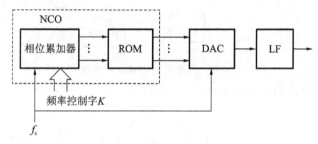

图 8-35 DDS 的组成框图

DDS 具有如下特点。

(1)频率转换时间短,可达毫微秒数量级,这主要取决于累加器中数字电路的门延迟时间。

(2)分辨率高,可达毫赫兹数量级,这取决于累加器的字长 N 和参考时钟 f_c。

(3)频率变换时相位连续。

(4)有非常小的相位噪声。其相位噪声由参考时钟 f_c 的纯度确定,随 $20\lg(f_o/f_c)$ 改善,f_o 为输出频率,$f_o < f_c$。

(5)输出频带宽,其输出频率约为 f_c 的 40%。

(6)有很强的调制功能。

以上三种基本类型是现代频率合成的技术基础,在性能上各有其特点,相互补充。在实际应用中,可以根据系统要求,组合应用这些基本方法,从而得到性能更好的、能满足系统要求的频率合成器。

在 DDS 中,输出信号波形的三个参数为频率 ω、相位 φ 和振幅 A,它们都可以用数据字来定义。ω 的分辨率由相位累加器中的位数来确定,φ 的分辨率由 ROM 中的位数来确定,而 A 的分辨率由 D/A 变频器中的分辨率来确定。因此,在 DDS 中可以完成数字调制和模拟调制。频率调制可以通过改变频率控制字来实现,相位调制可以通过改变瞬时相位来实现,振幅调制可通过在 ROM 和 D/A 变频器之间加数字乘法器来实现。

因此,许多厂商在生产 DDS 芯片时,就考虑了调制功能,可直接利用这些 DDS 芯片完成所需的调制功能,这无疑为实现各种调制方式增添了更多的选择。而且,通过 DDS 实现调制

功能所带来的好处是以前许多相同调制的方法难以比拟的。图 8-36 是 AD 公司生产的 DDS 芯片 AD7008,其时钟频率有 20 MHz 和 50 MHz 两种,相位累加器长度 $N=32$。AD7008 不仅可以用于频率合成,而且具有很强的调制功能,可以实现各种数字和模拟调制功能,如调幅、调相、调频、振幅键控(ASK)、相移键控(PSK)、频移键控(FSK)、最小位移键控(MSK)、正交相移键控(QPSK)、正交幅度调制(QAM)等调制方式。

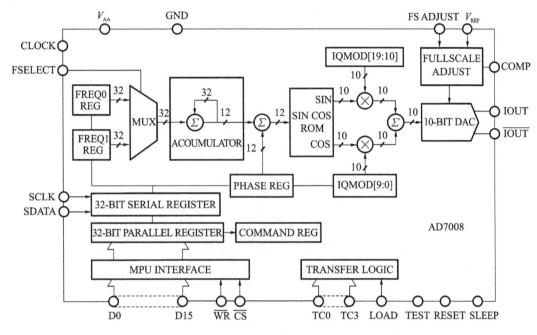

图 8-36　AD7008 框图

8.4.3　锁相频率合成器

锁相频率合成器是一种闭环系统,与直接式频率合成器和直接数字式频率合成器相比,其频率转换时间和分辨率均不如前两者好,但是结构简单、成本低是它的优势,目前已成为频率合成的主要方式,广泛应用于各种电子系统中。

锁相频率合成器的基本方法:锁相环路锁定高稳定度的参考振荡器,环内串接可编程的程序分频器,通过编程改变程序分频器的分频比 N,从而得到 N 倍参考频率的稳定输出。

按上述方式构成的单环锁相频率合成器是锁相频率合成器的基本单元。这种基本的锁相频率合成器在性能上存在一些问题。为了解决合成器工作频率与可编程分频器最高工作频率之间的矛盾和合成器分辨率与转换速率之间的矛盾,需对基本的构成进行改进。

1. 单环锁相频率合成器

单环锁相频率合成器的基本构成如图 8-32 所示,环中的 $\div N$ 分频器采用可编程的程序分频器,合成器输出频率为

$$f_o = Nf_r \tag{8-75}$$

式中,f_r 为参考频率。通常 f_r 采用高稳定度的晶体振荡器产生,经过固定分频比的参考分频

之后获得。这种合成器的分辨率为 f_r。

设鉴相器的增益为 K_d,锁相环路滤波器的传递函数为 $F(s)$,VCO 的增益系数为 K_0,则可得单环锁相频率合成器的线性相位模型如图 8-37 所示,其中

$$\theta_d(s) = \frac{\theta_2(s)}{N} \tag{8-76}$$

$$\theta_e(s) = \theta_1(s) - \theta_d(s) = \theta_1(s) - \frac{\theta_2(s)}{N} \tag{8-77}$$

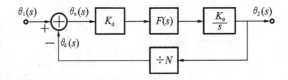

图 8-37 单环锁相频率合成器的线性相位模型

闭环传递函数为

$$H'(s) = \frac{\theta_2(s)}{\theta_1(s)} = \frac{\dfrac{K_d K_0 F(s)}{s}}{1 + \dfrac{K_d K_0 F(s)}{Ns}} = N \frac{K'F(s)}{s + K'F(s)} \tag{8-78}$$

式中,$K' = K_d K_0 / N$。因为相位是频率的时间积分,故同样的传递函数也可说明输入频率(即参考频率)$f_r(s)$ 和输出频率 $f_v(s)$ 之间的关系。

误差传递函数为

$$H'_e(s) = \frac{\theta_e(s)}{\theta_1(s)} = \frac{1}{1 + \dfrac{K_d K_0 F(s)}{Ns}} = \frac{s}{s + K'F(s)} \tag{8-79}$$

将式(8-78)和式(8-79)与式(8-48)和式(8-49)相比较,可知单环锁相频率合成器的传递函数与线性锁相环路的传递函数的关系为

$$\left. \begin{array}{c} H'(s) = NH(s) \\ H'_e(s) = H(s) \end{array} \right\} \tag{8-80}$$

不同的是,$H(s)$ 和 $H_e(s)$ 中的环路增益由原来的 K 变为

$$K' = K_d K_0 / N = K/N$$

从式(8-78)和式(8-79)不难看出,单环锁相频率合成器的线性性能、跟踪性能、噪声性能等与线性锁相环路的是一致的。

通用型单片集成锁相环路 L562(NE562)和国产 T216 可编程 ÷10 分频器构成的单环锁相环路频率合成器如图 8-38(a)所示,它可完成 10 以内的锁相倍频,即可得到 1~10 倍的输入信号频率输出,图 8-38(b)为 L562 的内部结构图。

如果要合成更多的频率,则可选择多级可变分频器或程序分频器。频率合成器要求波段工作,频率数要多,频率间隔要小,因此对分频器的要求很高。目前已有专用的单片合成器,这种合成器将锁相环路的主要部件鉴相器以及性能很好的分频器集成在一个芯片上,它可以与

微机接口,利于调整锁相环路参数。

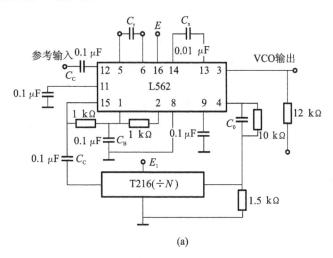

(a)

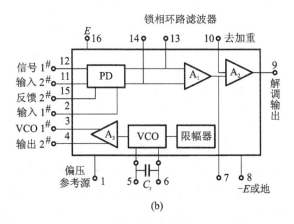

(b)

图 8-38 L562 的内部结构

(a)L562 频率合成器;(b)L562 内部结构图

2. 变模分频锁相频率合成器

目前的可编程分频器还不能工作到很高的频率上,但在基本的单环锁相频率合成器中,VCO 的输出频率是直接加入可编程分频器的,这就限制了这种合成器的应用。添加前置分频器后虽然能提高合成器的工作频率,但这是以降低频率分辨率为代价的。采用下变频方法虽然可以在不改变频率分辨率和转换时间的条件下提高合成器的工作频率,但它增加了电路的复杂性且由混频产生寄生信号以及滤波器引起的延迟对环路性能都有不利的影响。因此,上述两种电路并不能很好地解决基本单环锁相频率合成器的固有问题。

在不改变频率分辨率的同时,提高频率合成器输出频率的有效方法之一是采用变模分频器(也称吞脉冲技术)。它的工作速度虽不如固定模数的前置分频器快,但比可编程分频器的要快得多。图 8-39 所示的为双模分频锁相频率合成器。

双模分频器有两个分频模数:当模式控制为高电平时,分频模数为 $V+1$;当模式控制为低电平时,分频模数为 V。双模分频器的输出同时驱动两个可编程分频器,它们分别预置为 N_1 和 N_2,并进行减法计数。除 N_1 分频计数器未计数到零外,模式控制为高电平,双模分频器的输出频率为 $f_v/(V+1)$。在输入 $N_2(V+1)$ 周期之后,除 N_2 分频器计数到零,将模式控制电平变为低电平,同时通过 $\div N_2$ 分频器还存有 N_1-N_2。由于受模式控制低电平的控制,双模分频器的分频模数变为 V,输出频率为 f_v/V。再经过 $(N_1-N_2)V$ 个周期,除 N_2 计数器也计数到零、输出低电平外,将两计数器重新赋予它们的预置值 N_1 和 N_2,同时对相位检波器输出比相脉冲,并将模式控制信号恢复到高电平。在一个完整的周期中,输入的周期数为

$$N=(V+1)N_2+(N_1-N_2)V=VN_1+N_2 \tag{8-81}$$

若 $V=10$,则

$$N=10N_1+N_2 \tag{8-82}$$

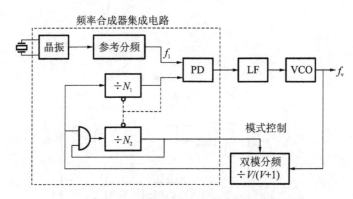

图 8-39　双模分频锁相频率合成器

由以上原理可知,N_1 必须大于 N_2。例如,若 N_2 从 0 到 9 变化,则 N_1 至少为 10。由此得到最小分频比为 $N_{min}=100$。若 N_1 从 10 到 19 变化,那么可得到的最大分频比为 $N_{max}=199$。

其他的变模分频,如 5/6、6/7、8/9、10/11、31/32、40/41、100/101 等也是常用的。

在变模分频器的方案中也要采用可编程分频器,这时双模分频器的工作频率为合成器的工作频率 f_v,而两个可编程分频器的工作频率为 f_v/V 或 $f_v/(V+1)$。合成器的参考频率仍然为参考频率 f_r,这就在保证分辨率的条件下提高了合成器的工作频率,而频率的转换时间又不会受到影响。

8.4.4　集成锁相频率合成器的应用

集成锁相频率合成器将参考分频器、参考振荡器、数字鉴相器、各种逻辑控制电路等部件集成在一个或几个单元中,以构成集成频率合成器的电路系统,是一种专用集成锁相环电路。

集成锁相频率合成器按集成度可分为中规模(MSI)和大规模(LSI)等两种,按电路速度可分为低速、中速和高速等三种。随着频率合成技术和集成电路技术的迅速发展,单片集成频率合成器也正向性能更好、速度更快的方向发展。有些集成频率合成器系统中还引入了微机部件,使得波段转换、频率和波段的显示实现了遥控和程控,从而使集成频率合成器逐渐取代分立元件组成的频率合成器,应用范围日益广泛。

目前,集成锁相频率合成器电路的产品很多,按频率置定方式不同,可分为并行码、4 位数据总线、串行码和 BCD 码等四种输入频率置定方式。每一种频率置定方式又可区分为单模频率合成器或双(四)模频率合成器等两类。实现频率置定可采用机械开关、三极管阵列、EPROM 和微机等多种方式。这里重点介绍 Motorola 公司出品的 4 位数据总线输入可编程的大规模单片集成锁相频率合成器 MC145146-1 和并行码输入可编程大规模单片集成锁相频率合成器 MC145151-1 及其应用。

1. MC145146-1

MC145146-1 是 4 位总线输入、锁存器选通和地址线编程的大规模单片集成锁相双模频率合成器,其原理框图如图 8-40 所示。

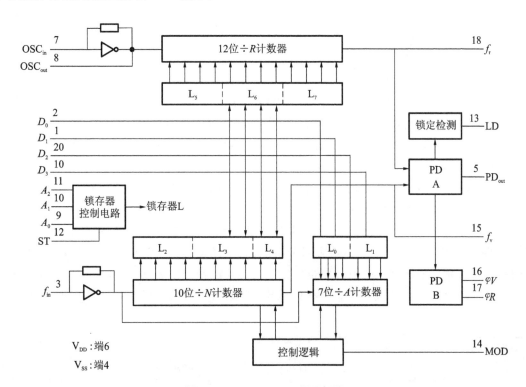

图 8-40　MC145146-1 原理框图

程序分频器为 10 位 $\div N(N=3\sim1023)$ 计数器和 7 位 $\div A(A=3\sim127)$ 计数器,组成吞脉冲程序分频器。14 脚为变模控制端 MOD,当 MOD=1(高电平)时,双模前置分频器按低模分频比工作;当 MOD=0(低电平)时,按高模分频比工作。12 位可编程的参考分频器的分频比为 $R=3\sim4095$,这样,鉴相器输入的参考频率 $f_r=f_0/R$,这里 f_0 为参考时钟源的频率,一般用高稳定度的石英晶振担当参考时钟源。

表 8-2 中,$D_0\sim D_3$(2、1、20、10 端)为数据输入端。当 ST 为高电平时,这些输入端的信息将传送到内部锁存器。$A_0\sim A_2$(9~11 端)为地址输入端,用来确定由哪一个锁存器接收数据输入端的信息。这些地址与锁存器的关系如表 8-2 所示。

表 8-2 地址与锁存器的关系

A_2	A_1	A_0	被选锁存器	功能	D_0	D_1	D_2	D_3
0	0	0	0	$\div A$	0	1	2	3
0	0	1	1	$\div A$	4	5	6	—
0	1	0	2	$\div N$	0	1	2	3
0	1	1	3	$\div N$	4	5	6	7
1	0	0	4	$\div N$	8	9	—	—
1	0	1	5	$\div R$	0	1	2	3
1	1	0	6	$\div R$	4	5	6	7
1	1	1	7	$\div R$	8	9	10	11

表 8-2 中，$D_0 \sim D_3$ 栏的 0,1,2…表示相应数据输入端 $D_0 \sim D_3$ 上所输入二进制数的权值，如 $D_i(i=0,1,2,3)=3$，表示该位权值为 $2^3=8$；$D_i=8$ 表示该位权值为 $2^8=128$，依此类推。实际的参考分频比和可变分频比即等于所输入的二进制数。

ST(12 端)：数据选通控制端，当 ST 为高电平时，可以输入 $D_0 \sim D_3$ 输入端的信息；ST 为低电平时，则锁存这些信息。

PD_{out}(5 端)：鉴相器的三态单端输出。当频率 $f_v > f_r$ 或 f_v 相位超前时，PD_{out} 输出负脉冲；当相位滞后时，输出正脉冲；当 $f_v=f_r$ 且同相位时，输出端为高阻抗状态。

LD(13 端)：锁定检测器信号输出端。当锁相环路锁定（f_v 与 f_r 同频同相）时，输出高电平；失锁时输出低电平。

φV、φR(16、17 端)：鉴相器的双端输出。可以在外部组合成锁相环路误差信号，与单端输出 PD_{out} 作用相同，可按需要选用。

图 8-41 所示的是一个微机控制的 UHF 移动电话信道的频率合成器，工作频率为 450 MHz。接收机中频为 10.7 MHz，具有双工功能，收发频差为 5 MHz，$f_r=25$ kHz，可根据选定的参考振荡频率来确定 $\div R$ 值。环路总分频比 $N_T=N \times P+A=17733 \sim 17758$，其中 $P=64$、$N=277$、$A=5 \sim 30$，则输出频率（VCO 输出）为 $N_T f_r=443.325 \sim 443.950$ MHz，步进为 25 kHz。

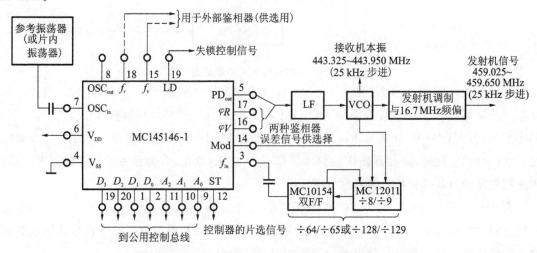

图 8-41 采用 MC145146-1 的 UHF 移动无线电话频率合成器

图 8-42 给出了一个 800 MHz 蜂窝状无线电系统用的 666 个信道、微机控制的移动无线电话频率合成器。接收机第一中频为 45 MHz,第二中频为 11.7 MHz,具有双工功能,收发频差为 45 MHz。参考频率 $f_r=7.5$ kHz,参考分频比 $R=1480$。环路总分频比 $N_T=32\times N+A=27501\sim28188$,$N=859\sim880$,$A=0\sim31$,锁相环路 VCO 输出频率 $f_v=N_T f_r=206.2575\sim211.410$ MHz。

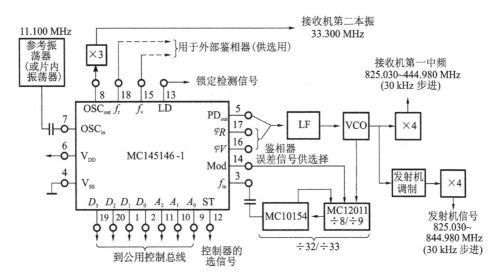

图 8-42 采用 MC145146-1 的 800 MHz 移动无线电话频率合成器

MC145145-1 与 MC145146-1 结构类似,不同点在于 MC145145-1 是单模锁相频率合成器,其可编程 ÷N 计数器为 14 位,则 $N=3\sim16388$。

2. MC145151-1

MC145151-1 是一块由 14 位并行码输入编程的单模互补金属氧化物半导体(CMOS)、大规模集成(LSI)单片锁相频率合成器,其组成方框图如图 8-43 所示。

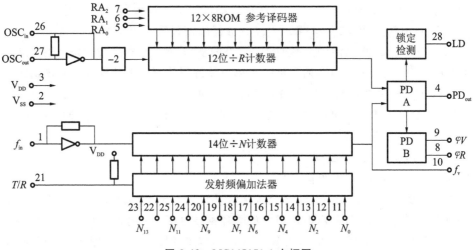

图 8-43 MC145151-1 方框图

整个电路包含参考振荡器、12 位 $\div R$ 计数器(有 8 种可选择的分频比)、12×8ROM 参考译码器、14 位 $\div N$ 计数器($N=3\sim 16383$)、发射频偏加法器、三态单端输入鉴相器、双端输出鉴相器和锁定指示器等几部分。本器件的特点是内部有控制收发频差的功能,可以很方便地组成单模或混频型频率合成器。

MC145151-1 是 28 脚陶瓷或塑料封装型集成电路,其各引出端的作用说明如下。

OSC_{in}、OSC_{out}(26、27 端):参考振荡器的输入端和输出端。

RA_0、RA_1、RA_2(5、6、7 端):参考地址输入端。12×8ROM 参考译码器通过地址码的控制,对 12 位 $\div R$ 计数器进行编程,使参考分频比有 8 种选择,参考地址码与总参考分频比的关系如表 8-3 所示。

表 8-3 参考地址码与总参考分频比的关系

参考地址码			总参考分频比
RA_2	RA_1	RA_0	
0	0	0	8
0	0	1	128
0	1	0	256
0	1	1	512
1	0	0	1024
1	0	1	2048
1	1	0	2410
1	1	1	3192

f_{in}(1 端):$\div N$ 计数器的输入端。信号通常来自 VCO,采用交流耦合,但对于振幅达到标准 CMOS 逻辑电平的输入信号,亦可采用直流耦合。

f_v(10 端):$\div N$ 计数器的输出端。这个输出端可使 $\div N$ 计数器单独使用。

$N_0\sim N_{13}$(11~20 端及 22~25 端):$\div N$ 计数器的预置端。当 $\div N$ 计数器达到 0 计数时,这些输入端向 $\div N$ 计数器提供程序数据。N_0 为最低位,N_{13} 为最高位。输入端都有上拉电阻,以确保在开路时处于逻辑"1",而只需一个单刀单掷开关就可把数据改变到逻辑"0"状态。

T/R(21 端):收/发控制端。这个输入端可控制向 N 输入端提供附加的数据,以产生收发频差,其数值一般等于收发信机的中频。当 T/R 端是低电平时,N 端的偏值固定在 856;T/R 端是高电平时,则不产生偏移。

PD_{out}(4 端):PDA 三态输出端。

φR、φV(8、9 端):PDB 的两个输出端。

LD(28 端):锁定检测输出端。当环路锁定时,LD 为高电平;失锁时,LD 为低电平。

图 8-44 所示的是一个采用 MC145151-1 的单环本振电路。参考晶振频率 $f_c=2.048$ MHz,因 RA_0="1"、RA_1="0"、RA_2="1",故 $R=2048$,所以鉴相频率 $f_r=1$ kHz,即频道间隔 $\Delta f=1$ kHz。VCO 的输出频率范围 $f_o=5\sim 5.5$ MHz。

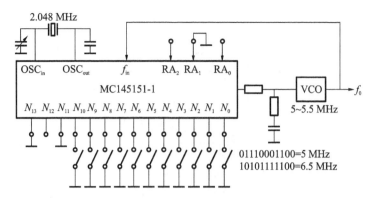

图 8-44　采用 MC145151-1 的 5～5.5 MHz 本振电路

图 8-45 所示的为一个由采用 MC145151-1 组成的 UHF 陆地移动电台频率合成器。采用单环混频环,参考晶振频率 $f_c = 10.0417$ MHz,因为 $RA_0 =$ "0"、$RA_1 =$ "1"、$RA_2 =$ "1",故 $R = 2410$,所以鉴相频率 $f_r = 4.1667$ kHz。程序分频器处于接收状态时,分频比 $N = 2284 \sim 3484$,当转到发射状态时,N 值应加上 856,即 $N = 3140 \sim 4340$。

与 MC145151-1 对应的是 MC145152-1,它是一块由 16 位并行码编程的双模 CMOS、LSI 单片锁相频率合成器,除程序分频器外,其他与 MC145151-1 的基本相同。MC145151-1 是单模工作的,而 MC145152-1 是双模工作的。

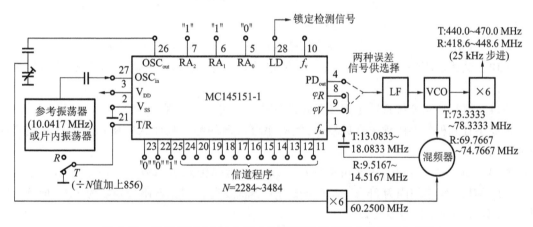

图 8-45　采用 MC145151-1 组成的 UHF 陆地移动电台频率合成器

习　题

8-1　各类反馈控制电路控制的参数是什么? 要达到的目的是什么?

8-2　AGC 的作用是什么? 主要的性能指标包括哪些?

8-3　已知接收机输入信号振幅的动态范围为 62 dB,输出信号振幅的变化范围为 30%。若单级放大器的增益控制倍数为 20 dB,则需几级 AGC 才可满足要求?

8-4　AFC 的组成包括哪几部分,其工作原理是什么?

8-5　图 8-46 所示的为某调频接收机 AFC 方框图,它与一般调频接收机 AFC 系统比较有何差别? 优点是什么? 如果将低通滤波器去掉,能否正常工作? 能否将低通滤波器合并在其他环节里？

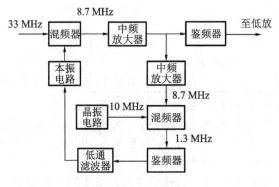

图 8-46 题 8-5 图

8-6 AFC 电路达到平衡时回路有频率误差存在,而 PLL(锁相环路)在电路达到平衡时频率误差为零,这是为什么？PLL 达到平衡时,存在什么误差？

8-7 PLL 的主要性能指标有哪些？其物理含义是什么？

8-8 已知一阶锁相环路鉴相器的 $U_d = 2$ V,VCO 的 $K_0 = 15$ kHz/V,$\omega_0/2\pi = 2$ MHz。问:当输入频率分别为 1.98 MHz 和 2.04 MHz 的载波信号时,环路能否锁定？稳定相差为多大？

8-9 已知一阶锁相环路鉴相器的 $U_d = 0.63$ V,压控振荡器的 $K_0 = 20$ kHz/V、$f_0 = 2.5$ MHz,在输入载波信号作用下环路锁定,控制频差等于 10 kHz。

问:输入信号频率 ω_i 为多大？环路控制电压 $u_c(t)$ 等于多少？稳定相差 $e(\infty)$ 等于多少？

8-10 试述锁相环路的锁定过程。在锁定的过程中,鉴相器的输出电压波形为什么不对称？

8-11 锁相环路能维持锁定的必要条件是什么？说明其原因。

8-12 有几种类型的频率合成器,各类频率合成器的特点是什么？频率合成器的主要性能指标有哪些？

8-13 锁相频率合成器的鉴相频率为 1 kHz,参考时钟源频率为 10 MHz,输出频率范围为 9~10 MHz,频率间隔为 25 kHz,求可变分频器的变化范围。若用分频数为 10 的前置分频器,可变分频器的变化范围又如何？

参 考 文 献

[1] 曾兴雯,刘乃安,陈健,等.高频电子线路[M].西安:西安电子科技大学出版社,2013.

[2] 张肃文.高频电子线路[M].5版.北京:高等教育出版社,2009.

[3] 王康年.高频电子线路[M].西安:西安电子科技大学出版社,2009.

[4] 高吉祥.高频电子线路[M].北京:电子工业出版社,2004.

[5] 于洪珍.通信电子电路[M].北京:清华大学出版社,2005.

[6] 胡宴如,耿苏燕.模拟电子技术基础[M].北京:高等教育出版社,2004.

[7] 刘泉.通信电子线路[M].武汉:武汉理工大学出版社,2002.

[8] 冯军,谢嘉奎,等.电子线路(非线性部分)[M].5版.北京:高等教育出版社,2010.

[9] 王志刚,龚杰星.现代电子线路[M].北京:清华大学出版社,2003.

[10] 周选昌.高频电子线路[M].北京:科学出版社,2013.

[11] 陈光梦.高频电路基础[M].上海:复旦大学出版社,2011.

[12] 王卫东.高频电子电路[M].北京:电子工业出版社,2009.

[13] 刘彩霞.高频电子线路[M].北京:科学出版社,2008.

[14] 熊俊俏.高频电子线路[M].北京:人民邮电出版社,2013.